U0285560

土木工程专业研究生系列教材

工程结构抗震分析

李广慧　魏晓刚　刘晨宇　主　编
罗要飞　王江锋　聂　伟　副主编

中国建筑工业出版社

图书在版编目（CIP）数据

工程结构抗震分析 / 李广慧，魏晓刚，刘晨宇主编；罗要飞，王江锋，聂伟副主编. — 北京：中国建筑工业出版社，2024.6
土木工程专业研究生系列教材
ISBN 978-7-112-29856-3

Ⅰ. ①工… Ⅱ. ①李…②魏…③刘…④罗…⑤王…⑥聂… Ⅲ. ①抗震结构 - 结构设计 - 研究生 - 教材 Ⅳ. ①TU352.104

中国国家版本馆 CIP 数据核字（2024）第 101421 号

本书按照土木工程学术硕士研究生、土木水利专业硕士研究生等土木类专业培养高素质人才的要求，立足应用型人才培养目标的需求，结合《建筑抗震设计标准》GB/T 50011—2010、《混凝土结构设计标准》GB/T 50010—2010 等国家现行有关规范和规程编写。

本书着重介绍了地震学基本知识，宏观地震调查，地震波传播，结构抗震设计原理、抗震计算，结构弹塑性地震反应分析方法，地震作用和结构抗震验算，隔震与消能减震设计等内容，本书内容以工程结构抗震设计为主，章节内容遵循国家最新规范、标准的表述，充分体现实用性和适用性的原则。

本书可作为高等院校土木工程类研究生教材或教学参考书，也可为工程结构勘察、设计、施工等工程技术人员和科研人员提供参考。

责任编辑：辛海丽
文字编辑：王 磊
责任校对：姜小莲

土木工程专业研究生系列教材
工程结构抗震分析
李广慧 魏晓刚 刘晨宇 主 编
罗要飞 王江锋 聂 伟 副主编
*
中国建筑工业出版社出版、发行（北京海淀三里河路 9 号）
各地新华书店、建筑书店经销
国排高科（北京）信息技术有限公司制版
北京圣夫亚美印刷有限公司印刷
*
开本：787 毫米 × 1092 毫米 1/16 印张：12½ 字数：310 千字
2024 年 8 月第一版 2024 年 8 月第一次印刷
定价：**48.00** 元
ISBN 978-7-112-29856-3
（42851）

如有内容及印装质量问题，请联系本社读者服务中心退换
电话：（010）58337283 QQ：2885381756
（地址：北京海淀三里河路 9 号中国建筑工业出版社 604 室 邮政编码：100037）

本书编委会

主　编：李广慧　魏晓刚　刘晨宇

副主编：罗要飞　王江锋　聂　伟

参　编：路沙沙　刘　淼　张小平

前　言

随着研究生招生规模的持续扩大，越来越多的应用型高校本科生开始攻读土木类研究生（土木工程学术硕士研究生、土木水利专业硕士研究生）的硕士学位。但是不同本科高校的土木类人才培养方案差异较大，其培养目标、培养定位、教育教学体系、试验实训条件、人才培养模式等尚无普遍认同的模式，所以学生在进入硕士研究生阶段的学习过程中，普遍存在着数学基础薄弱、力学基本概念不熟悉、结构设计相关理论不清楚等问题，给土木类研究生学位课程的讲授及学生研究生阶段的学习带来较大的阻力。

“工程结构抗震与防灾”是土木类研究生重要的学位课程，其课程建设对培养德才兼备的防灾减灾综合应用型人才至关重要。为提升“工程结构抗震与防灾”课程的教学质量，培养合格的抗震防灾减灾技术应用型人才，有必要对《工程结构抗震分析》教材进行科学合理的优化，以提高其适读性、可用性，最大程度地培养和激发学生探索性学习及实践性学习的能力，使学生不仅掌握工程结构抗震的基本理论知识、具备从事一般工程抗震设计与科学研究的基本技能，还具有阅读专业文章、掌握基本计算方法和设计理论的理解能力和表达能力，成长为具有深入思考能力、科学研究能力的硕士研究生。

《工程结构抗震分析》系河南省研究生精品教材（项目批准号：YJS2022JC44），由郑州航空工业管理学院、河南水利与环境职业学院、郑州大学、华北水利水电大学、河南财经政法大学、辽宁工程技术大学与中冶三局山西冶金岩土工程勘察有限公司共同编写完成。

本教材以适应土木工程学术硕士研究生、土木水利专业硕士研究生等专业培养高素质人才的要求，立足应用型人才培养目标的需求编写，遵循实用性和适用性的原则，围绕工程结构抗震分析的基本理论与方法进行编写。教材编写本着实用性的原则，力求内容与现行规范相结合，并努力做到由浅入深、循序渐进、结构完整。本教材注重基本概念的阐述和基本原理的工程应用，有利于培养土木类研究生分析与解决实际问题的能力。

本书与国内优秀规划教材比较，具有以下优势和特色：

（1）全面落实立德树人根本任务，围绕政治认同、家国情怀、文化素养、宪法法治意识、道德修养等重点优化课程思政内容供给，在选用教材和最新优秀规划教材中均体现很少，本教材响应国家号召，深入挖掘工程结构抗震分析课程所蕴含的思政元素，塑造“有温度”“有思考张力”“有亲和力”的教材。

在以学生为主体、学为主、学习效果为目标的“三学”理念指导下，提升课程思政有机融入教材的内涵和水平。充分发挥教师的课程育人功能，真正实现价值塑造、知识传授和能力培养的有机统一。

（2）科学实用的理论知识体系，从阐释土木工程学科基本逻辑的角度强调工程结构抗震理论的剖析，章节内容遵循国家最新规范、标准的表述，充分体现先进性。

配合相关理论知识引入前沿工程案例的分析，强调工程结构抗震分析理论服务国家新基建、新工程的使命担当。提供拓展性选学内容，帮助学习者加深对理论和实践的全面理解。

（3）突出启发式研究生教学的特点，旨在用有限的篇幅重点介绍“工程结构抗震分析”课程所涉及的主要理论、方法和发展轨迹，不求在课本上将所有的知识介绍完全，但求激发学生的兴趣和热情，鼓励学生在课外进行延伸学习、主动学习和思考。

本书编写人员均为一线教师及现场工程技术人员，具有扎实的理论基础、丰富的工程实践经验和教学经验，能够结合工程的实际需要进行本教材的编写工作。本书由河南水利与环境职业学院李广慧、郑州航空工业管理学院魏晓刚、郑州大学刘晨宇担任主编，郑州航空工业管理学院罗要飞、华北水利水电大学王江锋、河南财经政法大学聂伟担任副主编，辽宁工程技术大学路沙沙、郑州航空工业管理学院刘淼、中冶三局山西冶金岩土工程勘察有限公司张小平参编，最后由李广慧、魏晓刚负责统稿、修改定稿。具体编写分工如下：第 1 章由李广慧编写，第 2 章由魏晓刚编写，第 3 章由刘晨宇编写，第 4 章由罗要飞编写，第 5 章由王江锋编写，第 6 章由聂伟编写，第 7 章由魏晓刚、刘淼编写，第 8 章由路沙沙、张小平编写。成稿的过程中，研究生秦志帆、法靖宇、王世翱参与了大量的文字编校工作。

本书的出版，先后得到了河南省研究生精品教材项目（项目编号：YJS2022JC44）、河南省高等教育教学改革研究与实践项目（项目编号：2024SJGLX0632）、河南省本科高校研究性教学项目“地方院校土建类专业研究性实践教学全方位多模式育人功能实现路径探索与实践”、郑州航院研究生教育改革与发展研究项目（项目编号：2024YJSJG44）等项目的联合资助，在此一并感谢！

本书在编写过程中，参考了大量公开出版发行的工程结构抗震方面的书籍，在此谨向其作者表示衷心的感谢！

由于编者水平有限，书中难免有疏漏和不妥之处，恳请读者批评指正。

目　录

第1章 地震学简介

地震学一词是由希腊语“Seismos”（地震）和“Logos”（科学）两词构成的，所以有人把地震学定义为关于地震的科学，其实不完全准确。在过去的一个世纪里，100 多万人死于地震灾害，还有数百万人承受着财产损失与生活来源断绝的痛苦。对于日益增长的人口来说，灾难性的大地震已成为大家非常关注的重要问题之一，驱动着科学家们去研究它。另外，地震已被证明不仅是破坏之源，而且是人们认识地球、了解地球的知识来源。通过对地震波的研究分析，人们获得了很多关于地球内部结构及演化过程的信息。到现在为止，人们对于地球内部的了解主要来自地震学。研究天然地震的特性与活动规律和探索地球的结构及动力学过程两者齐头并进。所以，同其他许多学科一样，地震学的发展已经超出了最初的范围。

1.1 天然地震和地震学

1.1.1 大地震是严重的自然灾害

地震是地球介质运动引起的激烈事变；大地震在短时间里释放出大量的能量。在极震区里，一二十秒，甚至几秒钟就完成了毁灭性的破坏。据估计，能够使整个地球震颤的地震波动，仅占大地震所释放的总能量的 0.1%～1%。

大地震是严重的自然灾害。比如，智利是地震多发的地区，在 1960 年 5 月 22 日至 23 日约一天半的时间内，就发生了 7 级以上的强震 5 次，其中 3 次达到 8 级以上。1976 年 7 月 28 日凌晨 3 点 42 分和 18 点 43 分在我国唐山地区接连发生 7.8 级和 7.1 级两次大地震，造成 24 万多人死亡。1995 年 1 月 17 日清晨 5 点 46 分在日本神户-大阪地区发生 7.2 级大地震（阪神地震），震动持续 20s 左右，造成 5400 多人死亡，直接经济损失超过 1000 亿美元。2008 年 5 月 12 日下午 2 点 28 分发生在我国四川地区的 8.0 级地震，断层长度约 300km，破裂持续时间超过 80s，截至 8 月 25 日统计，共有 69227 人遇难，374643 人受伤，17923 人失踪，直接经济损失约 8451 亿元人民币。地震诱发的次生灾害也会给人们带来生命与财产的损失。2004 年 12 月 26 日，印尼苏门答腊岛北部亚齐省发生了 9.0 级地震，伴随地震而来的是 10m 高的海啸，罹难人数高达 30 万左右，仅仅在印尼亚齐，死亡人数就多达 13.1 万余人，财产损失高达 45 亿美元。

地震引发的灾害粗略地可以分为两类：直接灾害和间接灾害。直接灾害主要是指机械性的地震动摇晃建筑物，造成建筑物开裂、倒塌，引发地震的构造应力也会使自然地貌变形，地震断层、地裂缝等加重了破坏。间接灾害，又称次生灾害，包括海啸、堤坝坍塌酿成水灾，火炉倾覆、电线短路引起火灾，公共设施破坏、财产毁灭引发诸多社会问题等。

1.1.2 地震学是研究地球震动及其有关现象的一门科学

狭义的地震是指天然地震；广义的地震是泛指一切地震动。而起因比较清楚的固体潮汐，不属于地震学研究的范畴。地震学是在研究天然地震的过程中形成的，主要是围绕天然地震的研究发展起来的。第二次世界大战后侦察核爆试验计划的实施（Vela Project），大陆漂移、海底扩张、板块构造三部曲组成的新地球观的形成，二十世纪六十年代破坏性地震频频发生，地震预测预报的迅速开展，促进了地震学的发展，与地震有关的新现象也多有发现。

1. 地震现象非常复杂，地震学的内容十分丰富

引起地震的因素很多。就其起因而言，有天然的和人工的。天然地震驱动力的来源，又有内、外源之分。内源中最重要的是大地构造活动、火山爆发等；外源，如陨石落地、风暴等。人工地震中最重要的是爆炸、核爆试验、人类活动引起的振动（如：重型车辆的运动、火箭发射）等。显然，其中许多因素与人类的利益直接有关，是人们极其关心的事情。

与地震有关的现象也是复杂多样的。最初对地震现象只是记载、描述和初级的统计研究。早期的地震学主要研究震源区如何激发地震波、地震波又如何在地球中传播以及如何接收和分析地震动。总之，以观测和研究地震波为主。但是，随着地震学的深入发展，它与其他学科相结合，对地震前孕震区引发的前兆现象也进行了各种研究。因此，与地震有关的现象可以分为：孕震过程中的前兆现象、发震时的地震效应和大震后的震后现象。

现代地震学已经发展成为研究地震的孕育、发生和震后的全过程及其有关现象的一门科学。

2. 地震学是一门应用物理学

地震学是一门涉及面极为广泛的科学——地球物理学的重要组成部分。傅承义先生说过：“地球物理学，顾名思义，就是以地球为对象的一门应用物理学”。“固体地球物理学是通过观测地面上的物理效应来推断地下不可直达地点的物质分布和运动的。它与地质学是密切相关的学科，但二者的观点和方法却截然不同，不能混为一谈”。

地质学也研究地震现象。的确，在地震学成为独立学科之前，人类关于地震的知识，大多见诸地质学中的动力地质和构造地质部分。近代，这些方面的知识已发展成为地质学的一个分支——地震地质学。地震地质学运用地质学的方法，主要研究与地震有关的地质构造、构造活动和地壳应力状态等。

随着科学技术的进步，用物理学的方法研究地震现象有了可能。自从发明了地震仪，地震的定量观测与物理理论（主要是固体力学，特别是弹性力学部分）联系起来了。从此，对于地震的研究突破了记载、描述和初级统计的阶段，加入了以物理学为理论基础、数学为处理工具的应用物理学的行列，成了地球物理学中最重要的分支。地震学主要利用地震波穿透地球来了解地球内部介质的构造（包括结构和组成两重意思）和运动（震源区介质的相对运动、大地构造运动和地球内部的对流运动、地球内核相对外核的差异转动等）。我们知道，目前人类掌握的、利用穿透物质来研究物质内部性质的 3 种主要技术手段是：观

测电磁波和机械波在物质中的传播，以及观测基本粒子穿透物质时与物质的相互作用。穿透庞大的地球，不像 X 光透视人体或者α粒子穿透金属薄膜那样容易。电磁波和α粒子的穿透能力太弱，而中微子又显得太强。对于中微子而言，地球就好比是透明的，它在穿过地球时几乎没有与地球介质相互作用，因此得不到地球内部的信息。1994 年，美国建成置于海水中的、接收来自太空的低能量中微子的记录器，预计利用长期积累的大量资料，有可能用于研究地球内部的构造。但是，利用地震波进行研究却有两个有利条件：其一，地震波在地球介质中传播时衰减很小，穿透能力很强；其二，天然地震提供了在地球上分布相当广泛、强度范围又极大的许许多多机械波辐射源。因此，只要在地球上建立足够多的地震台，架设起地震仪，就能以逸待劳地接收到穿过地球各个部位的地震波，从而获得地球内部的各种信息。事实上，关于地球内部构造和运动的许多重要知识，就是从地震学研究得到的。在观测地球深部的各种地球物理方法中，地震方法的分辨率最高，“地震学是固体地球物理学的核心”。

为了查明矿藏和某些工程地质问题，确定地球浅部构造的地球物理方法迅速地发展起来，很快就自成体系，形成一门应用地球物理学，它对国民经济的发展具有重大意义。其中，地震勘探方法由于分辨率最高，是地球物理勘探中十分重要的一种方法，对于了解浅部的地层、地质结构（工程的地基、地下水层、煤层，特别是具有重大价值的石油储层等）十分有效；对于水坝、水泥构件、桩基之类的质量进行无损检定也是比较好的手段。地震勘探的理论起源于地震学。近二三十年，地震勘探的理论和技术发展很快，它使用的仪器设备和数据处理技术反过来促进了天然地震的研究。

3. 地震学是研究与地震有关的信息如何产生、如何传播、如何接收的科学

从信息论观点看，与地震有关的信息源有两类：孕震场和发震场，相应的介质区域为孕震区和震源区。地震发生时和地震孕育时所产生的效应虽然能够被观测到，但是地震的成因和发震的机制目前还不完全清楚。一般认为，天然大地震的震源场主要是某种机械力场，至少大浅震的直接发震机制是一种机械力的作用。孕震区比震源区大得多；一旦发生地震，受到地震波及、只发生震动而未破裂的范围比震源区也大得多。因此，简单的地震模型为点源，描述点源发生的时间、空间和强度的参数称为地震的基本参数（图 1.1）。震源在地球表面的投影点称为震中；震中沿地表到观测台站的距离称为震中距Δ，常常采用长度单位（km）或圆心张角（°）。地震的基本参数是发震时刻T_0、震中经纬度λ和ψ、震源深度h和震级M。

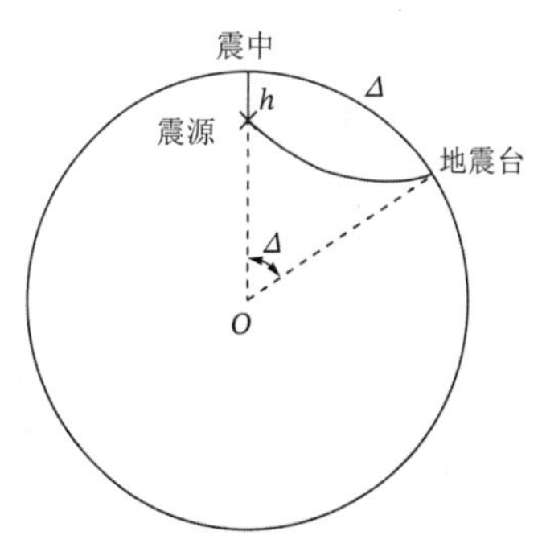

图 1.1　地震的基本参数

在孕育和发生地震的过程中，必将在地球介质中产生和传播各种信息。不同的物体在接收到这些信息后，所产生的反应是不同的。无论是仪器的记录，还是人的反应都可以看作接收器的输出信号。它们所携带的信息，由本质上有区别的三部分组成（图 1.2）：

①源区的变化及其运动过程决定的信息；

②传播介质及其所处的状态决定的信息；

③接收器（广义的）的特性决定的信息。

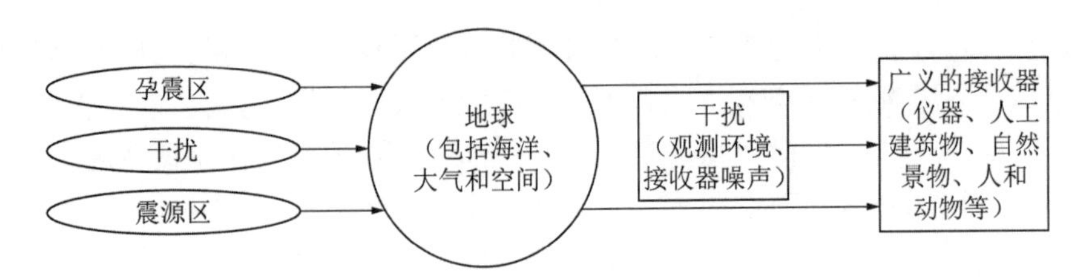

图 1.2　地震信息的发生、传输和接收

这里的接收器是广义的，可以是各种各样的仪器（主要是地震仪）、形形色色的建筑物、天然自成的山川岛屿、湖海河泉、人和动物等。公元 132 年，中国天文学家张衡制成候风地动仪。它是世界上最早的验震器（Seismoscope），能指示地震的发生，它比西方同类的验震器早出现 1650 年。公元 138 年，洛阳的候风地动仪记录到远在千里之外的陇西大地震。1879 年，英国工程师米尔恩（J.A.Milne）、尤因（J.B.Ewing）和格雷（T.Gray）制成第一架可供科学分析、能够记录地面运动过程的水平摆地震仪。德国人冯·利皮尔-伯什维茨（Von Rebeur Paschwitz）在波茨坦用水平摆倾斜仪（$T_0 \approx 18.5$s）观测铅垂线的变化时，意外地记录到一串摆动信号。后来发现，它是 1889 年 4 月 17 日东京大地震引起的波动，这是世界上第一张远震记录图（图 1.3）。1906—1910 年，俄国物理学家和地震学家伽利津发明了基于电磁感应原理的电动式地震仪，随着电子技术的飞速发展，经过不断改进，沿用至今。

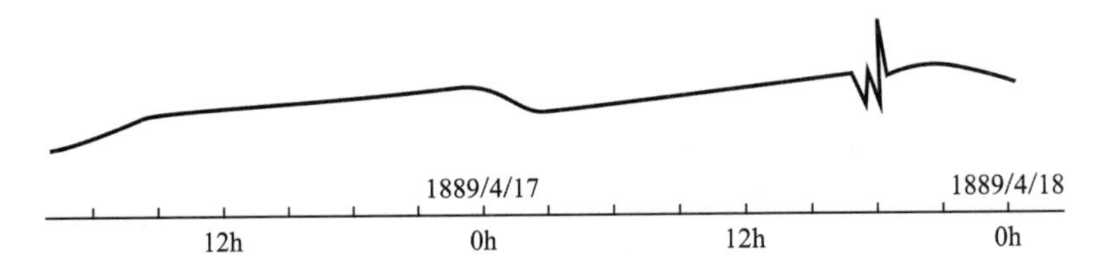

图 1.3　1889 年 4 月 17 日在波茨坦记录到的东京大地震引起的波动

电磁波通信的理论和技术，绝大部分可以用于地震信息的接收（也广泛用于分析）。地震台阵或称调相拾震仪阵列与十分先进的相控阵雷达的原理是相同的。地震台阵是监测地下核试验的有力武器，也是记录和提取多种天然地震信息、进行精细研究的有效工具。

地震信息同样也是多种多样的，它可以是物理的（力、声、光、电、磁、热、放射性等）、化学的，甚至是人的感觉和动物的反应等。

事实上，不管地震发生在什么地点，只要震源深度和震中距相同，则各个震相到达的时刻基本上是相同的，反映了地震波在地球中的传播具有很强的规律性。探索地震波传播的规律性及其物理含义是地震学的重要内容。1828 年，柯西和泊松就已推导出弹性体运动方程，并指出存在两种波动：纵波和横波（地震学中称为 P 波和 S 波）。但是，直到 1900 年才由英国地震学家奥尔达姆（R.D.OIdham）从地震记录图上识别出 3 种主要的地震波：P 波、S 波和面波。从此，在地震图上识别和解释震相的研究蓬勃开展，人类终于了解了自己居住的星球的基本构造。随着地震学的进一步发展，还从地震记录中提取了与震源、孕震有关的许多信息。

从信息论的观点来看，地震学研究源区如何孕育和激发地震、如何通过地球介质传播地震信息以及如何接收这些信息等。

1.2　地震学的主要内容

人类研究地震的历史相当久远了；地震仪发明后，对于地震及其有关现象的研究，在深度和广度两方面都有了长足的进步。目前，在地震的本质、活动规律及其产生的影响等方面，已积累了许多知识。同时，通过对地球震动的研究，也获得了与地球内部构造和地球内部运动有关的许多知识。这些知识，以及利用地震获得这些知识的方法，都是地震学的内容。

1.2.1　地震的宏观调查

宏观地震调查主要在地震破坏区考察自然景观的改变、各类建筑物受破坏的情况，并在广阔的范围内收集人和动物的感受和反应等；再结合当地的地质、地貌、地下水和地震发生的历史进行各种分析，从中提取有用的信息。地震现象十分复杂，目前的科技和生产水平还无法单凭仪器收集全部有用的信息（无论仪器的数量还是类别均不足）。地震的宏观调查是研究地震特别是地震灾害的重要方法，对抗震、防震和灾后重建家园有重要作用，对于发现某些新现象也有独特的作用。

1.2.2　测震学

测震学的基本课题是如何记录好地动和利用这些记录测定地震参数,内容涉及仪器(理论、制作、安装、调试、维护、标定)、台站（选址、布局、建筑）、数据传输保存、计算处理、编辑出版等。原始记录结果（模拟或数字地震图）和许多地震的基本参数汇编成册的地震目录是地震学研究的基础资料；而地震学研究的新进展，不仅对测震学提出更高、更新的要求，也为测震学提供新的原理和方法。地震学发展的历史生动地反映了这种相互促进的事实。地球自由振荡的发现，促进了超长周期地震仪的研制；超长周期地震仪的发明，又使地球自由振荡的研究进一步扩展和深化。地震台阵的问世，开拓了不少地震学研究的新领域。其中之一，就是推动了近代地震学中具有突破性意义的地震波散射的研究。随着技术科学和工业水平的提高，特别是电子、无线电技术和计算机技术的进步，无论是地震仪器、观测台网、标定装置、传输保存和计算处理的设备，还是数据处理、编辑检索的方法，都发生了深刻的变化。由于数字地震记录频带宽、动态范围大，大大地提高了地震观测的分辨能力，也便于直接上计算机做各种处理（特别是对模拟地震记录很麻烦的频谱分析）。运用数字地震记录发展了“数字地震学（也称宽频带地震学）”，它不只是简单地把“经典”地震理论程序化，也不只是把模拟地震记录数字化。

地震学是一门观测性很强的科学，无论对震源特性和地球介质特性的研究，还是对孕震、发震和震后过程的研究，都离不开实际的观测。地震的运动过程一去不复返，记录好、保存好原始数据是百年大计。随着地震学的进步，可以用新的研究方法处理分析所保存的原始数据，从中进一步挖掘有用信息，得到更完善的地震知识。

测震学与地震学和技术科学有密切关系，相互促进。测震是基础性的工作，它是地震学的重要分支。

1.2.3　地震活动性

地震是地球内部物质运动的反映，它的活动规律相当复杂。但是，利用历史上有关地震的文字记载和近百年来地震仪器的记录，经过统计研究可以看出：虽然每个地震出现的时间、地点、强度具有一定的随机性，但大量地震在发生的时间、地区、强度和频度等方面，都有一定的特点。地震频度是指定地区、指定时期内所发生的、震级为（$M \pm \Delta M$）的地震次数。它是 Gutenberg-Richter 引进的，定量地描述地震活动特性的参数。

地震活动性主要研究指定地区、指定时期内所发生的地震在时间、空间、强度、频度等方面的特点。近代也有人以大地震为中心，研究与该大地震有关的地区在大地震发生前后一段时间内地震活动的规律性。

1.2.4 地震波传播理论、地球和行星内部构造

地震时，最突出的现象是大地的震动。东汉张衡在近两千年前已正确认识到，地面的震动是沿一定的方向由远处传来的。1760 年，英国的 J.Michell 在他编著的地震实录中，把地震和地球的波动联系起来，这一概念被西方学者称为地震学发展的里程碑。前面提到的德国人冯·利皮尔-伯什维茨，根据 1889 年 4 月 17 日记录到的东京大地震引起的波动，于 1895 年在伦敦第六次国际地球物理会议上指出："可以肯定地说，由震源发出的弹性运动能够通过地球本身传播"，"地震观测资料提供了一个间接获取有关地球内部状况信息的方法"。

地震图（时程曲线或数字记录），包括永久形变图（可视为零频地震波），是定量地研究地震波传播的、最重要的原始资料。弹性动力学是研究地震波传播和激发的最基本的理论。地震波传播理论就是应用物理学中的波动理论，探索机械波在地球中传播的规律；由于这些规律与地球介质的性质、状态和结构密切相关，因此，可以应用地震波传播理论探索地球和行星内部的构造和运动。

自 1957 年 10 月 4 日第一个人造地球卫星进入外层空间以来，空间运载火箭已经将地震仪带到月球和火星表面。在阿波罗 11、12、13、15、16、17 号执行登月任务时，已经在月球表面 6 个地点放置了地震仪。这些仪器工作时，每年记录到 600～3000 次月震。

为了从地震波记录中提取出与震源有关的信息，需要扣除传播效应；防震抗震，也需要掌握强地面运动及其衰减的规律。从这一层意义上说，地震波传播理论、地球和行星内部构造的研究也是进一步探索地震学其他内容的基础。

1.2.5 关于震源的理论

沿用习惯上采用的名称，可将研究内容分为相互关联的三部分：

1. 地震成因

探讨各种可能引起地震的、地球内部运动过程，侧重于讨论源区以何种形式的能量转化为地震波形式的机械动能。地震成因问题争议很多，目前尚无定论。一般认为，绝大多数大的浅源地震是由断层作用产生的。

2. 震源机制

亦称震源力学，研究与辐射地震波等价的力学模式。实际上大多为断层模式，另一较重要的模式是爆炸源。

3. 震源物理

研究地震孕育、发生和震后各阶段的物理过程。目前侧重于讨论固体介质受力破裂的

过程，以及在此过程中介质物性的变化和引起的各种物理场的变化。正确认识地震孕育的物理过程及其引起的地球介质的各种响应是正确预测地震的基础。目前，在与孕震有关的岩石物理试验、孕震模型的理论及其计算机模拟试验等方面的研究都很活跃。合理的震源理论应能统一地解释三个阶段的地震现象。

1.2.6　模型地震学和野外试验

地震学的各大研究课题几乎都有相应的模型试验和野外试验。其中野外试验有：利用爆炸研究地壳构造，或者触发断层应力的释放；深井注水触发地震活动；水库蓄水与地震活动关系的研究等。

1.2.7　地震的预测和预报

减轻各种地震破坏效应造成的人员伤亡和财产损失是个减灾问题。它包括平时的防震工作、震时的应急救援以及震后的救济等一系列任务，涉及震害预测、抗震设防、震灾对策等课题，是庞大而复杂的系统工程。防震工作也是复杂的系统工程，不是单纯的自然科学问题，例如包括宣传教育、救援人员培训与组织、救援器材储备维护以及交通、通信、指挥系统的规划和建设等。防震工作中与地震学有关的科学技术问题主要有两个方面。其一是工程地震学问题，所涉及的内容是地震学中为工程建设服务的部分，例如地震烈度的区域划分、地震活动性、强地面运动特性等，与解决抗震问题有关的部分。其二是地震预报问题，这也是一个系统工程，不是单纯的自然科学问题。地震预报伴随一系列的社会问题，如法律、治安、经济、心理和传播等方面的问题。为了最大限度地减少地震预报可能引起的社会混乱，需要研究对策，如地震立法、地震保险等。1977 年 1 月，在日本举行的“第五次日美地震预报科学讨论会”上首次提出研究“地震预报对社会的影响”之后，形成一门地震与社会科学相结合的边缘学科“地震社会学”。地震预报中与地震学有关的科学技术问题是地震预测。

地震预测是指预测未来地震的发生时间、地点和强度。地震的发生时间、地点和强度（简称“时、空、强”）称为地震预报三要素。地震预测尚不成熟，许多方法还在试验中，根据已有的地震知识，目前只能做半经验的地震烈度的区域划分（简称地震区划，Seismic Zoning）和地震活动的趋势分析。

与地震学有关的内容还见诸已形成独立学科的勘探地震学和工程地震学，以及派生的边缘科学——地震地质学、地震工程学和地震社会学。

1.3　地震学的主要应用

1.3.1　预报自然灾害

许多严重的自然灾害都与巨大的能量释放有关，其中不少对地球具有强烈的破坏作用。有些自然灾害可以用地震方法预报，例如：火山喷发、海啸、台风、地震和矿井塌陷等。

海啸是我国对巨浪冲岸这种自然灾害的象声称呼。日本称它为津浪（つなみ），津是渡口、港口的意思，津浪描写港口涌进巨浪；西方将其音译为“tsunami”，早期的西方报道称之为潮汐波（Tidal wave）。有史以来，约发生过5000次破坏性的海啸，它们的起因主要是近海大地震、海底（海边）山崩、巨型陨石溅落大海等，其中近海大地震是最常见的。2004年12月26日发生在印尼苏门答腊西北的9.0级近海大地震，引发了有史以来最大的海啸，浪头高达34m、破坏远及东非海岸，直接罹难人数30万左右。另一次有名的大海啸是1960年5月23日智利8.9级大地震引起的，浪高30m。海啸可跨越整个大洋，波及几千千米外的海岸，其传播速度与海洋的深度有关，常见的传播速度为400～800km/h。而测定地震基本参数和地震的断层参数只需要二十几分钟。因此，基于地震方法完全有能力向可能受灾的海岸线发出警告。1948年，太平洋海啸警报系统（Pacific Tsunami Warning System，PTWS，也称Seismic Sea Wave Warning System，SSWWS）成立，中心设在太平洋的檀香山。几十年来无一漏报，但在前20年里有不少错报。1960年智利大地震引起强烈海啸，PTWS中心所在的群岛中有一个希洛岛，60个渔民不信该次预报，依然出海打鱼，结果不幸被海啸卷走，无一生还。经过多年的研究，警报系统已经比较完善。目前，仍在为太平洋沿岸的三十多个国家服务。我国虽然地处太平洋沿岸，但是得天独厚，我国沿海的大陆架平缓开阔，巨大的海啸能量在到达岸边时已衰减得差不多了。根据历史记载，只有福建沿岸曾发生过轻微的海啸。

台风中心作用于地面的强大气压会引起震动，利用地震定位方法可以追踪台风中心的移动。早年，我国上海徐家汇地震台做过这方面工作。现在这种方法已经被更先进、更直观的卫星云图淘汰。

在火山喷发前会发生一系列地学现象。例如，火山地区会发生显著的地形变和频繁的地震等。预报火山喷发的手段很多，比较重要的是监测地形变和地震。预报火山喷发已积累了比较丰富的经验，对喷发时间的（短期）预报已相当成功。

二十世纪六十年代以来，对地震预报的研究非常踊跃。地震和矿井塌陷的预报手段也有很多，其中以观测前震为基础的方法有着重要的地位。但是，无论哪种方法都还不是很成功，正在研究之中。

1.3.2 探测地球和行星内部的构造和运动

对于研究地球所采用的许多方法，也适用于研究其他行星。事实上，尽管宇宙飞船的负载十分珍贵，月球和火星上已经架设过地震仪，严格说是月震仪或星震仪。迄今为止，利用1969—1972年架设在月球上的5个月震仪，记录到了真正的月震以及陨石、废弃的火箭壳体等对月球的撞击。运用地震学的方法对这些资料进行分析，已经获得许多有关月球内部构造和运动情况的重要知识。

核爆炸为地震学中关于地球内部构造方面的基础研究提供了重要的信息源。例如，1954年2月28日1500万吨TNT当量地面核爆炸时，在震中距小于142°的地震记录上，观测到清晰分离的PKIKP和衍射P波两个震相，进一步证实了地球内核的存在。又如，1970年10月14日，在苏联的一次核爆炸地震记录上观测到$P'_{650}P'$震相，显示了650km深处的地幔中存在明显的间断面。此外，由于核爆炸的爆炸时间和地点是精确已知的，所以可以用于核实和修正地震研究中极为重要的地震走时表。

增进对地球全面认识的主要是基础研究，但这些研究又为关于矿产资源生成、自然灾害成因的研究提供了支撑。

1.3.3　测定地面震动

工程建筑和军事侦察都需要研究地面的震动特性。城市建设和重要的工程设施，例如，水坝、隧道、核电站等，都需要考虑抗震，都需要知道当地的地震活动性和预测可能的强地面运动的特性。而测定场地的微弱震动（地震噪声）的强度，又为选择精密仪器加工、调试的车间、特种实验室、高灵敏度观测台的场地提供基本数据。利用测震技术还可以侦察大到地下核爆破，小到机械化部队的移动、炮兵阵地的位置等军事情报。二十世纪六十年代的越南战场上，越方的“胡志明小道”曾经成功地进行军需物资的运输。后来越军的车辆一开动，美军飞机立刻飞来狂轰滥炸。经仔细侦察才发现，小道周围许多没有树叶、光秃秃的“热带植物”竟是美军用炮弹发射过来的“振动探测器侦察系统”。

事实上，地下核试验的侦察和识别全面促进了地震学的发展。为了提高侦察能力，改进了地震观测系统，建立了一系列标准地震台网，并且发展了先进的地震台阵技术；为了精确地测定爆炸点，仔细地研究了地球的构造和地震波的传播特性；为了合理地架设观测仪器，进行了台站布局的研究；为了快速处理由于提高灵敏度而大幅度增加的资料，设计了自动化程度很高的数据处理设备；为了鉴别天然地震与核爆破，开展了地震活动性、震源机制、地震成因等多方面的理论与试验研究；为了对抗地震方法的侦察，又进行了隐蔽方法的研究等。在这些方面，美国实施的“维拉-U”计划（Vela Uniform Project）所引起的推动作用最大。

在监测核爆炸方面，地震学方法是对严格保密、无法接近的试验场地进行研究分析的最有效手段，得到各大国的高度重视。但是，对于实际核战争的侦查要求（对敌方攻击快速反应；对我方核攻击战果快速测定；对其他地区发生核战争快速了解），地震学方法的实战价值比其他物理方法要低。

第2章 宏观地震调查

2.1 伴随地震发生的自然现象

下面介绍的现象主要是强震效应。世界上的许多事物是相互联系着的。一次“惊天动地”的大地震会引起许多反应。这样说绝不是文学夸张，而是科学的描述。通常把这些客观现象分为两大类：一类主要指凭借人的感官得到的信息，称为宏观地震效应；另一类主要是地球物理场的变化，一般是用仪器记录到的信息，借用物理学的名词也可称为微观地震效应。

2.1.1 宏观地震现象

宏观地震现象主要是指伴随着地震出现的各种人们可以感觉到或观察到的自然现象，一般包括自然景观的变化、建筑物的破坏、人和动物的反应等。

2.1.2 微观地震现象

微观地震现象是指在地震发生时人们借助于仪器观测到的各种物理场的变化，主要有：地球介质的震动（包括零频震动，即永久地形变）、重力场的变化、地磁场的起伏、地光现象、地电现象、地下水位升降和氡含量的变化等。

2.2 地震强度

要研究自然界发生的过程及出现的现象，首先要有定量描述的方法。对于天然地震，定量描述其强弱有两种方法：一种是表示地震本身的大小，它的量度称作“震级”；另一种则是表示地震影响或造成破坏的大小，它的量度称作“烈度”。

2.2.1 地震烈度

1. 烈度

地震的影响可以表现在自然环境的变化、建筑物的受损、人的感觉、器物的反应等方面。少数人有地动的感觉与很多人惊慌失措逃出户外，吊灯轻摇与家具翻倒，墙上出现裂纹与房倒屋塌，地上出现裂隙与山崩地裂等，它们所反映的地震强弱显然是不同的。可以将这些地震的宏观现象按照它们所反映的地震强度划分成若干类，每类中的各种现象都反映差不多相近的强度，按照强弱的顺序，加以定量的表述，确定一个数值，这就是“烈度”。

2. 烈度表

将反映不同烈度的宏观现象按照烈度的顺序分类，列成一个表，就叫作“烈度表”（表 2.1）。一个地震发生后，就可以对照烈度表中的宏观现象在现场确定各个地点的烈度，在不同的地点烈度是不一样的。

烈度表从十六世纪就开始有人使用。起初很简单，以后逐渐详细，涉及的现象也越来越多。现在国际上最流行的烈度表共分 12 度，就是将地震的影响由不用仪器所能感觉到的最轻微的地动直到最严重的山崩地裂，分成 12 个等级。因此，烈度的最小值是 0，最大值为 12。另外还有些国家使用 10 度或 7 度的烈度表。烈度不可能有负值。

多年来也曾试图制定国际通用的地震烈度表。但是各地区的建筑各有不同、多震和少震地区人们对地震的经验有差别、各地的生活状况也不同（如自备汽车的普及程度等），结果只好根据具体情况制定相应的地震烈度表。

应该注意，烈度是根据地震发生时出现的宏观现象而估定的，属于“软参数”，它是一个定性的描述，而不是一个精确的物理量。若能将烈度估定到半度就已经很不错了，写出更精确的数值，实际上是没有意义的。

地震的破坏效应主要是机械力作用的结果。很自然，人们希望给各级烈度一个对应的物理指标，使它成为定量的“绝对烈度表”。经过上百年的探索和尝试，随着观测技术的发展，现代经常把通过仪器记录到的峰值速度，特别是最大水平加速度，与烈度联系起来，利用统计方法得到地震时地面振动的最大加速度，这样可以得到更精确的烈度数值。但是，这必须通过仪器测量才能实现，不是通过对宏观地震现象的观察就能做到的。另外，烈度也很难用单一的水平加速度表示，垂直加速度实际上也是有影响的。地震时，地面运动的加速度包含着不同周期的成分，因此地面上的建筑物也具有各种不同周期的最大加速度称为加速度反应谱。目前关于反应谱的理论，已经应用到建筑物的抗震设计中去，属于地震危险性评价的一个重要部分，越来越受到人们的重视。现在已有足够的资料，发现同一烈度可以有相差几十甚至一百倍的加速度值与之对应。所以，迄今为止地震烈度都是按宏观地震现象评定的，评定时并不考虑地震动加速度的大小。比较常见的做法是给每一个烈度备注地震动加速度的参考值。

3. 与烈度值有关的因素

地震烈度值是根据宏观地震现象评定的，这些破坏和影响的激烈程度非常复杂，而且是靠人主观评定。所以这里只列出与烈度值有关的因素，至于烈度值与各个因素的函数关系只能定性地说明。

烈度不但与地震本身释放能量的多少有关，还与观测点同地震源点之间的距离、地质条件、建筑物的类型、地基情况，甚至调查人员本身的一些因素等都有关系。一般情况下，地震强度越大，烈度值越大。对于相同大小的地震，震源深度越深，观测点距离震源越远，观测到的烈度值就越小；反之，则烈度值就越大。地震断层越长、埋藏越浅，等烈度值带越趋于椭圆形；反之，等烈度值带越趋于圆形。根据长期积累的经验，松软地基上的地震灾害比坚硬地基上的灾害大，如果地质条件和地基状况不够理想，则相应的烈度值就会比较大。烈度值也与人工建筑物的类型和当地人对地震的经验都有关系。

表 2.1

地震烈度表

地震烈度	评定指标								合成地震动的最大值	
	房屋震害			人的感觉	器物反应	生命线工程震害	其他震害现象	仪器测定的地震烈度I_1		
	类型	震害程度	平均震害指数						加速度（m/s²）	速度（m/s）
Ⅰ（1）	—	—	—	无感	—	—	—	$1.0 \leqslant I_1 < 1.5$	1.80×10^{-2}（$< 2.57 \times 10^{-2}$）	1.21×10^{-3}（$< 1.77 \times 10^{-3}$）
Ⅱ（2）	—	—	—	室内个别静止中的人有感觉，个别较高楼层中的人有感觉	—	—	—	$1.5 \leqslant I_1 < 2.5$	3.69×10^{-2}（2.58×10^{-2}～5.28×10^{-2}）	2.59×10^{-3}（1.78×10^{-3}～3.81×10^{-3}）
Ⅲ（3）	—	门、窗轻微作响	—	室内少数静止中的人有感觉，少数较高楼层中的人有明显感觉	悬挂物微动	—	—	$2.5 \leqslant I_1 < 3.5$	7.57×10^{-2}（5.29×10^{-2}～1.08×10^{-1}）	5.58×10^{-3}（3.82×10^{-3}～8.19×10^{-3}）
Ⅳ（4）	—	门、窗作响	—	室内多数人、室外少数人有感觉，少数人睡梦中惊醒	悬挂物明显摆动，器皿作响	—	—	$3.5 \leqslant I_1 < 4.5$	1.55×10^{-1}（1.09×10^{-1}～2.22×10^{-1}）	1.20×10^{-2}（8.20×10^{-3}～1.76×10^{-2}）
Ⅴ（5）	—	门窗、屋顶、屋架颤动作响，灰土掉落，个别房屋墙体抹灰出现细微裂缝，个别老旧A1类或A2类房屋墙体出现轻微裂缝或原有裂缝扩展，个别屋顶烟囱掉砖，个别檐瓦掉落	—	室内绝大多数、室外多数人有感觉，多数人睡梦中惊醒，少数人惊逃户外	悬挂物大幅度晃动，少数架上小物品、个别顶部沉重或放置不稳定器物摇动或翻倒，水晃动并从盛满的容器中溢出	—	—	$4.5 \leqslant I_1 < 5.5$	3.19×10^{-1}（2.23×10^{-1}～4.56×10^{-1}）	2.59×10^{-2}（1.77×10^{-2}～3.80×10^{-2}）
Ⅵ（6）	A1	少数轻微破坏和中等破坏，多数基本完好	0.02～0.17	多数人站立不稳，多数人惊逃户外	少数轻家具和物品移动，少数顶部沉重的器物翻倒	个别梁桥挡块破坏，个别拱桥主拱圈出现裂缝及桥台开裂；个别主变压器跳闸；个别老旧支线管道有破坏，局部水压下降	河岸和松软土地出现裂缝，饱和砂层出现喷砂冒水；个别独立砖烟囱轻度裂缝	$5.5 \leqslant I_1 < 6.5$	6.53×10^{-1}（4.57×10^{-1}～9.36×10^{-1}）	5.57×10^{-2}（3.81×10^{-2}～8.17×10^{-2}）
	A2	少数轻微破坏和中等破坏，大多数基本完好	0.01～0.13							
	B	少数轻微破坏和中等破坏，大多数基本完好	≤0.11							
	C	少数或个别轻微破坏，绝大多数基本完好	≤0.06							

续表

地震烈度	评定指标								合成地震动的最大值	
	房屋震害			人的感觉	器物反应	生命线工程震害	其他震害现象	仪器测定的地震烈度I_1		
	类型	震害程度	平均震害指数						加速度（m/s^2）	速度（m/s）
Ⅵ（6）	D	少数或个别轻微破坏，绝大多数基本完好	≤0.04	多数人站立不稳，多数人惊逃户外	少数轻家具和物品移动，少数顶部沉重的器物翻倒	个别梁桥挡块破坏，个别拱桥主拱圈出现裂缝及桥台开裂；个别主变压器跳闸；个别老旧支线管道有破坏，局部水压下降	河岸和松软土地出现裂缝，饱和砂层出现喷砂冒水；个别独立砖烟囱轻度裂缝	$5.5 \leqslant I_1 < 6.5$	6.53×10^{-1}（4.57×10^{-1}～9.36×10^{-1}）	5.57×10^{-2}（3.81×10^{-2}～8.17×10^{-2}）
Ⅶ（7）	A1	少数严重破坏和毁坏，多数中等破坏和轻微破坏	0.15～0.44	大多数人惊逃户外，骑自行车的人有感觉，行驶中的汽车驾乘人员有感觉	物品从架子上掉落，多数顶部沉重的器物翻倒，少数家具倾倒	少数梁桥挡块破坏，个别拱桥主拱圈出现明显裂缝和变形以及少数桥台开裂；个别变压器的套管破坏，个别瓷柱型高压电气设备破坏；少数支线管道破坏，局部停水	河岸出现塌方，饱和砂层常见喷水冒砂，松软土地上地裂缝较多；大多数独立砖烟囱中等破坏	$6.5 \leqslant I_1 < 7.5$	1.35（9.37×10^{-1}～1.94）	1.20×10^{-1}（8.18×10^{-2}～1.76×10^{-1}）
	A2	少数中等破坏，多数轻微破坏和基本完好	0.11～0.31							
	B	少数中等破坏，多数轻微破坏和基本完好	0.09～0.27							
	C	少数轻微破坏和中等破坏，多数基本完好	0.05～0.18							
	D	少数轻微破坏和中等破坏，大多数基本完好	0.04～0.16							
Ⅷ（8）	A1	少数毁坏，多数中等破坏和严重破坏	0.42～0.62	多数人摇晃颠簸，行走困难	除重家具外，室内物品大多数倾倒或移位	少数梁桥梁体移位、开裂及多数挡块破坏，少数拱桥主拱圈开裂严重；少数变压器的套管破坏，个别或少数瓷柱型高压电气设备破坏；多数支线管道及少数干线管道破坏，部分区域停水	干硬土地上出现裂缝，饱和砂层绝大多数喷砂冒水；大多数独立砖烟囱严重破坏	$7.5 \leqslant I_1 < 8.5$	2.79（1.95～4.01）	2.58×10^{-1}（1.77×10^{-1}～3.78×10^{-1}）
	A2	少数严重破坏，多数中等破坏和轻微破坏	0.29～0.46							
	B	少数严重破坏和毁坏，多数中等和轻微破坏	0.25～0.50							
	C	少数中等破坏和严重破坏，多数轻微破坏和基本完好	0.16～0.35							
	D	少数中等破坏，多数轻微破坏和基本完好	0.14～0.27							

续表

地震烈度	评定指标								合成地震动的最大值	
	房屋震害			人的感觉	器物反应	生命线工程震害	其他震害现象	仪器测定的地震烈度I_1		
	类型	震害程度	平均震害指数						加速度（m/s^2）	速度（m/s）
Ⅸ（9）	A1	大多数毁坏和严重破坏	0.60～0.90	行动的人摔倒	室内物品大多数倾倒或移位	个别梁桥桥墩局部压溃或落梁，个别拱桥垮塌或濒于垮塌；多数变压器套管破坏、少数变压器移位，少数瓷柱型高压电气设备破坏；各类供水管道破坏、渗漏广泛发生，大范围停水	干硬土地上多处出现裂缝，可见基岩裂缝、错动、滑坡、塌方常见；独立砖烟囱多数倒塌	$8.5 \leqslant I_1 < 9.5$	5.77（4.02～8.30）	5.55×10^{-1}（3.79×10^{-1}～8.14×10^{-1}）
	A2	少数毁坏，多数严重破坏和中等破坏	0.44～0.62							
	B	少数毁坏，多数严重破坏和中等破坏	0.48～0.69							
	C	多数严重破坏和中等破坏，少数轻微破坏	0.33～0.54							
	D	少数严重破坏，多数中等破坏和轻微破坏	0.25～0.48							
Ⅹ（10）	A1	绝大多数毁坏	0.88～1.00	骑自行车的人会摔倒，处不稳状态的人会摔离原地，有抛起感	—	个别梁桥桥墩压溃或折断，少数落梁，少数拱桥垮塌或濒于垮塌；绝大多数变压器移位、脱轨，套管断裂漏油，多数瓷柱型高压电气设备破坏；供水管网毁坏，全区域停水	山崩和地震断裂出现；大多数独立砖烟囱从根部破坏或倒毁	$9.5 \leqslant I_1 < 10.5$	1.19×10^1（$8.31 \sim 1.72 \times 10^1$）	1.19（8.15×10^{-1}～1.75）
	A2	大多数毁坏	0.60～0.88							
	B	大多数毁坏	0.67～0.91							
	C	大多数严重破坏和毁坏	0.52～0.84							
	D	大多数严重破坏和毁坏	0.46～0.84							
Ⅺ（11）	A1	绝大多数毁坏	1.00	—	—	—	地震断裂延续很大；大量山崩滑坡	$10.5 \leqslant I_1 < 11.5$	2.47×10^1（$1.73 \times 10^1 \sim 3.55 \times 10^1$）	2.57（1.76～3.77）
	A2		0.86～1.00							
	B		0.90～1.00							
	C		0.84～1.00							
	D		0.84～1.00							
Ⅻ（12）	各类	几乎全部毁坏	1.00	—	—	—	地面剧烈变化，山河改观	$11.5 \leqslant I_1 \leqslant 12.0$	$> 3.55 \times 10^1$	> 3.77

注：1. “—”表示无内容。
2. 表中给出的合成地震的最大值为所对应的仪器测定的地震烈度中值，加速度和速度数值括号内为变化范围。

地震烈度是减轻和防御地震灾害工作中最为实用的参数。国家质量技术监督局在 2001 年 2 月 2 日发布了以地震动参数（地震动加速度反应谱的最大值相应的水平加速度和特征周期）制作的“中国地震动参数区划图”，强制新建、改建、扩建一般工程抗震设防以及编制社会经济发展和国土利用规划时必须采用，逐步停用以地震烈度作为抗震设防要求（2001 年 2 月 2 日以前，相应的国家标准用地震烈度作为抗震设防要求，即 1990 年发布的“中国地震烈度区划图”）。表 2.2 为地震动峰值加速度分区与地震基本烈度对照表。

地震动峰值加速度分区与地震基本烈度对照表 **表 2.2**

地震动峰值加速度分区（g）	< 0.05	0.05	0.1	0.15	0.2	0.3	≥ 0.4
地震基本烈度值	< Ⅵ	Ⅵ	Ⅶ	Ⅶ	Ⅷ	Ⅷ	≥ Ⅸ

2.2.2 地震震级和地震矩

烈度主要是反映地震在地表所造成的破坏情况，这对于抗震救灾是非常有用的；但烈度不能真实反映地震本身的大小，而地震的强度却是研究地球内部构造运动激烈程度和能量释放情况的非常重要的参数，所以对此也必须有一种定量的度量方法。

1. 里氏震级

美国加州地区地震比较活跃。该地区地震台网不仅台站数量多，而且仪器统一，都是用 Wood-Anderson 扭力地震仪（$T_0 = 0.8\text{s}$，$D = 0.8$，$V_0 = 2800$，只有水平向记录），并已积累了具有一定精度和数量的地震图。1935 年，美国的 C.F.Richter 在研究加利福尼亚州南部的浅源地震时，发现一个规律：如果将一个地震在距离不同的各个地震台站所产生的地震记录的最大振幅的对数$\lg A$与相应的震中距$\varDelta$作图，则不同大小的地震所给出的$\lg A$-$\varDelta$曲线都相似，而且几乎平行，形成近似平行的线族（图 2.1）。对应于两个不同的地震，有：

$$\lg A - \lg A_0 \approx 常量 \tag{2.1}$$

几乎与震中距$\varDelta$无关。

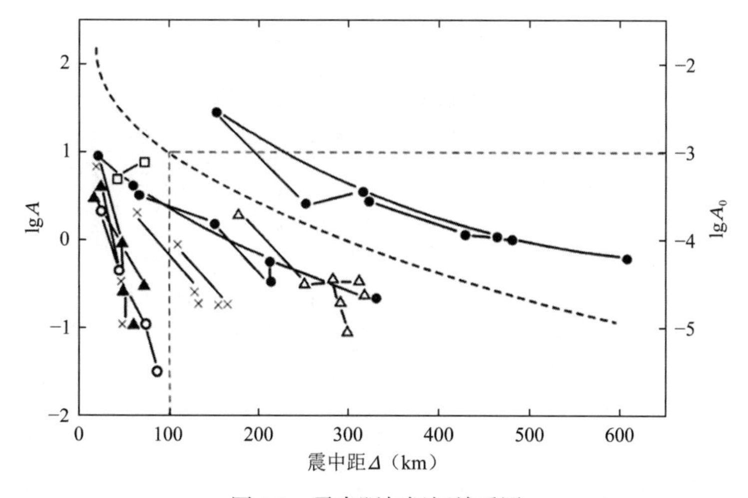

图 2.1 震中距与振幅关系图

Richter 发现美国加州地震在地震图上的振幅-台站震中距曲线与地震强弱之间有一定的关系，在此基础上建立了“震级”的概念。转引自 Richter，1958。

2. 地方震级

如果取A_0为一标准地震在某一确定震中距处产生的最大振幅，就可以由台站记录到的地震图上的最大振幅A定义地方震级M_L：

$$M_L = \lg A - \lg A_0 \tag{2.2}$$

Richter 原始定义是用 Wood-Anderson 仪器记录的地震图，在南加州，当$\Delta = 100$km 时，地震图上记录的水平分量的最大振幅为$A_0 = 10^{-3}$mm，相应的地震定义为$M_L = 0$，这样规定的本意是希望测到的地震震级不出现负值。但是，随着仪器灵敏度的提高和信息提取技术（滤波、压制噪声、调相叠加等）的进步，短周期地动已能测到 0.1nm，长周期可测到 1nm（10^{-9}m）。目前，已经测到大量震级为负值的微小地震。如果台站不在 100km 处，则需要根据$\lg A$-Δ曲线进行修订。$\lg A$-Δ曲线叫作标定曲线，是通过对大量的实测数据进行整理得到的。

3. 推广

1）面波震级M_S

1945 年，上面测定地方震级的方法被 B.Gutenberg 推广用于测量远震。在远震的地震图上，最大振幅为面波。经地球滤波之后，对于震中距超过 2000km 的浅源地震，实际接收到的面波水平振幅最大值对应的周期一般在 20s 左右。Gutenberg 相应地定义远震的面波震级M_S为：

$$M_S = \lg A + B(\Delta) \tag{2.3}$$

式中：$B(\Delta)$——零级地震对应的标定曲线；

A——记录到的最大地动水平矢量的模（μm）；

Δ——震中距（°）。

上式虽然不包含地震波的周期T，但实际上意味着周期T必须在 20s 左右。如果要将式(2.3)应用于其他周期的波，公式可以改写为：

$$M_S = \lg\left(\frac{A}{T}\right)_{\max} + 1.66\lg\Delta + 3.3 \tag{2.4}$$

该式在T为 20s 时，与 Gutenberg 原来的公式相差不多。

1967 年在苏黎世举行的国际地震学和地球内部物理学大会（IASPEI，International Association of Seismology and Physics of the Earth's Interior），向世界各国推荐使用“莫斯科-布拉格公式”：

$$M_S = \lg\frac{A_{\max}}{T} + 1.661\lg\Delta + 1.818 = \lg\frac{A_{\max}}{T} + B(\Delta) \tag{2.5}$$

式中：$A_{\max}$——记录到的最大地动水平矢量的模（μm）；

T——该振幅的视周期。

许多国家和测震机构以及美国在全球建立的世界标准台网（WWSSN，World-Wide Standard Seismograph Network，覆盖面广、仪器一致性好）都采用了这一公式。世界地震中心（ISC，International Seismological Center）收集世界各国的地震资料，也用这一公式重新测定M_S，其结果与 WWSSN 的基本一致，没有系统误差。对于较大的地震（$M_S \geqslant 5$）几乎都测定M_S；$M_S \geqslant 6$ 的地震几乎全球的地震台记录都可以测出M_S。一个地震能得到比较一致的震级，显然很重要。我国标定曲线定出的M_S，比以上比较权威的机构的结果普遍高 0.2～0.3 级，值得研究。

2）体波震级m_b

由于地震面波随着震源深度的加大而迅速减弱，深源地震的面波不发育，所以在深源地震时使用面波测定震级便遇到了困难。为了标定深源地震的大小，Gutenberg 采用了基于 P、PP 和 S 波的体波数据将前面的震级公式修订为：

$$m_b = \lg\frac{A}{T} - B'(\varDelta, h) + S \tag{2.6}$$

标定曲线：

$$B'(\varDelta, h) = \lg\frac{A_0}{T_0} \tag{2.7}$$

式中：A_0和T_0——零级地震的地动振幅及周期；

A——所测体波震动的最大振幅；

T——所测震动的周期；

S——台站修正。其中修正值（或称体波震级起算函数），对于浅震（$h < 60$km）已制定了不同震中距的修正值表。这些修正都是用最小二乘法拟合m_b尽可能与M_S一致得出的。

4. M_L、M_S和m_b的不统一与统一震级M和m的提出

Gutenberg 在推广地震震级时，希望对同一地震所测定的震级M_L、M_S和m_b数值相等。然而事与愿违，观测结果表明，尽管努力凑合标定曲线，但每一个地震实测的 3 种震级依然不一致，只好各求其值。经过大量统计，得出经验关系：

$$m_b = 0.63M_S + 2.5 \tag{2.8}$$

$$M_S = 1.27(M_L - 1) - 0.016M_L^2 \tag{2.9}$$

并得到用实测的一种震级推算另一种震级（用M_b和m_s表示）的公式：

$$M_b = 0.63M_S + 2.5 \tag{2.10}$$

$$m_s = 1.59m_b - 3.97 \tag{2.11}$$

为了解决所遇到的问题，有人尝试提出了统一震级：

$$m = \alpha m_b + \beta M_b \tag{2.12}$$

$$M = \alpha m_s + \beta M_S \tag{2.13}$$

其中，$\alpha = 3/4$ 和$\beta = 1/4$ 是加权系数。在实际应用中发现其价值并不大。

5. 震级和地震波辐射能量的经验关系

我们希望通过地震震级反映地震时释放能量的大小。地震震级是利用地动振幅计算得到的，而弹性波的能量与其振幅的平方成正比，$E \propto A^2$，则有：

$$\lg E \propto 2\lg A = 2M + 2B(\varDelta) \tag{2.14}$$

总之，可视为服从：

$$\lg E = 2M + a \tag{2.15}$$

其中，a为常数。不过，这个关系并不严格，因为当地震大小不同时，其能量在不同频带上的分布是不一样的，地震越大低频部分的能量越多。另外，测定震级时用的都是最大振幅，而与其对应的并不是简谐波。所以上式中M前的系数 2 是不准确的。但仍可以采用

上面的函数形式，即：

$$\lg E = b + aM \tag{2.16}$$

其中，a和b为两个待定的常数。

对大量的地震分别独立地估计E和测定M，再进行统计分析，可以得出最佳的a和b的数值。现在最通用的数值为$a = 1.5$，$b = 11.8$，所以有：

$$\lg E = 1.5M + 11.8 \tag{2.17}$$

由于历史原因，E的单位为尔格（erg）。

利用以上公式可以估计震级每增加一级能量增大的倍数：

$$\lg E_{M+1} - \lg E_M = 1.5 \Rightarrow \frac{E_{M+1}}{E_M} = 31.6 \tag{2.18}$$

应当指出的是，震级的概念并不是十分精确的，含有震级M的各种公式也都是一种经验关系式，然而震级这个概念却对地震学的发展起了极大的推动作用，是定量地描述地震的第一个物理量。震级概念的精确化现在仍是一个值得关注的课题。

6. 震级饱和与不饱和的新震级M_W

1）震级饱和现象

二十世纪六七十年代，世界上接连发生了几个破坏性非常巨大的地震。1975 年 M.A.Chinnery 和 R.G.North 在研究全球地震的年频度与M_S关系曲线时，发现缺失M_S超过 8.6 的地震。1977 年美国地震学家金森博雄（Kanamori）提出了震级饱和的概念，他认为M_S在 8.6 级以上的巨大地震如果仍用 20s 面波震级M_S去测定，则所得数值将偏小，尽管地表出现更长的破裂，显示出地震有更大的规模，但测定的面波震级M_S值却很难增上去了，出现所谓震级饱和问题（图 2.2）。这是因为巨大地震的震源断裂尺度长达数百千米，从震源区辐射出长周期波，带有巨大的能量，但震源辐射出的 20s 面波强度并没有相应的增长，因此面波震级不再能真实地反映地震的大小。Kanamori 建议对大地震使用新的震级标度——矩震级M_W。其方法是从震源物理的研究中测定地震矩M_0，直接算出一次地震的地震波辐射能量，然后通过能量——震级公式$\lg E = 1.5M + 11.8$算出震级的数值。1960 年 5 月 22 日智利大地震的面波震级M_S仅为 8.5，而按新的标度算出的矩震级M_W竟达 9.5，能量相差 30 倍。震级饱和现象表明M_S对于巨震能量估计偏低（表 2.3）。矩震级的引入可以解决面波震级的饱和问题，但其测定方法还不完善，测量精度尚需要提高。

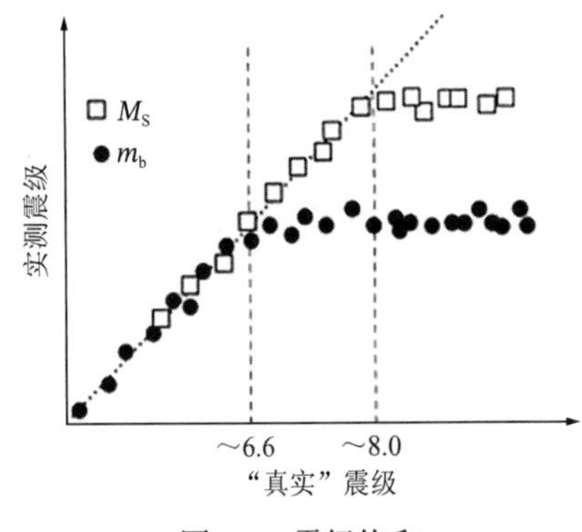

图 2.2　震级饱和

当地震强度很大时出现震级饱和现象　　**表 2.3**

时间与地点	M_{20}	M_{100}	M_W
1952 年堪察加	8.3～8.5	8.8	9.0
1964 年阿拉斯加	8.3～8.5	8.9	9.2
1960 年智利	8.3～8.5	8.8	9.5

仔细对比大量观测结果，得出各种震级的饱和值如下：

M_L	7
m_b（$T \approx 1s$，P 波）	6.9
M_S（$T \approx 20s$，面波）	8.6
M_{100}（$T \approx 100s$，地幔面波）	8.9

2）地震矩

为解决巨大地震的震级饱和问题，金森博雄提出用震源物理中的地震矩概念推导出一种新的震级标度——矩震级M_W。

地震矩是震源的等效双力偶中一个力偶的力偶矩，是继地震能量后的第二个关于震源定量的特征量，一个描述地震大小的绝对力学量，可用断层面积、断层面的平均位错量和剪切模量的乘积定义。

$$M_0 = \mu \bar{D} S \tag{2.19}$$

式中：μ——介质的剪切模量；

$\bar{D}$——断层面的平均位错量；

S——断层面的面积。

地震矩的量纲为能量量纲，实际上反映了在地震发生前，由于变形储存在岩体中的应变能。当然，力偶矩与应变能两者的具体数值并不相同，毕竟是不同的物理量。显然，地震矩是对断层错动引起的地震强度的直接测量。

测定地震矩可用宏观的方法，直接从野外测量断层的平均位错和破裂长度，结合推断出的震源深度估计断层面积；也可用微观的方法，通过对地震波记录的谱分析计算出地震矩的大小。

3）矩震级M_W

地震矩M_0已经是地震强度的定量标志了。但是，近百年来已经积累了许多用震级标度的观测报告，大量的研究都是基于这些资料进行的。其次，即使用数字化地震记录，通过谱分析测定和计算地震矩也是相当繁复的，所以需要把M_0折算成相应的震级，以便与使用传统震级所做的各种工作比较。其方法是通过地震矩M_0算出某个地震的地震波辐射能量，然后通过能量-震级公式（G-R关系）$\lg E = 1.5M + 11.8$ 折算出震级的数值。

对剪切位错源释放的地震波动能量做粗略估计。对于应力完全释放的大震，所释放的应变能为：

$$W_0 \approx 5 \times 10^{-5} M_0 \tag{2.20}$$

将它代入G-R的震级能量公式得到：

$$\lg W_0 = 1.5M_W + 11.8 \tag{2.21}$$

所以：

$$M_W = \frac{\lg W_0 - 11.8}{1.5} = \frac{2}{3}\lg M_0 - 10.73 \tag{2.22}$$

7. 讨论

里氏震级提供了客观量度地震大小的方法，而且比较简便，可以用来对地震进行分类，深化了对于地震的研究。

但里氏震级模型比较简单，暗含的假定与实际地震相差比较大。里氏震级定义，假定强度不同的地震源谱相似，且为球对称状辐射，这与实际不符。事实上，不同波段之间辐射能的比例，对于不同地震是不同的。另外，定义还假定相同震中距上的衰减相同；实际情况是不同路径上的吸收不相同；而且标定函数$B(\Delta)$未考虑震源深度。所有这些问题的本质，是复杂的地震过程不可能用简单的震级这个单一的特征量来表示。

为了减小里氏震级引起的偏差，可以采取一些补救办法，如：围绕震中对多台的结果进行平均，以消除辐射的方位效应；各台站加一项台站修正项，消除区域构造的不均匀性差别等。

矩震级反映了形变规模的大小，是目前量度地震大小最好的物理量；而且它是一个绝对力学标度，不会产生饱和问题，对大震、小震、微震甚至极微震、深震均可测量；它能够与我们熟悉的震级衔接起来，又是一个均匀的震级标度，适于震级尺度范围很宽的统计。使用矩震级，巨震得以分辨；与 Chandler Wobble 的相关性更好，说明用地震矩标志地震的强度可能更合理。

但是，矩震级的测定较为繁复，不如里氏震级简单，尤其是小地震作谱分析比较困难。另外，大量历史地震不是数字化记录，更难测定。还有，天然地震虽然大多数是位错源，但并不全是，在用地震矩张量表示时遇到了理论上的困难。

2.3 地震的宏观调查

地震发生后有各种调查，因为目的和关注的问题不尽相同，所以不同部门和机构发表的地震调查报告也各有侧重，请参考中外大地震调查报告。这里只介绍从地震学角度进行的调查，也就是地震宏观调查。地震宏观现象的调查，主要是通过现场观测的方法直接调查地震所造成的有关破坏现象，包括地质现象、对建筑物的破坏以及伴生的一系列影响等，为防震减灾、地震预报提供烈度等数据。

2.3.1 地震宏观调查的目的

对地震本身的特性进行逼近观察，了解其细节，包括地震发生的地质条件；对断层走向、错距、震源深度等震源参数进行估测；收集地震宏观效应的第一手资料，特别是新现象，深化我们对地震的认识，特别注意地震的各种前兆现象，为地震预测提供依据；修订抗震规范、完善地震危险性评价标准，以及帮助提出一些重建家园的建议。

2.3.2 地震宏观调查主要内容

1. 多地点宏观效应调查

多地点宏观效应的调查是地震宏观调查的基础，主要按“地震烈度表”中列举的效应记录其严重程度、调查震源区域断层的活动情况、地质地貌、土质、地基和地下水。应注意地裂缝是与老断层有关还是与新断层有关，是张性的、压性的还是扭性的，以垂直运动为主还是以水平运动为主，是平推断层、正断层、逆断层还是逆掩断层等。同时，还要调查房屋建筑、结构物、铁路、公路等的破坏情况及人员伤亡情况等。

2. 前兆现象收集与甄别

主要调查小地震的活动情况，地震前后井、泉等地下水位的变化，大、小动物异常反应情况，气候变化状况等。分析判断哪些现象与地震活动有关，可以作为地震的前兆，为未来的地震预测提供数据。

3. 历史地震的调查与考证

主要了解历史上该区域地震的震中及破坏情况，通过对地名沿革的考证，碑文、县志的查阅，古建筑物（如庙宇、官廨、民房及塔、碑、城墙、桥梁）的调查及考古推断，结合邻近地震带的地质学分析，得出历史上该地区的地震活动情况以及震灾的基本情况，为震区提供历史上地震破坏的基础数据，为制定该地区的抗震规范及地震预测预报服务。

2.3.3　宏观地震调查资料的整理

1. 烈度评定和等震线的勾画

首先，根据烈度表和实际调查情况评定出各个考察地点的烈度值，通过绘等值线的方法绘制出地震等震线图。等震线又称等烈度线，为同一烈度值地区的外包线（图 2.3）。

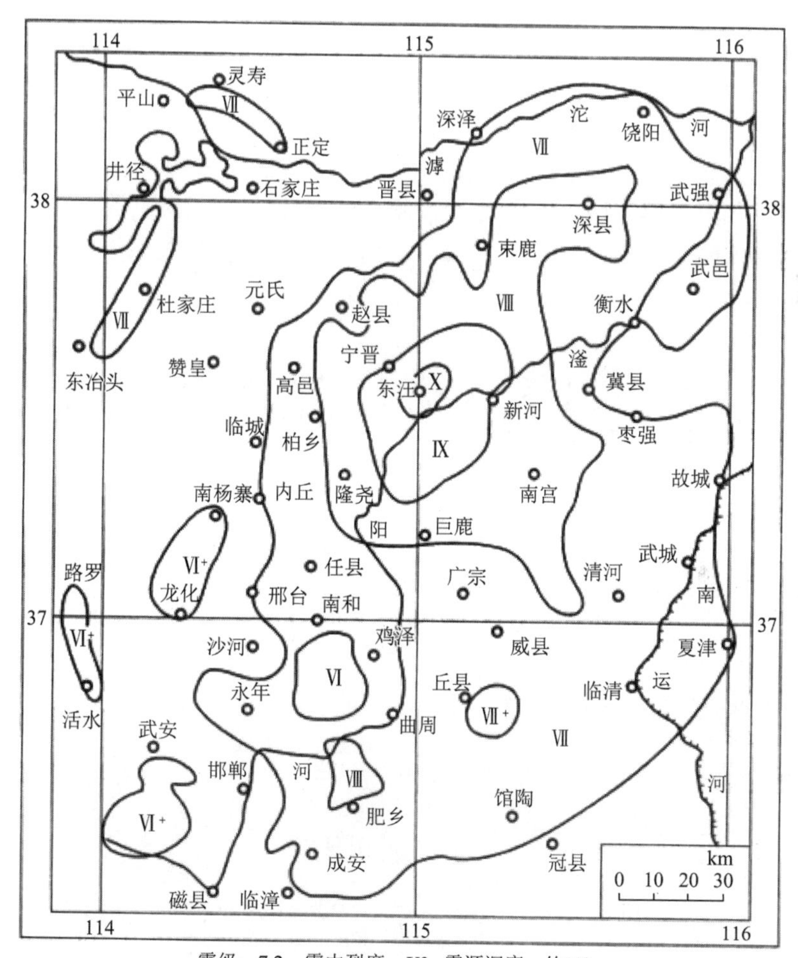

震级：7.2　震中烈度：X°　震源深度：约10km

图 2.3　河北宁晋东汪地震等震线图（1966 年 3 月 22 日）

一般情况下，相邻两条等震线之间的地区是同一烈度值；反之，如果在两条等震线之间有偏大或偏小的烈度区，称为烈度异常。

最中心的等震线包围的区域称为极震区，对应的最大烈度称为震中烈度。震中烈度除了与地震本身的强度有关外，还与震源深度、地质结构、地形、地基条件等有关。

2. 地震基本参数（λ，φ，h，M）的测定

利用绘出的等震线，可以确定宏观震中的经纬度（λ，φ）、震源深度（h），结合经大量

统计建立的经验关系甚至可以得到震级（M）。

1）宏观震中

极震区的几何中心称为宏观震中。由于地下结构的复杂性，宏观震中可能处于地震震源的正上方，也可能有一定程度的偏离。

2）宏观震源深度的估计

随着离开宏观震中距离的增加，烈度逐渐降低。利用等震线的这种递减规律就可以求出宏观震源的深度。

根据大量的实际调查总结，可以将烈度值与加速度通过经验公式联系起来：

$$I = p\lg a + q' \tag{2.23}$$

式中：I——地震烈度；

a——加速度；

q'——常数因子。

另外，考虑地震波向外辐射时由于几何扩散以及介质的吸收、散射等作用，振幅会不断衰减。球面波辐射时振幅按传播距离r^{-1}衰减；柱面波辐射时振幅按传播距离$r^{-1/2}$衰减；介质吸收引起的振幅衰减可以写成e^{-6}。统一考虑，可以近似写成：

$$a(r) \approx a_0 e^{-\alpha r} r^{-m} \approx a_0 r^{-n} \tag{2.24}$$

综合以上的半经验半理论公式可得：

$$I = -np\lg r + p\lg a_0 + q' = -2S\lg r + q \tag{2.25}$$

假定与介质有关的p、q以及震源辐射的初始强度均与方位角无关，即等震线为圆形，对于距离宏观震源r_j和r_i的两个观测点，则有：

$$I_j - I_i = 2S\lg\frac{r_i}{r_j} \tag{2.26}$$

特别当$I_j = I_0$也就是震中烈度时，有（图 2.4）：

$$I_0 - I_i = 2S\lg\frac{r_i}{h} = S\lg\left(\frac{\Delta_i^2}{h^2} + 1\right) \tag{2.27}$$

式中：Δ_i——烈度为I_i的等震线的半径。即有：

$$h = \Delta_i / \sqrt{10^{(I_0 - I_i)/S} - 1} \tag{2.28}$$

或

$$\lg h = \lg\Delta_i - 0.5\lg\left[10^{(I_0 - I_i)/S} - 1\right] \tag{2.29}$$

$$r_i = \sqrt{h^2 + \Delta_i^2} \tag{2.30}$$

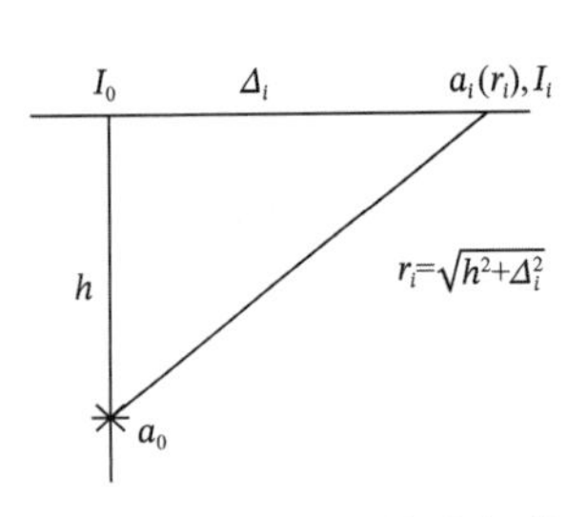

图 2.4　震源与观测点之间的距离关系

显然，对于同一个地震，不论使用哪一条等震线来测定震源深度（震中与震源的距离），其结果都应该是一样的。也就是从式(2.30)来看各等震线半径的对数与第二项代数式值的差应该是一个常数，这个常数就是宏观震源深度的对数$\lg h$。当然，这时S也应取合适的数值。

因为S是未知的，所以可以先取$S = 1,1.5,2,2.5,3,\cdots$一系列不同的值，然后将：

$$\begin{cases} x = I_0 - I_i \\ y = 0.5\lg\left[10^{(I_0-I_i)/S} - 1\right] \end{cases} \tag{2.31}$$

绘成一组曲线，这样就得到了测量宏观震源深度的量版底图（图 2.5）。在量版底图上放置一张透明纸，先画上与底图重合的坐标轴。根据某次地震的多个等震线给出的数据$x = I_0 - I_i$，$y = \lg \Delta_i$，也可以在透明纸上绘出一系列的点（图 2.6）。由于对一次地震而言$\lg h$是不变的，所以当选择适当的S时量版上的曲线应该与透明纸上这些点形成的曲线平行。通过在纵轴方向的平移，透明纸上的曲线会和量版底图上的某条曲线重合。这时，透明纸上的坐标横轴与量版底图上坐标横轴的距离即为$\lg h$。

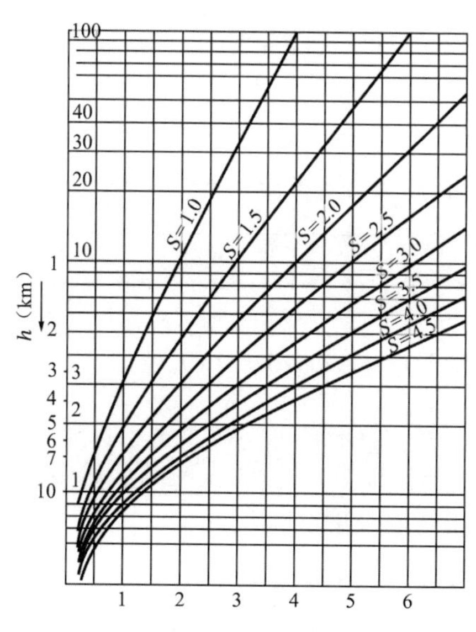

图 2.5　测量震源深度所用的量版底图

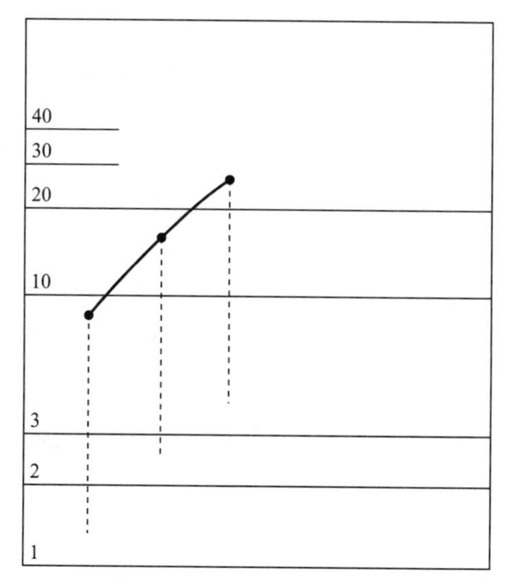

图 2.6　实际地震数据及点线

有时震中烈度I_0不够可靠，无论沿着坐标纵轴怎么平移，都找不到一条曲线能和透明纸上的一系列的点重合。这时，可以将透明纸沿着坐标横轴的方向同时平移，这意味着要对$I_0 - I_i$做系统的修正。这时，就可以得到相对更加可靠的震中烈度I_0，左移时震中烈度I_0减小，右移时则增大，震源深度的求法不变。如果宏观地震调查时缺少震中烈度I_0的数据，可以先估计一个；然后，通过这种方法进行修正，就可以补上所缺的I_0。

应当指出，这种求宏观震源深度的方法，是在假定震源为点源、介质是均匀的各向同性体的条件下导出的。真正的地震震源与这种简化模型是不同的，有时差异还相当大。这一方法展示了如何利用宏观资料获得有用信息。

要注意的是，虽然计算机技术有了突飞猛进的发展，现在已经有许多计算机程序可以自动进行相关计算，给出所需参数，不再需要手工使用量版来进行震源深度等计算，但我们仍要清楚地理解其工作原理与计算过程，这样在遇到问题时才能进行深入的分析，找出原因，避免被动。

3）估计震级M

利用宏观地震调查得到的信息，可以通过震中烈度I_0和震源深度h来估计表示地震强度的地震震级M。

根据对大量历史地震的总结与分析，人们得到了震中烈度I_0与地震震级M和震源深度h

之间的关系，可以用表格的形式或经验关系式的形式给出（表2.4）。有了这种经验关系，我们就可以通过震中烈度I_0和震源深度h来估计地震震级M了。

震中烈度（I_0）、震级（M）和震源深度（h）之间的关系表 **表2.4**

M	h（km）				
	5	10	15	20	25
	I_0				
2	3.5	2.5	2	1.5	1
3	5	4	3.5	3	2.5
4	6.5	5.5	5	4.5	4
5	8	7	6.5	6	5.5
6	9.5	8.5	8	7.5	7
7	11	10	9.5	9	8.5
8	12	11.5	11	10.5	10

其中，
$$M=(0.68\pm0.03)I_0+(1.39\pm0.17)\lg h-(1.40\pm0.29) \tag{2.32}$$

3. 推断与地震有关的断层特性

根据长期的经验总结与研究，极震区等震线长轴的方向平行于发震断层的走向，等震线比较稀疏的一边是该断层的倾向（图2.7）。发震断层长度L（以km计）与震级M的经验关系可以写成：

$$\lg L=0.55M-2.0 \tag{2.33}$$

也可以写出断层在地表的延伸长度l（以km计）与震级M的关系：

$$M=5.65+0.98\lg l \tag{2.34}$$

以及M、l与断层两侧的相对最大位移D（以cm计）的经验关系：

$$M=5.22+0.53\lg lD \tag{2.35}$$

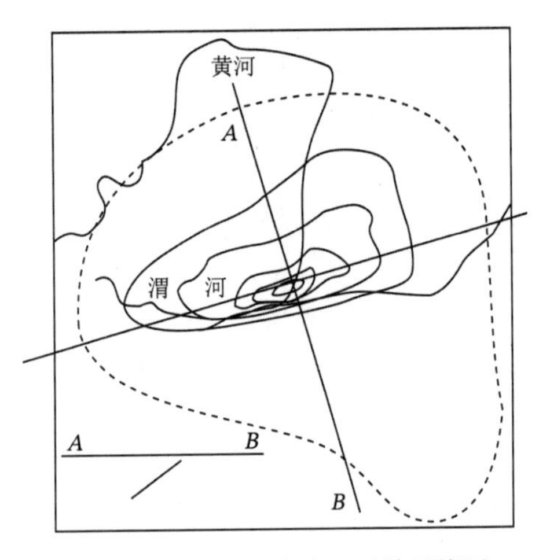

图2.7　1556年关东大地震等震线图

注：等震线比较稀疏的一边为断层的倾向

2.3.4　宏观调查方法的意义和限度

虽然随着科学技术的发展，有了地震仪等手段，能够记录大量的地球物理场的数据，可以用来研究地震的过程，认识地震的本质，但是地震的宏观调查仍具有不可替代的作用，积累了其他方法得不到的资料，对于历史地震更是如此。

地球科学中研究的问题一般都涉及很长的时间过程，地震的活动周期很长。为了了解地球的演变以及与地震活动的关系，历史地震资料有着极其重要的价值，应想方设法从中挖掘信息。地震的宏观调查可以获得丰富的历史地震数据，弥补了缺少仪器记录的不足。1954 年，我国开始整理中国地震史料，组织了众多单位和极为庞大的队伍，由著名的地震学家和历史学家亲自领导，历时近 3 年，于 1956 年在科学出版社出版了《中国地震资料年表》。它是世界上跨越时间最长、资料最丰富的地震史料，不仅对我国的地震研究，也对全世界的地震研究具有重大的价值，得到各国学者的高度重视。1978 年开始，又进行了重新编纂，1983 年后分五卷陆续出版。

虽然现在经济能力有了飞速的发展，对地震研究的投入也不断加大，但也不可能处处、时时都有仪器在记录。这时地震的宏观调查理所当然地成为非常重要的数据来源。

另外，目前的科学技术水平也不可能测出一切地震效应，而许多复杂的破坏现象对于工程界有十分重要的意义。许多微观、宏观现象还没有相应的仪器可供记录，例如，对抽象震源模型很有用的发震地质条件，建筑物的复杂破坏情况，地光、地气雾等。

地震学中非常核心的研究内容之一就是发生地震的断层的形态。虽然借助理论模型可以利用地震图提供的信息推断发震断层的可能形态，但最直接、最可靠的方法还是宏观地震调查。例如，断层的错距、走向，宏观震中（与微观的含义不同，各有局限）等。

当然，宏观地震调查也有明显的局限与不足。例如，陆地上的地震才有全面的宏观调查资料；相对而言，有的假定较简化（求震源深度的方法要求圆形等震线），各种数据精度较差。

第3章 地震波传播

当地震发生时，从震源辐射出各种类型的弹性波，有些通过地球内部传播，有些沿着地球表面传播。从这些波的运动学特征以及频散特征，可以得到地球内部不同区域的弹性波速度分布。地震波在地球内部的传播过程中，当遇到一些介质分界面时会发生反射和折射，所以这些界面的位置和性质就可以通过反射和折射波的运动学特征及振幅等来推断。

3.1 主要简化假设和基本理论内容

3.1.1 地震波的复杂性

地震激发的机械波大部分在固体地球中传播，因此既有纵波又有横波，这比声波和电磁波更为复杂。

地球是个有界体，内外物质的力学性质差别是很大的。对于地震波的传播而言，地球表面是个尖锐的界面；地球内部的化学成分及力学特性（密度、弹性参数等）是不均匀的，因此也形成许多界面（地震学中称为间断面）或梯度区。纵、横波在这些间断面上发生反射、折射、波形转换散射以及衍射，使叠加在一起形成的总波场变得十分复杂。

同时，地球介质是非完全弹性的，对机械波具有吸收和频散作用，这不仅使弹性波的振幅发生衰减，也会使波形发生改变。

另外，天然地震的震源过程本身也相当复杂，所以辐射出的弹性波场也是非常复杂的。所有这些，使得我们在研究地震波传播时遇到的问题十分复杂，如果不进行适当的简化处理，根本没有办法进行深入研究。

3.1.2 分析地震波时的主要简化假设

略去次要因素，突出主要因素，使问题简化、易于处理，从而得出地震波在地球中传播的基本规律。我们可以把地球介质简化为均匀分层、各向同性的完全线性弹性的连续介质。

1. 小形变和完全弹性假设

小形变和完全弹性两个假设，在理解、简化地震波传播问题的物理实质和数学处理两个方面是密不可分的。

首先，实际地震过程既产生宏观的形变区域，又产生广阔的小形变区域（小形变的数学表达式为$\partial u_i/\partial x_j \ll 1$）。如果把这两个区域之间的分界面看成震源区的边界，就可以讨论地震波在满足弹性力学中无限小形变区域中的传播了。

众所周知，弹性力学中无限小应变理论的运动方程是线性的偏微分方程，它满足叠加原理，也即线性微分方程各个解的和（叠加）依然是方程的解。这就大大方便了问题的处理。从物理角度看，观众听到舞台上许多乐器的合奏相当于各个乐器单独演奏的总和（叠加）。但是，一个强烈的震动（譬如一颗炸弹的爆炸）会使介质的性质（如密度）发生显著的变化，微分方程也就改变了。这时，其他乐器的声音在变了性质的介质中的传播结果（方程的解）自然也就跟着发生改变，这时观众所听到的声音不再相当于炸弹和各乐器单独演奏的总和（叠加）了。所以，作了这样简化假设的理论只适用于处理弱震动问题。

其次，实际地球介质具有非完全弹性。有关连续介质的非完全弹性问题十分复杂，一般用唯象的黏弹性和弹滞性来描绘。它们的本构关系可以用熟知的弹簧-阻尼盘模型导出（图 3.1）。

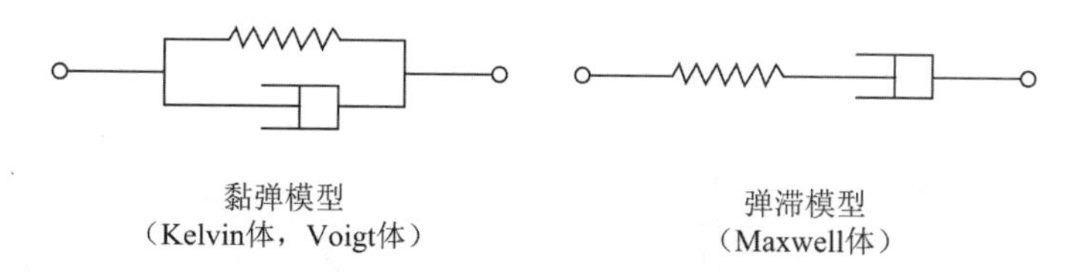

图 3.1　描述非完全弹性介质的黏弹模型和弹滞模型

黏弹体对于缓慢的加力过程（加力时间大于应变弛豫时间）表现为线弹性，对于快速的加力过程则表现为刚性。弹滞体恰好相反，它对于缓慢的加力过程表现出塑性，对于快速的加力过程（加力时间小于应力弛豫时间）则表现为线弹性。变形恒定，应力松弛也有延迟。

根据观测，地震波的周期范围一般在 2×10^{-2}～3×10^{3}s，而用黏弹模型（Kelvin 体，Voigt 体）和弹滞模型（Maxwell 体）对实际地球介质作估计发现，与黏弹性对应的应变弛豫时间小于 10^{-1}s，与弹滞性对应的应力弛豫时间大于 10^{3} 年。所以，作为一级近似可不考虑非完全弹性，按照线性弹性处理，叠加原理成立。

这一简化使复杂的波动可以用各简谐波的叠加来表示。不失一般性，可以把传播形式比较复杂的波动分解为平面或球面谐波。不作特别说明时，均讨论均匀、各向同性线弹体，涉及的弹性参数主要是λ、μ、ρ。

2. 绝热假设

地震波在地球内部传播时会引起温度的变化。考虑到地震波传播速度（km/s）大大超过地球介质的热传导速率，所以在研究与地震波传播有关的热力学问题时可以使用绝热假设。

3. 各向同性假设

构成地球的岩石物质是由各种矿物晶体组成的，而矿物晶体由于空间构型的特征使得其在不同方向上具有不同的弹性性质，也就是各向异性。由于岩石晶胞的线度一般都小于 100μm，而地震波波长大多在几百米以上，再考虑到在与地震波波长可以比拟的空间范围内矿物晶体的晶胞杂乱取向，经过统计平均就会形成宏观上的各向同性。所以在地震学中，一般情况下可以假定地球介质是各向同性的。

随着理论的发展和研究的深入，人们发现在地球的不同区域都存在着大尺寸矿物晶体定向排列的情况，在浅部还存在定向分布的裂隙，这时就不能再用各向同性的简单模型了，必须建立地震波在各向异性介质中传播的理论方程与求解办法。

介质的不均匀性使得记录到的地震波也带来反映介质复杂性的信息。

4. 重力的影响

在讨论地震波传播时，万有引力场也是动力学方程中的一项。Jeffreys 已经证明，对短周期波由于波长不大，涉及的空间线度有限，所以重力场的影响很小，在体波分析中可不考虑，但在地球自由振荡的分析中必须考虑。

5. 实际地球各种分界面几何形状的近似

弹性动力学的核心问题是波动方程的求解，也就是微分方程的定解，所以边界条件的影响很大。有时虽然方程本身比较简单，但边界条件太复杂，甚至找不到解析解。

既要把复杂的问题简化，保证能够找到问题的解，又要使得到的解尽可能接近实际，合理的近似（也就是模型）很重要。在不同问题中取不同的近似，常见的有：①半空间；②平行分层；③球对称等。利用这些模型成功地解释了许多地震波动现象。

上述情况说明，在地震波理论中，把地球介质当作均匀、各向同性和完全弹性介质来处理，只是一种简化的模型。实践证明，这种模型可以使分析大大简化，而且在多数情况下可以得到与观测结果相当符合的结果。天文学、地质学、地球物理学的研究都说明地球不可能是个均匀球体，但球对称性模型是很好的数学模型。当然，在上述假定偏离实际情况时，我们就需要研究介质的不均匀性、各向异性和非完全弹性对波传播产生的影响。

3.1.3 地震波动理论的主要内容

针对简化后的地球介质模型，我们这里主要介绍研究地震波在地球内部传播的两类方法：动力学方法与运动学方法。动力学方法通过求解满足相应边界条件的波动方程，研究平面波在平界面上的反射、折射，均匀半空间及平行分层空间中的地震面波，以及针对球对称模型的自重地球的自由振荡。运动学方法将波动方程的求解进一步简化成关于波传播的射线理论，利用“地震射线”这一概念，研究地震波在地球内部传播的运动学特征，并在此基础上获得地球内部的相关结构信息。

3.2 平面波在平面上的反射、折射

地壳及地球内部可以简化成分层结构，内部有不少分界面，地表也可看作是一个界面，震源产生的地震波波阵面在各向同性的均匀介质中是呈球形一层层向外传播，成为球面波。因此严格地讲，我们应该讨论球面波遇到分界面时的情况，但当距离震源足够远时，也就是当震源到接收点的距离比波长大得多时，讨论的一般是整个球面波波阵面的很小一部分，作为一级近似，可以把它看作平面波来处理。同时，当界面的曲率远远大于地震波的波长时，在地震波入射点附近可以把界面当成平面，这样可以使讨论大大简化，但并不影响对现象本质的揭示。另外，根据线性弹性论，球面波在理论上可以看作是许多不同方向的均匀或不均匀平面波的叠加，因而先弄清平面波在分界面上的行为，也就比较容易讨论球面波在分界面上的行为了。

我们这里主要讨论的是地震波在均匀的半个空间介质及均匀的平行分层介质中传播的问题，就是用一定的数学方法（如分离变量等）求适合于边界条件的波动方程的解，并讨论它的物理意义，这是了解地震波传播现象所必备的基础知识。

因为现在讨论的是平面波在平界面上的行为，波阵面与分界面都是平面，所以采用平面直角坐标系进行数学处理比较方便，如图 3.2 所示。一般取平分界面为X_1X_2平面，其中X_1轴为平面波传播方向在界面上的投影，取分界面法向为X_3轴，方向垂直向下为正，X_1X_3平面被称为入射面。

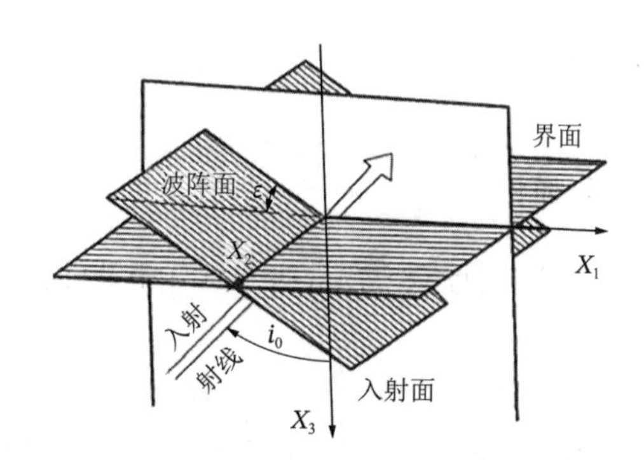

图 3.2　研究平面波遇到平界面时常用的坐标系

3.2.1　定解问题

在不考虑体力时，弹性波传播的运动方程可以写成：

$$\rho\frac{\partial^2\mu}{\partial t^2}=(\lambda+2\mu)\nabla(\nabla\cdot\mu)-\mu\cdot\nabla\times\nabla\times\mu \tag{3.1}$$

在地震学中，一般只讨论最简单的线性弹性体，它表现在理论结果与实际观测很一致。由于是线性问题，可以应用叠加原理。但是，这个偏微分方程在经典物理学范围中，是除电磁流体力学方程外最复杂、最难解的。

弹性波传播的运动方程太复杂，直接求解很困难，所以在数学求解时采用迂回的方法。利用矢量场的分解，把这个复杂的方程变换成已有定式解的标量常微分方程，再对常微分方程的解作反变换和叠加，求出原方程的解。

分离变量法是求解偏微分方程的重要方法，方程是否能用分离变量法求解，与方程的类型（结构）和采用的坐标系有关。偏微分方程在四维空间的可分离性是指：利用变量分离的形式解代入方程后，能得到只与两个所谓分离常数有关的三个常微分方程。而常微分方程已有定式解法，所以对这类偏微分方程就给出了解答。

1. 直角坐标下弹性运动方程的分解

根据 Stocks 分解，任意矢量场$\mu(r,t)$总可以分解为满足$\nabla\times u_{\mathrm{P}}=0$ 的无旋矢量场u_{P}和满足$\nabla\cdot u_{\mathrm{S}}=0$ 的无散矢量场u_{S}的叠加，即有$u=u_{\mathrm{P}}+u_{\mathrm{S}}$。根据场论知识，无旋场总可以用一个标量势的梯度标识，$u_{\mathrm{P}}=\nabla\varphi$，无散场总可以用一个散度为零的矢量势的旋度表示，$u_{\mathrm{S}}=\nabla\times\psi$（也称为 Helmholtz 变换）。$u$只需 3 个独立分量的线性组合来表示，而$\varphi$和$\psi$有 4 个分量了，因此需补充一个条件方程$\nabla\cdot\psi=0$。因此有：

$$u=u_{\mathrm{P}}+u_{\mathrm{S}}=\nabla\varphi+\nabla\times\psi,\ \nabla\cdot\psi=0 \tag{3.2}$$

将式(3.2)代入弹性波传播的运动方程式(3.1)，得到：

$$\rho\frac{\partial^2\varphi}{\partial t^2}-(\lambda+2\mu)\nabla^2\varphi+\rho\frac{\partial^2\psi}{\partial t^2}-\mu\nabla^2\psi=0,\ \nabla\cdot\psi=0 \tag{3.3}$$

与此等价的方程组为：

$$\begin{cases}\dfrac{\partial^2\varphi}{\partial t^2}-\beta^2\nabla^2\varphi=C, & \dfrac{\partial^2\psi_i}{\partial t^2}-\beta^2\nabla^2\psi_i=-C, \text{ }C\text{为任意常数}\\ \nabla\cdot\psi=0, \ \alpha^2=\dfrac{\lambda+2\mu}{\rho}, & \beta^2=\dfrac{\mu}{\rho}\end{cases} \tag{3.4}$$

特别当$C=0$时，得到方程组：

$$\begin{cases}\dfrac{\partial^2\varphi}{\partial t^2}-\beta^2\nabla^2\varphi=0, & \dfrac{\partial^2\psi_i}{\partial t^2}-\beta^2\nabla^2\psi_i=0\\ \nabla\cdot\psi=0, \ \alpha^2=\dfrac{\lambda+2\mu}{\rho}, & \beta^2=\dfrac{\mu}{\rho}\end{cases} \tag{3.5}$$

Sternberg 和 Gurtin 用非常简洁的方式证明，标准的波动方程式(3.5)虽然是$C=0$时的方程组,但是它与前面的弹性波传播运动方程式(3.1)完全等价,没有漏解,具有解的完备性。

2. 标准波动方程的通解

式(3.5)中的偏微分方程就是标准的波动方程。一维齐次波动方程是偏微分方程中少有的、可按部就班做积分求出通解的方程之一，其解即著名的 D'Alembert 解（波动函数）。仿照一维波动方程的通解容易得到三维情况下的通解，利用点法式平面方程$n\cdot r=C$表示相位面函数、n为平面的单位法向，通解为：

$$f(r,t)=F_1\left(t-\frac{n\cdot r}{V}\right)+F_2\left(t+\frac{n\cdot r}{V}\right) \tag{3.6}$$

未知函数f可以是φ或ψ_i。F_1、F_2为任意函数，具体形式由问题的初始条件、边界条件决定；不同函数有不同的波形，不管是什么函数，只要宗量为$(t\pm n\cdot r/V)$，该函数总是平面波（直角坐标中$n\cdot r=$常数是点法式平面方程）；F_1传播方向为n，称为前进波；F_2传播方向为$-n$，称为后退波；V为α或β，分别对应φ和ψ_i。

容易验证，只要n为单位矢量，满足弥散条件$n_in_j\delta_{ij}=n_{12}+n_{22}+n_{23}=1$。将式(3.6)代入式(3.5)，则等式两边相等，式(3.6)确实是式(3.5)的解。

3. 任意函数的通解都可以写成简谐平面波叠加的形式

根据 Fourier 叠加原理，可以把物理上实际存在的平面波动，以数学形式分解成抽象的、覆盖整个频率范围的余弦型平面波的积分来表示。复数 Fourier 变换公式为：

$$f\left(t-\frac{n_jx_j}{V}\right)=\frac{1}{2}\int_{-\infty}^{\infty}F(\omega)\exp\left[\mathrm{i}\omega\left(t-\frac{n_jx_j}{V}\right)\right]\mathrm{d}\omega \tag{3.7}$$

$$F(\omega)=\frac{1}{\pi}\int_{-\infty}^{\infty}f\left(t-\frac{n_jx_j}{V}\right)\exp[\mathrm{i}\omega(t-n_jx_j)]\,\mathrm{d}t \tag{3.8}$$

实际物理问题可以不考虑$-\omega$。利用函数的共轭关系：$F(\omega)\exp[\mathrm{i}\omega(t-n_jx_j)]$的复共轭为：

$$\overline{F(\omega)\exp\left[\mathrm{i}\omega\left(t-\frac{n_jx_j}{V}\right)\right]}=F(-\omega)\exp\left[-\mathrm{i}\omega\left(t-\frac{n_jx_j}{V}\right)\right] \tag{3.9}$$

$$\frac{1}{2}\int_{-\infty}^{0}F(-\omega)\exp\left[-\mathrm{i}\omega\left(t-\frac{n_jx_j}{V}\right)\right]\mathrm{d}\omega=\frac{1}{2}\int_{0}^{\infty}F(\omega)\exp\left[\mathrm{i}\omega\left(t-\frac{n_jx_j}{V}\right)\right] \tag{3.10}$$

将它代入前式(3.7)，得到频率范围为 0→∞的公式：

$$f\left(t-\frac{n_jx_j}{V}\right)=\int_{0}^{\infty}F(\omega)\exp\left[\mathrm{i}\omega\left(t-\frac{n_jx_j}{V}\right)\right]\mathrm{d}\omega \tag{3.11}$$

复数Z有定义式、指数式和三角式三种表达式：

$$Z=A+\mathrm{i}B=r\mathrm{e}^{\mathrm{i}\varphi}=r(\cos\varphi+\mathrm{i}\sin\varphi), \qquad A, B\text{均为实数} \tag{3.12}$$

$$r = (A^2 + B^2)^{1/2}, \quad \varphi = \arctan\frac{A}{B} \tag{3.13}$$

有些情况下三角函数形式比较直观；指数形式进行微积分、乘除等运算十分方便，且经过各种运算后实部等于实部、虚部等于虚部；一般在复数前用Re和Im分别表示运算后只取实部和只取虚部。所以有：

$$\begin{aligned} f\left[\omega\left(t-\frac{n_j x_j}{V}\right)-\Phi(\omega)\right] &= \mathrm{Re}\int_0^{\infty} F(\omega)\exp\left\{\mathrm{i}\left[\omega\left(t-\frac{n_j x_j}{V}\right)-\Phi(\omega)\right]\right\}\mathrm{d}\omega \\ &= \int_0^{\infty} F(\omega)\cos\left[\omega\left(t-\frac{n_j x_j}{V}\right)-\Phi(\omega)\right]\mathrm{d}\omega \end{aligned} \tag{3.14}$$

式中：ω——圆频率；

$F(\omega)$——振幅谱，余弦项的宗量称为总相位；

$\Phi(\omega)$——初相位。

这种按余弦（约定取虚部时按正弦）做变化的波动称简谐波。因此，任意平面波问题的求解，总可以用简谐平面波的线性叠加作为形式解，去满足波动方程和边条件，定出$F(\omega)$和$\Phi(\omega)$。

通常，取：

$$f(x,t,\omega) = A(\omega)\exp\left\{\mathrm{i}\left[\omega\left(t-\frac{x}{v}\right)+\Phi_0(\omega)\right]\right\} \tag{3.15}$$

由于弹性波方程的线性，只需求此基本解，对不同频率的$A(\omega)$、$\Phi_0(\omega)$做 Fourier 叠加，即可得任意函数形式的平面波。

4. 边界条件：应力连续和位移连续

应力连续在物理上的含义是作用力和反作用力方向相反、大小相等；位移连续是连续介质模型的基本要求，即介质不允许裂开或相互重叠。

对于半空间的自由表面，边界条件为：

$$P_{zj} = 0 \tag{3.16}$$

对于全空间中的分界面，边界条件为：

$$P_{zj} = P'_{zj}, \ u_z = u'_z \tag{3.17}$$

5. 均匀平面波和不均匀平面波

不失一般性，在式(3.15)中令$A(\omega)=1$，$\Phi_0(\omega)=0$，再进行取实部的操作，有：

$$\begin{cases} f(x,t,\omega) = \cos\omega\left(t-\dfrac{n_j x_j}{v}\right) = \mathrm{Re}\left[\mathrm{e}^{\mathrm{i}(\omega t - k_j x_j)}\right] \\ k_j k_j \delta_{ij} = \left(\dfrac{\omega}{v}\right)^2 \end{cases} \tag{3.18}$$

式中：k_j——波矢量，$k_j = \frac{\omega}{v} n_j$。

如果k_j全为实数，则同一时刻、同一$k_j x_j =$ 常量的平面上，波动物理量的相位相同（等相位面）、量值相同（等振幅面），称为均匀平面波。

如果k_j中有复数（必有一实部），则会出现不均匀平面波，如图 3.3 所示。这时可以令：

$$k_j = k'_j + \mathrm{i}k''_j \ （k'_j，k''_j \text{均为实数}） \tag{3.19}$$

则：

$$\mathrm{e}^{\mathrm{i}(\omega t - k_j x_j)} = \mathrm{e}^{k''_j x_j}\mathrm{e}^{\mathrm{i}(\omega t - k'_j x_j)} \tag{3.20}$$

$k'_j x_j$描述了波动的等相位面形态，$e^{k''_j x_j}$则反映了波动的幅度沿k''方向指数变化。

由波矢量关系要求：

$$k_j^2 = k^2 = \left(k'_j + \mathrm{i}k''_j\right)^2 = \left(k_j'^2 - k_j''^2\right) + \mathrm{i}2k'_j k''_j = \left(\frac{w}{v}\right)^2 \tag{3.21}$$

可得：

$$k'_j k''_j = 0 \tag{3.22}$$

即$k'' \perp k'$，也就是在与波传播方向垂直的方向上波动的幅度呈指数变化。

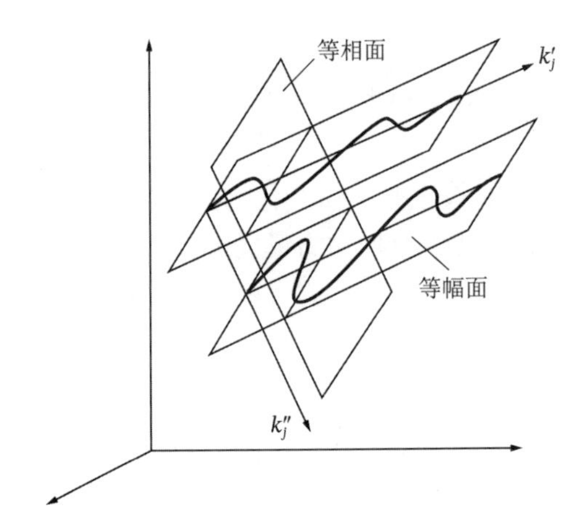

图 3.3　不均匀平面波在与传播方向垂直的方向上振幅发生变化

6. P 波、SH 波和 SV 波

从前面的坐标框架中可以看出，当 P 波入射时，它的传播方向在X_1X_3平面也即入射面内，反射 P 波的传播方向也在此平面内。由于 P 波的质点偏振方向与波传播方向一致，运动完全在X_1X_3平面内，那么发射波的运动亦在X_1X_3平面内，即位移与X_2无关，且X_2方向的位移分量为零。

由于 S 波对应的粒子在与波传播方向垂直的平面内线偏振，可以将其投影到入射面（也即X_1X_3平面）内以及入射面的法线方向（即X_2方向）。在入射面内的 S 波分量称为 SV 波，沿入射面法线方向的 S 波分量称为 SH 波，如图 3.4 所示。S 波的这种分界与界面在入射点是否弯曲无关，只与界面在入射点上的法向有关。对于给定界面和给定平面 S 波，分解是唯一的，只与界面即波动形态有关，与坐标轴的选取无关。在进行了 S 波的这种分界之后，P 波、SH 波、SV 波对应的粒子偏振方向互相垂直，构成线性无关的正交系，可以完备地描述粒子在三维空间的振动状态。这种分解也可以推广到沿地震波传播射线上的任一点处介质的波动分解，分别称为 P 波传播、SH 波传播和 SV 波传播。

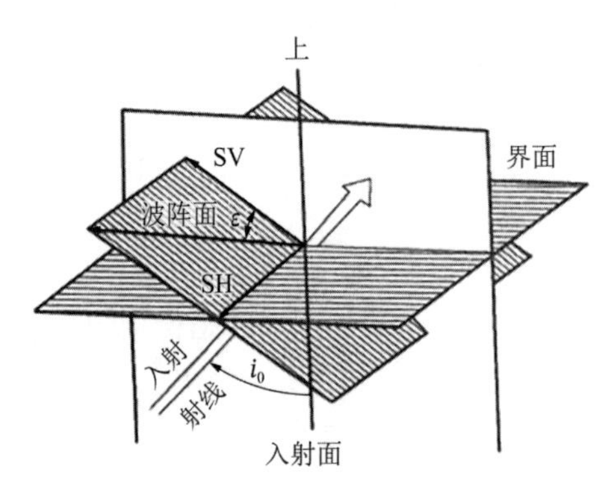

图 3.4　将 S 波分解成 SV 波和 SH 波：SV 波在入射面内；SH 波在介质分界面内并与入射面垂直

7. 平面波遇到平界面问题的求解

根据前面介绍的坐标系建立方式，设平面波在X_1X_3平面传播，传播方向就是等相位面的法线方向，又称为平面波的射线方向，根据 Stocks 分解和 Helmholtz 变换，波动的位移场可以写成：

$$u = u_{\mathrm{P}} + u_{\mathrm{S}} = \nabla\varphi + \nabla\times\psi,\ \nabla\cdot\psi = 0 \tag{3.23}$$

由于波动的等相位面上的φ、φ_1、φ_2、φ_3均为常数，而且平面波的传播方向在X_1X_3平面内，因此沿着X_2方向上的各点必在同一等相位面上，所以：

$$\frac{\partial\varphi}{\partial X_2} = \frac{\partial\psi_3}{\partial X_2} = \frac{\partial\psi_2}{\partial X_2} = \frac{\partial\psi_1}{\partial X_2} = 0 \tag{3.24}$$

式(3.23)的分量形式为：

$$\begin{cases} u_1 = \dfrac{\partial\varphi}{\partial X_2} - \dfrac{\partial\psi_2}{\partial X_3} \\ u_2 = \dfrac{\partial\psi_1}{\partial X_2} - \dfrac{\partial\psi_3}{\partial X_3} \\ u_3 = \dfrac{\partial\varphi}{\partial X_2} + \dfrac{\partial\psi_2}{\partial X_1} \end{cases} \tag{3.25}$$

u_1、u_3分量只包含φ、ψ_2，与ψ_1、ψ_3无关；而u_2分量只包含ψ_1、ψ_3，与φ、ψ_2无关，也可以将应力边界条件用势函数表示：

$$\begin{cases} P_{31} = \rho\beta^2\left(\dfrac{2\,\partial^2\varphi}{\partial X_1\,\partial X_3} + \dfrac{\partial^2\psi_2}{\partial X_1^2} - \dfrac{\partial^2\psi_2}{\partial X_3^2}\right) \\ P_{32} = \rho\beta^2\left(\dfrac{\partial^2\psi_1}{\partial X_3^2} - \dfrac{\partial^2\psi_3}{\partial X_1\,\partial X_3}\right) = \rho\beta^2\left(\dfrac{\partial u_2}{\partial X_3}\right) \\ P_{33} = \rho\left[\alpha^2\nabla^2\varphi + 2\beta^2\left(\dfrac{\partial^2\psi_2}{\partial X_1\,\partial X_3} - \dfrac{\partial^2\varphi}{\partial X_1^2}\right)\right] \end{cases} \tag{3.26}$$

同样，P_{31}、P_{33}只包含φ、ψ_2，与ψ_1、ψ_3无关；而P_{32}只包含ψ_1、ψ_3，与φ、ψ_2无关。因此，我们可以把问题分成相互独立的两组来求解：P-SV 问题，需要解出φ、ψ_2两个标量函数；SH 问题，要解出ψ_1和ψ_3两个标量函数。可见 SH 波在遇到界面时只产生 SH 型的波；P-SV 波在界面上只产生 P-SV 型的波，而且 P-SV 波相互耦合，没有办法再进行分离。

P-SV 问题用势函数求解减少了计算量，只需要求解φ_1、φ_2两个标量函数，再作反变换即可得：

$$\begin{cases} u_{\mathrm{p}} = \nabla\varphi = u_{\mathrm{p1}}e_1 + u_{\mathrm{p3}}e_3 \\ u_{\mathrm{SV}} = \nabla\times(\psi_2 e_2) = u_{\mathrm{SV1}}e_1 + u_{\mathrm{SV3}}e_3 \end{cases} \tag{3.27}$$

不必求解u_{p1}、u_{p3}、u_{SV1}、u_{SV3}四个标量函数。

而对于 SH 波，则可以直接使用位移标量函数u_2，这样更方便；否则，就要求解ψ_1和ψ_3两个标量函数了。这时，对于半空间问题，有：

方程：
$$\frac{\partial^2 u_2}{\partial t^2} = \beta^2\nabla^2 u_2 \tag{3.28}$$

边界条件：
$$P_{32}\big|_{X_3=0} = \mu\frac{\partial u_2}{\partial X_3}\bigg|_{X_3=0} = 0 \tag{3.29}$$

对于全空间中一个分界面两侧介质中的波传播问题，两部分介质中对应的波动方程分别为：

$$\frac{\partial^2 u_2}{\partial t^2}=\beta^2\nabla^2 u_2,\quad \frac{\partial^2 u_2'}{\partial t^2}=\beta^2\nabla^2 u_2' \tag{3.30}$$

界面上应力连续、位移连续边界条件有：

$$\mu\frac{\partial u_2}{\partial X_3}=\mu'\frac{\partial u_2'}{\partial X_3},\quad u_2=u_2' \tag{3.31}$$

3.2.2 平面波在自由界面上的反射

这是地表的近似，地震波入射到自由界面时会产生反射，反射波会出现什么情况？这与入射波有什么关系？

建立如图 3.5 所示的坐标系，自由界面用$X_3=0$ 表示，X_3轴垂直向下为正，半空间中地球介质的弹性性质已知，用纵、横波速度α、β给出，忽略自由界面之上大气压的影响。

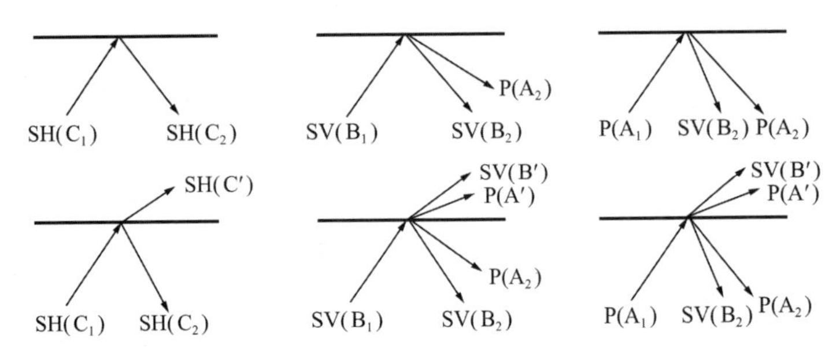

图 3.5　在经过 Stocks 分解和 Helmholtz 变换以及 S 波的分解后，平面波遇到平界面问题分成了相互无关的两组

为不失一般性，假设已知入射波为一简谐平面 P 波（图 3.6），以角度i_{P}向自由界面入射：

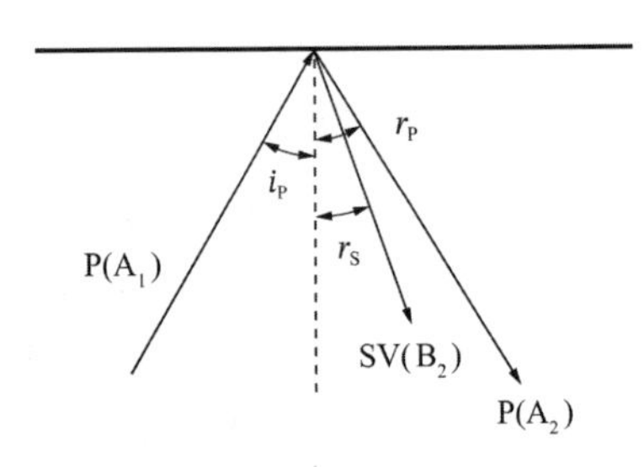

图 3.6　平面 P 波入射到自由界面会产生一个反射 P 波和一个反射 SV 波

$$u_{\mathrm{P1}}=\nabla\varphi_1,\quad \varphi_1=A_1\mathrm{e}^{\mathrm{i}(x_1 k_{\mathrm{P1}}\sin i_{\mathrm{P}}-x_3 k_{\mathrm{P1}}\cos i_{\mathrm{P}})-\mathrm{i}\omega_{\mathrm{P1}}t} \tag{3.32}$$

其中，A_1、ω_{P1}、i_{P}为已知的常数，欲求满足：

$$\begin{cases}\dfrac{\partial^2 u}{\partial t^2}=(\lambda+u)\nabla(\nabla\cdot u)+\mu\nabla^2 u\\ P_{32}|_{X_3=0}=0\end{cases} \tag{3.33}$$

的总位移场$u(r,t)$。根据前面的分析，利用势函数可以将问题转化成两个标量函数φ、ψ_2的定解问题。

采用半逆解法，根据问题的物理性质，可以猜出其中若干未知量，使问题大大简化，再通过方程和边界条件定出其余未知量。首先，猜到有反射的简谐平面波；根据对称原理，可知与X_2无关。因此，给出形式解：

$$
\begin{cases}
u = u_{\mathrm{P1}} + u_{\mathrm{P2}} + u_{\mathrm{SV2}} = \nabla\varphi_1 + \nabla\varphi_2 + \nabla\times\psi_2,\ \nabla\cdot\psi_2 = 0 \\
\varphi_1 = A_1 \mathrm{e}^{\mathrm{i}(x_1 k_{\mathrm{P1}}\sin i_{\mathrm{P}} - x_3 k_{\mathrm{P1}}\cos i_{\mathrm{P}}) - \mathrm{i}\omega_{\mathrm{P1}} t} \\
\varphi_2 = A_2 \mathrm{e}^{\mathrm{i}(x_1 k_{\mathrm{P2}}\sin r_{\mathrm{P}} - x_3 k_{\mathrm{P2}}\cos r_{\mathrm{P}}) - \mathrm{i}\omega_{\mathrm{P2}} t} \\
\psi_2 = B_2 \mathrm{e}^{\mathrm{i}(x_1 k_{\mathrm{S2}}\sin r_{\mathrm{S}} - x_3 k_{\mathrm{S2}}\cos r_{\mathrm{S}}) - \mathrm{i}\omega_{\mathrm{S2}} t}
\end{cases}
\tag{3.34}
$$

其中，下标为“1”的量对应于入射波，下标为“2”的量对应于反射波。

将$u(r,t)$代入波动方程验证，满足方程，是波动方程的解。由 D'Alembert 解构造的形式解，自然满足波动方程。

代入边界条件（$X_3 = 0$）经代数运算，可得：

$$
\begin{cases}
-2\dfrac{\sin i_{\mathrm{P}}}{\alpha}\dfrac{\cos i_{\mathrm{P}}}{\alpha}\varphi_1 + 2\dfrac{\sin r_{\mathrm{P}}}{\alpha}\dfrac{\cos r_{\mathrm{P}}}{\alpha}\varphi_2 + \left[\dfrac{\sin r_{\mathrm{S}}}{\beta}\right]^2\psi_2 - \left[\dfrac{\cos r_{\mathrm{S}}}{\beta}\right]^2\psi_2 = 0 \\
\left(\dfrac{\alpha^2-\beta^2}{2\beta^2}\right)\dfrac{1}{\alpha^2}(\varphi_1+\varphi_2) + \left(\dfrac{\cos i_{\mathrm{P}}}{\beta}\right)^2\varphi_1 + \left[\dfrac{\cos r_{\mathrm{P}}}{\alpha}\right]^2\varphi_2 + \dfrac{\sin r_{\mathrm{S}}}{\beta}\dfrac{\cos r_{\mathrm{S}}}{\beta}\psi_2 = 0 \\
O\mathrm{e}^{\mathrm{i}x_1 k_{\mathrm{P1}}\sin i_{\mathrm{P}} - \mathrm{i}\omega_{\mathrm{P1}} t} = P\mathrm{e}^{\mathrm{i}x_1 k_{\mathrm{P2}}\sin r_{\mathrm{P}} - \mathrm{i}\omega_{\mathrm{P2}} t} + Q\mathrm{e}^{\mathrm{i}x_1 k_{\mathrm{S2}}\sin r_{\mathrm{S}} - \mathrm{i}\omega_{\mathrm{S2}} t}
\end{cases}
\tag{3.35}
$$

其中，O、P、Q均是包含A_1、A_2、B_2、k_{P1}、k_{S2}、ω_{P1}、ω_{P2}、ω_{S2}、λ和μ的函数，都是常数；只有x_1和t为变量。

因为边界条件对任意x_1和t均成立，所以有：

$$
\begin{cases}
\omega_{\mathrm{P1}} = \omega_{\mathrm{P2}} = \omega_{\mathrm{S2}} \\
\dfrac{\sin i_{\mathrm{P}}}{a} = \dfrac{\sin r_{\mathrm{P}}}{a} = \dfrac{\sin r_{\mathrm{S}}}{\beta} \qquad \text{(即 Snell 定律)}
\end{cases}
\tag{3.36}
$$

现在$i_{\mathrm{P}} = r_{\mathrm{P}}$，$r_{\mathrm{S}} = \arcsin\left(\frac{\beta}{\alpha}\cdot\sin i_{\mathrm{P}}\right)\cdot\omega_{\mathrm{P1}} = \omega_{\mathrm{P2}} = \omega_{\mathrm{S2}}$均已知，形式解进一步简化为：

$$
\begin{cases}
\varphi_1 = A_1 \mathrm{e}^{\mathrm{i}(x_1 k_{\mathrm{P1}}\sin i_{\mathrm{P}} - x_3 k_{\mathrm{P1}}\cos i_{\mathrm{P}}) - \mathrm{i}\omega_{\mathrm{P1}} t} \\
\varphi_2 = A_2 \mathrm{e}^{\mathrm{i}(x_1 k_{\mathrm{P1}}\sin i_{\mathrm{P}} - x_3 k_{\mathrm{P1}}\cos r_{\mathrm{P}}) - \mathrm{i}\omega_{\mathrm{P1}} t} \\
\psi_2 = B_2 \mathrm{e}^{\mathrm{i}(x_1 k_{\mathrm{S1}}\sin r_{\mathrm{S}} - x_3 k_{\mathrm{S1}}\cos r_{\mathrm{S}}) - \mathrm{i}\omega_{\mathrm{P1}} t}
\end{cases}
\tag{3.37}
$$

其中，仅A_2和B_2为未知数。

将形式解再一次代入边界条件得联立代数方程组，可以解出A_2，B_2与A_1的关系，将其定义为位移位反射系数：

$$
\begin{cases}
F_{\mathrm{PP}} = \dfrac{A_2}{A_1} = \dfrac{\beta^2\sin^2 i_{\mathrm{P}}\sin^2 r_{\mathrm{S}} - \alpha^2\cos^2 2r_{\mathrm{S}}}{\beta^2\sin^2 i_{\mathrm{P}}\sin^2 r_{\mathrm{S}} + \alpha^2\cos^2 2r_{\mathrm{S}}} \\
F_{\mathrm{PS}} = \dfrac{B_2}{A_1} = -2\beta^2\dfrac{\sin^2 i_{\mathrm{P}}\sin^2 r_{\mathrm{S}}}{\beta^2\sin^2 i_{\mathrm{P}}\sin^2 r_{\mathrm{S}} + \alpha^2\cos^2 2r_{\mathrm{S}}}
\end{cases}
\tag{3.38}
$$

根据位移和位移位之间的关系，还可以给出位移反射系数：

$$
\begin{cases}
f_{\mathrm{PP}} = \dfrac{|\nabla\varphi_2|}{|\nabla\varphi_1|} = F_{\mathrm{PP}} \\
f_{\mathrm{PS}} = \dfrac{|\nabla\times\psi_2|}{|\nabla\varphi_1|} = \dfrac{\alpha}{\beta}F_{\mathrm{PS}}
\end{cases}
\tag{3.39}
$$

将A_2、B_2代入形式解，得φ_1、ψ_2；再作 Helmholtz 反变换，即可得到u_{P2}、u_{S2}；叠加得总位移场：

$$
u = u_{\mathrm{P1}} + u_{\mathrm{P2}} + u_{\mathrm{S2}} \tag{3.40}
$$

利用同样的数学方法，可以解出平面 SV 波和平面 SH 波向自由面入射时的情况。特别是在平面 SH 波入射到自由面时，其位移反射系数永远满足$f_{\mathrm{HH'}} = 1$。

3.2.3 由地动记录推算入射波特征

在地表设置的地震仪器所记录的位移实际上是入射波与反射波叠加的结果，并不是单纯的入射波。因此，要由地震图上得到的地震记录推测入射波的特征，需要解决推算问题。

1. 入射波传播方向的推断

由于P波和S波都是线性极化的，我们可以根据粒子偏振方向与波传播方向之间的关系，得到地表地动与入射波方向之间的关系，如图3.7所示。一般将与界面处质点运动轨迹相应的波传播方向与界面法向的夹角称为视入射角，用θ表示；而将入射波实际传播方向与界面法向的夹角称为真入射角，用i表示。

对于P波，粒子振动方向就是波传播方向；对于SV波，波传播方向与粒子振动方向成90°的角；而SH波由于对应的粒子振动方向永远都在与入射面垂直的方向上，实际上无法根据地动记录推测入射波的传播方向。

由于实际三分量地震记录在垂直方向上习惯取地动向上为正，根据前面得到的平面波遇到自由界面时，反射波与入射波之间的关系，可以导出P波入射时视入射角θ与真入射角i之间的关系：

$$\begin{cases}\tan\theta_P = \left.\dfrac{u_1}{-u_3}\right|_{X_3=0} = \left.\dfrac{(u_P)_1+(u'_P)_1+(u'_S)_1}{(u_P)_3+(u'_P)_3+(u'_S)_3}\right|_{X_3=0} = \tan 2r_S \\ \theta_P = 2r_S \\ i_P = \arcsin\left(\dfrac{\alpha}{\beta}\sin r_S\right) = \arcsin\left(\dfrac{\alpha}{\beta}\sin\dfrac{\theta_P}{2}\right)\end{cases} \tag{3.41}$$

对于SV波入射，如图3.8所示，同样可以得到：

$$\cot\theta_S = \left.\frac{-u_1}{-u_3}\right|_{X_3=0} = \left.\frac{(u_S)_1+(u'_S)_1+(u'_P)_1}{(u_S)_3+(u'_S)_3+(u'_P)_3}\right|_{X_3=0} = \frac{c\tan 2i_S - 1}{2\cot i_P} \tag{3.42}$$

其中，c为光速。同一地震记录得到的同一震源辐射出的地震波，可近似地取$i_P = i_S$，这样就可得$i_S = i_S$（θ_S）。

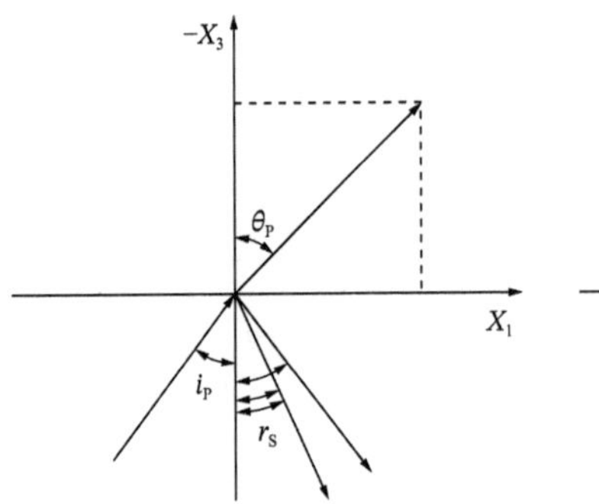

图3.7　实际地动是入射波与反射波叠加的总波场

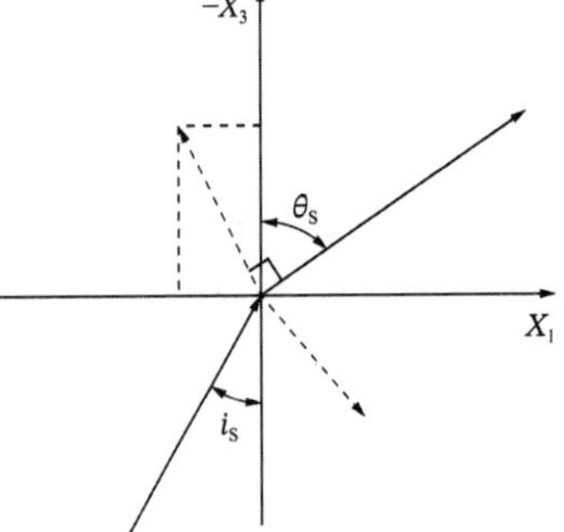

图3.8　SV波入射时，根据地动推断入射波方向

2. 入射波振幅的推断

地表实际地动是由入射波与反射波叠加产生的总波场，而且反射波与入射波支架没有相移，地动振幅也就是入射波振幅与反射波振幅的和。由于是三维空间的问题，所以要讨论位移矢量模之间的关系。

对于 P 波入射：

$$K_P(i_P)=\frac{|u_P(地)|}{|u_P(入)|}=\left[\frac{\left[(u_P)_1+(u'_P)_1+(u'_S)_1\right]^2+\left[(u_P)_3+(u'_P)_3+(u'_S)_3\right]^2}{(U_P)_1^2+(U_P)_3^2}\right]^{1/2}$$

$$=\begin{cases}2，当 i_P=0\\0，当 i_P\to\dfrac{\pi}{2}\end{cases}\tag{3.43}$$

在$0\leqslant i_P\leqslant \pi/2$时，比值$K_P(i_P)$是$i_P$的单调下降函数。所以，在用前面方法求出$i_P$之后，即可求出：

$$|u_P(入)|=K_P(i_P)^{-1}|u_P(地)|\tag{3.44}$$

SV 波入射时的求解方法与此类似；SH 波入射时，由于位移反射系数恒等于 1，所以有：

$$k_{SH}(i_S)=\frac{|u_{SH}(地)|}{|u_{SH}(入)|}\equiv 2\tag{3.45}$$

通过公式(3.43)与公式(3.45)分别求 SV 波与 SH 波位移矢量模时可以发现，结果都恒为常数与其他变量无关，因此与入射角无关，也就是无法得到 SV 波的入射角。特别地，在垂直入射时，就无所谓 SV 波、SH 波了。

3.2.4　偏振交换、面波和类全反射

从前面的讨论可以看出，当一列 P 波入射到自由界面时，会产生一列反射 P 波和一列反射 SV 波；同样，如果一列 SV 波向自由界面入射，会产生一列反射 SV 波和一列反射 P 波。或者说，在一般反射问题中半空间内至少存在三列简谐平面波（纯 SH 波入射，仅反射 SH 波）。但是，在某些特殊条件下，会出现不同的情况。

我们已经推导出 P 波入射反射 P 波和 SV 波入射反射 SV 波的反射系数公式，两者是相同的，即：

$$F_{PP}=\frac{A_2}{A_1}=F_{SVSV}=\frac{B_2}{B_1}=\frac{\beta^2\sin 2i_P\sin 2r_S-\alpha^2\cos^2 2r_S}{\beta^2\sin 2i_P\sin 2r_S+\alpha^2\cos^2 2r_S}\tag{3.46}$$

若分子为零，则$F_{PP}=F_{SVSV}=0$。此时半空间只存在一个简谐平面纵波和一个简谐平面横波，对应的物理情况是：P 波入射只反射 SV 波；SV 波入射只反射 P 波。这种现象就称为“偏振交换”。

出现偏振交换要求反射系数公式的分子为零，再考虑角度之间必须满足 Snell 定律，就得到了偏振交换的条件方程：

$$\begin{cases}\beta^2\sin 2i_P\sin 2r_S-\alpha^2\cos^2 2r_S=0\\\dfrac{\sin i_P}{\alpha}=\dfrac{\sin r_S}{\beta}\end{cases}\tag{3.47}$$

对于已知介质（α、β已知），利用上式总可以求出i_P和r_S的解，至少利用现代计算数学方法可以找到其数值解。如图 3.9 所示，为方便求解，先作变换，令

$$\begin{cases}A=\dfrac{\alpha}{\sin i_P}=\dfrac{\beta}{\sin r_S}\\B=\left(\dfrac{\beta}{\alpha}\right)^2\\C=\dfrac{A}{\beta}=\left(\dfrac{1}{\sin r_S}\right)^2=\left(\dfrac{\alpha}{\beta\sin i_P}\right)^2\end{cases}\tag{3.48}$$

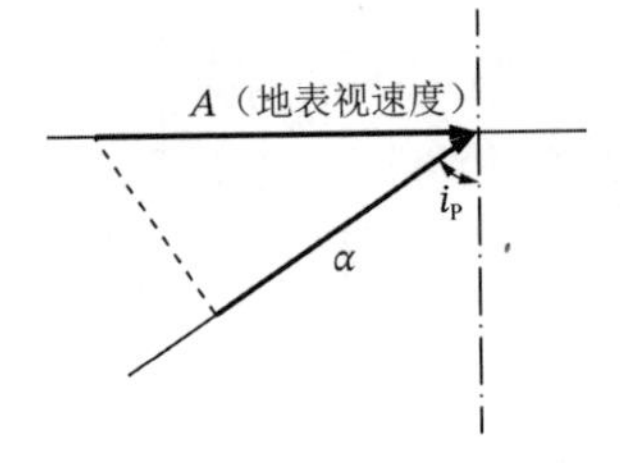

图 3.9　地面视速度与射线参数

A^{-1}又称为射线参数，在平面波传播情况下，不论在遇到界面时是发生了反射还是发生了折射，Snell 定律保证了对所有的反射波、折射波与入射波有相同的参数A^{-1}，所以它是整个射线族的参数，也可以理解成入、反射（折射）波族有共同的水平方向慢度值。

再利用三角公式：

$$\begin{cases}\sin^2\theta+\cos^2\theta=1\\ \sin 2\theta=2\sin\theta\cos\theta\end{cases} \tag{3.49}$$

将方程化为：

$$C^3-8C^2+(24-16B)C-16(1-B)=0 \tag{3.50}$$

解此三次方程，得三个根：C_1、C_2和C_3。考虑到地球介质十分接近泊松体，为讨论方便计，可以假定$B=1/3$，即泊松体，$\lambda=\mu$，因此：

$$C^3-8C^2+\frac{56}{3}C-\frac{32}{3}=0 \tag{3.51}$$

解得：

$$\begin{cases}C_1=4\\ C_2=2+\dfrac{2}{\sqrt{3}}\approx 3.1547\\ C_3=2-\dfrac{2}{\sqrt{3}}\approx 0.8453\end{cases} \tag{3.52}$$

由定义：

$$C=\left(\frac{A}{\beta}\right)^2=\left(\frac{1}{\sin r_S}\right)^2=\left(\frac{\alpha}{\beta\sin i_P}\right)^2 \tag{3.53}$$

得：

$$\begin{cases}i_P=\arcsin\dfrac{\alpha}{\beta\sqrt{C}}=\arcsin\sqrt{\dfrac{3}{C}}\\ r_S=\arcsin\sqrt{\dfrac{1}{C}}\end{cases} \tag{3.54}$$

可见，当$C>3$时，i_P和r_S均为实数；当$C<1$时，i_P和r_S均为复数；当$1<C<3$时，i_P为复数，r_S为实数。具体见表 3.1。

地面视速度与射线参数的函数关系　　**表 3.1**

n	C_n	i_P	r_S
1	4	60°	30°
2	3.1547	77.21°	34.26°
3	0.8453	π/2 + i arcosh（3/0.8453）	π/2 + i arcosh（1/0.8453）

1. 偏振交换

对应于$C_1=4>3$和$C_2=3.154>3$两种情况，P 波入射只反射 SV 波；SV 波入射只反射 P 波，出现偏振交换（图 3.10）。

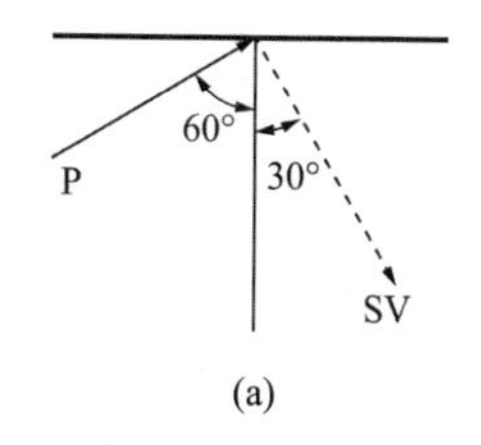

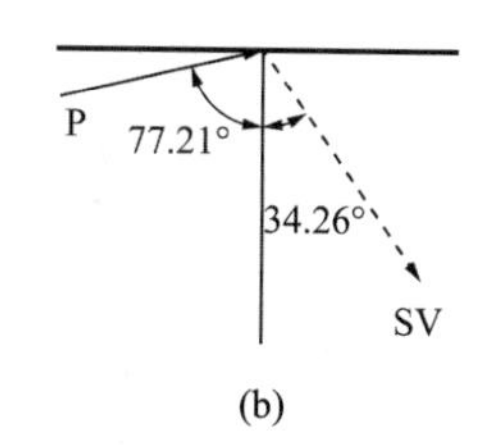

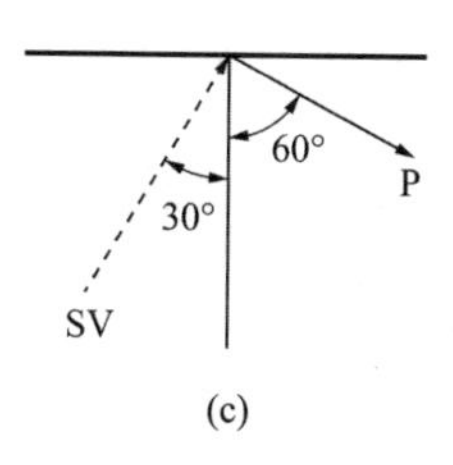

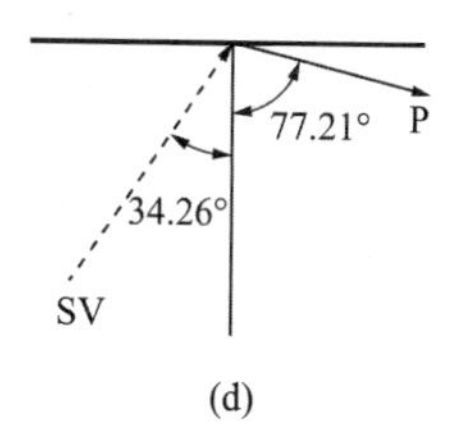

图 3.10　泊松体自由界面上出现偏振交换的情况

2. 面波

当$C_3 = 0.8453 < 1$时：

$$\begin{cases} i_{\mathrm{P}} = \dfrac{\pi}{2} + \mathrm{i}\,\mathrm{arcosh}\left(\dfrac{3}{0.8453}\right) \\ i_{\mathrm{S}} = \dfrac{\pi}{2} + \mathrm{i}\,\mathrm{arcosh}\left(\dfrac{1}{0.8453}\right) \end{cases} \tag{3.55}$$

反射 P 波和反射 SV 波对应的反射角称为复角，相应的波矢量也称为复数，则会出现我们前面讨论的不均匀平面波。这样一对不均匀平面纵、横波叠加形成半无限空间中的弹性波场。

因为地表视速度$A = \dfrac{\alpha}{\sin i_{\mathrm{P}}} = \dfrac{\beta}{\sin r_{\mathrm{S}}}$，且现在$\sin i_{\mathrm{P}}$和$\sin r_{\mathrm{S}}$都大于 1，所以这两个不均匀平面波以相同的视速度$A < \beta < \alpha$沿自由界面传播。由不均匀平面波的特性，又可知它们的振幅都沿着深度方向指数衰减，能量集中在表面，故称面波。

3. 类全反射

类全反射对应于$1 < C < 3$时的情况；它不是我们前面求解的偏振交换方程的根，只有 SV 波入射时才会出现这种情况，这时：

$$\begin{cases} r_{\mathrm{S}} = \arcsin\sqrt{\dfrac{1}{C}} \to r_{\mathrm{S}}\text{是实数} \\ i_{\mathrm{P}} = \arcsin\sqrt{\dfrac{3}{C}} \to i_{\mathrm{P}} = \dfrac{\pi}{2} + \mathrm{i}\,\mathrm{arcosh}\sqrt{\dfrac{3}{C}}\text{是复数} \end{cases} \tag{3.56}$$

因此，位移位反射系数：

$$R_{\mathrm{SS}} = \frac{B_2}{B_1} = \frac{\beta^2 \sin 2 i_{\mathrm{P}} \sin 2 r_{\mathrm{S}} - \alpha^2 \cos^2 2r_{\mathrm{S}}}{\beta^2 \sin 2 i_{\mathrm{P}} \sin 2 r_{\mathrm{S}} + \alpha^2 \cos^2 2r_{\mathrm{S}}} = \frac{-a + \mathrm{i}b}{a + \mathrm{i}b} \tag{3.57}$$

其中，$a = \alpha^2 \cos^2 2r_{\mathrm{S}}$，$b = \beta^2 \sin 2i_{\mathrm{P}} \sin 2r_{\mathrm{S}}$。

可见$|R_{\mathrm{SS}}| = 1$，模为 1。入射 SV 波、反射 SV 波的强度相同，相位相差，所以称为类全反射，如图 3.11 所示。SV 波入射，产生类全反射的临界角（对于泊松体）约为 35.2°。

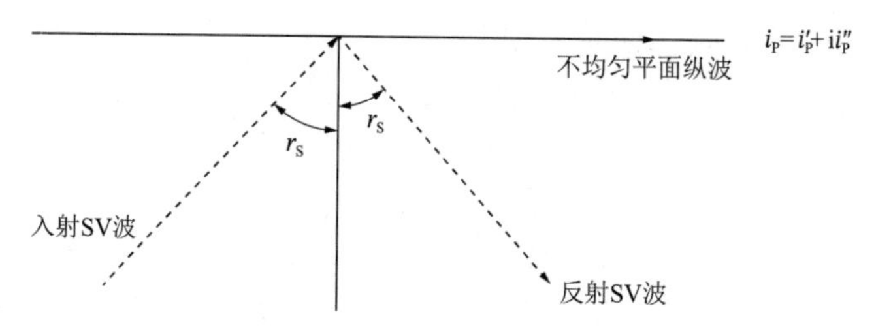

图 3.11　SV 波超临界入射出现类全反射

3.2.5 平面波在平分界面上的反射和折射

由上节的分析可以预料，平面波在平分界面上发生反射、折射时，由于 P 波或 SV 波入射发生波形转换，以及产生不均匀平面波的可能性的大小（SV 波入射较 P 波入射产生不均匀平面波的可能性要大），各种波的情况不同：P 波入射较简单，SV 波入射最复杂，SH 波入射最简单。我们这里以 SH 波入射为例详细讨论。

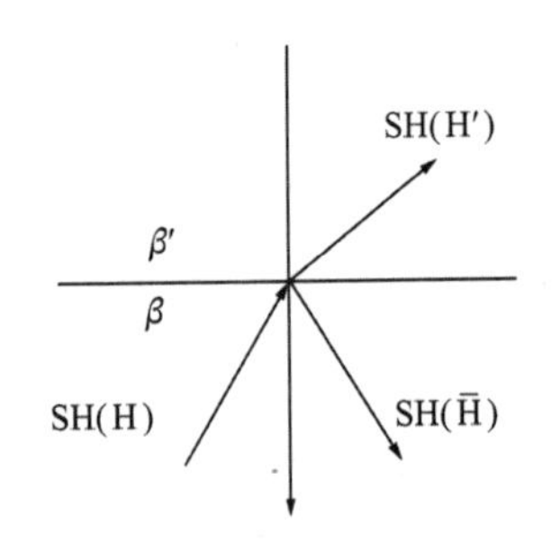

图 3.12　平面 SH 波自下而上入射到平分界面产生反射和折射

取与前面相同的坐标系，由于只讨论 SH 波入射情况，与 P 波和 SV 波无关，所以可以只用剪切模量和横波速度μ、μ'、β、β'分别描述平分界面两侧介质的弹性性质。

假设已知入射 SH 波为一简谐平面波，以角度i_{S}自下而上向平分界面入射，如图 3.12 所示。因为是 SH 波，所以可以直接用位移写出波传播函数：

$$U_{21}=H\mathrm{e}^{\mathrm{i}[t-(x_1\sin i_{\mathrm{S}}-x_3\sin i_{\mathrm{S}})/\beta]} \tag{3.58}$$

其中，H、ω、i_{S}为已知的常数。

欲求满足方程：

$$\begin{cases}\dfrac{\partial^2 u_2}{\partial t^2}-\beta^2\nabla^2 u_2=0\\ \dfrac{\partial^2 u_2'}{\partial t^2}-\beta'^2\nabla^2 u_2'=0\end{cases} \tag{3.59}$$

和边界条件：

$$\begin{cases}u_2=u_2',\ \ x_3=0\\ \dfrac{\partial^2 u}{\partial x_3^2}=\dfrac{\partial^2 u'}{\partial x_3^2},\ \ x_3=0\end{cases} \tag{3.60}$$

的平分界面两侧的总位移场：$u_2(r,t)$和$u_2'(r,t)$。

因为平面波场u_2、u_2'与X_2无关，而且根据分析可知存在反射平面 SH 波$u_2(r,t)$和折射平面 SH 波$u_2'(r,t)$，并服从 Snell 定律，可以猜出有满足波动方程的简谐波形式解：

入射、反射半空间：

$$\begin{aligned}U_2^{总}&=u_2+\overline{u}_2\\&=H\mathrm{e}^{\mathrm{i}\omega[t-(x_1\sin i_{\mathrm{S}}-x_3\cos i_{\mathrm{S}})/\beta]}+\overline{H}\mathrm{e}^{\mathrm{i}\omega[t-(x_1\sin i_{\mathrm{S}}+x_3\cos i_{\mathrm{S}})/\beta]}\end{aligned} \tag{3.61}$$

折射半空间：

$$u_2'=H'\mathrm{e}^{\mathrm{i}\omega[t-(x_1\sin i_{\mathrm{S}}'-x_3\cos i_{\mathrm{S}}')/\beta']} \tag{3.62}$$

形式解代入边界条件，即位移和应力在$x_3=0$时连续：

$$u_2^{总}=u_2',\ \ \mu\frac{\partial u_2^{总}}{\partial x_3}=\mu'\frac{\partial u_2'}{\partial x_3} \tag{3.63}$$

即得：

$$\begin{cases}H+\overline{H}=H'\\ \dfrac{\mu(H-\overline{H})\cos i_{\mathrm{S}}}{\beta}=\dfrac{\mu H'\cos i_{\mathrm{S}}'}{\beta'}\end{cases} \tag{3.64}$$

解出H'、H，进一步可以求出$u_2^{总}$和u_2'。相应的位移反射、折射系数为：

$$f_{\mathrm{H}\overline{\mathrm{H}}}=\frac{\sin 2i_{\mathrm{S}}-\dfrac{\mu'\beta^2\sin 2i_{\mathrm{S}}}{\mu\beta'^2}}{\sin 2i_{\mathrm{S}}+\dfrac{\mu'\beta^2\sin 2i_{\mathrm{S}}}{\mu\beta'^2}} \tag{3.65}$$

$$f_{\mathrm{HH}'}=\frac{2\sin 2i_{\mathrm{S}}}{2\sin 2i_{\mathrm{S}}+\dfrac{\mu'\beta^2}{\mu\beta'^2}\sin 2i_{\mathrm{S}}} \tag{3.66}$$

为了便于分析，作变换$m=\mu/\mu'$，$n=\beta/\beta'$（可见n即折射率），反射、折射系数变为：

$$f_2=\frac{m\cos i_{\mathrm{S}}-\sqrt{n^2-\sin^2 i_{\mathrm{S}}}}{m\cos i_{\mathrm{S}}+\sqrt{n^2-\sin^2 i_{\mathrm{S}}}} \tag{3.67}$$

在复平面上进行分析（图 3.13、表 3.2）。

复平面上反射与折射系数的函数关系　　**表 3.2**

点	$f_{反}$	$f_{折}$	i_{S}	状态
O	0	1	$\arcsin\sqrt{\dfrac{m^2-n^2}{1-m^2}}$	（全）透射
P	−1	0	$\pi/2$	掠射
Q	$(m-n)/(m+n)$	$2m/(m+n)$	0	正射
R	1	2	$\arcsin n$	全反射

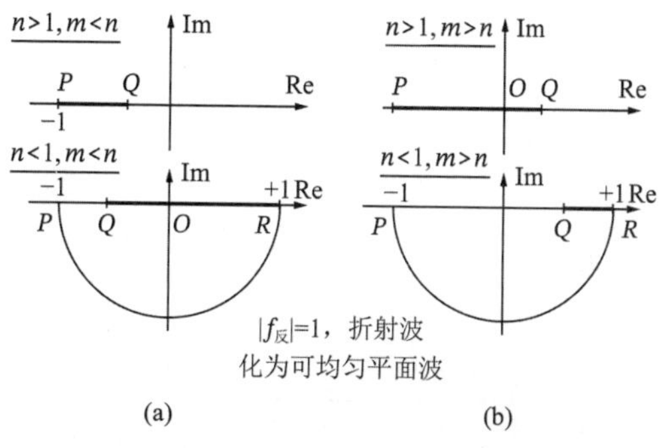

图 3.13　在复平面上分析反射与折射系数

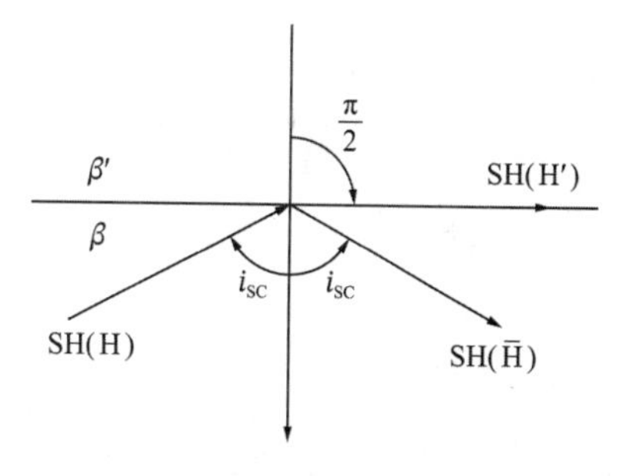

图 3.14　SH 波临界入射时的反射 SH 波与折射 SH 波

如图 3.14 所示，在$n=\beta/\beta'<1$情况下，当入射波以临界角$i_{\mathrm{SC}}=\arcsin n$入射时（$R$点），有：

$$\begin{cases} f_{反}=\dfrac{m\cos i_{\mathrm{SC}}-\sqrt{n^2-\sin^2 i_{\mathrm{SC}}}}{m\cos i_{\mathrm{SC}}+\sqrt{n^2-\sin^2 i_{\mathrm{SC}}}}+1 \\ f_{折}=1+f_{反}=2 \end{cases} \tag{3.68}$$

又有：

$$\begin{cases} \dfrac{\sin i_{\mathrm{S}}'}{\beta'}=\dfrac{\sin i_{\mathrm{SC}}}{\beta} \\ \bar{i}_{\mathrm{S}}=i_{\mathrm{S}} \end{cases} \tag{3.69}$$

所以：

$$i'_S = \arcsin\left(\frac{\beta' \sin i_{SC}}{\beta}\right) = \arcsin\left(\frac{\beta' n}{\beta}\right) = \arcsin 1 = \frac{\pi}{2} \tag{3.70}$$

折射波沿X_1传播。

$$\begin{cases} u'_2 = H' \mathrm{e}^{\mathrm{i}(x \sin i'_S + z \cos i'_S)/\beta' - \mathrm{i}\omega t} = 2H\mathrm{e}^{\mathrm{i}\omega x/\beta' - \mathrm{i}\omega t} \\ \overline{u}_2 = \overline{H}\mathrm{e}^{\mathrm{i}(x \sin i_S + z \cos i_S)/\beta - \mathrm{i}\omega t} = H\mathrm{e}^{\mathrm{i}(x \sin i_S + z \cos i_S)/\beta - \mathrm{i}\omega t} (\text{无相位差}) \end{cases} \tag{3.71}$$

称为全反射。

如果入射角$i_S > i_{SC} = \arcsin n$，则出现超临界入射现象。由于：

$$\sin i_S > \sin(\arcsin n) = n \tag{3.72}$$

$n^2 - \sin^2 i_S$为负值，有：

$$\sqrt{n^2 - \sin^2 i_S} = \mathrm{i}\sqrt{\sin^2 i_S - n^2} \tag{3.73}$$

如图 3.15 所示，令实数$a = m \cos i_S$，$b = \sqrt{\sin^2 i_S - n^2}$，则：

$$\begin{aligned} f_{反} &= \frac{C_2}{C_1} = \frac{a - \mathrm{i}b}{a + \mathrm{i}b} = \frac{(a - \mathrm{i}b)^2}{a^2 + b^2} = \frac{a^2 - b^2 - \mathrm{i}2ab}{a^2 + b^2} \\ &= \frac{a^2 - b^2}{a^2 + b^2} - \frac{\mathrm{i}2ab}{a^2 + b^2} \end{aligned} \tag{3.74}$$

所以：

$$f_{反} = \cos\phi - \mathrm{i}\sin\phi = \mathrm{e}^{-\mathrm{i}\phi} \tag{3.75}$$

$$\overline{u}_2 = u_2 \mathrm{e}^{-\mathrm{i}\phi} = H\mathrm{e}^{\mathrm{i}\omega'(x \sin i_S + z \cos i_S)/\beta - \mathrm{i}\omega t - \mathrm{i}\phi} \tag{3.76}$$

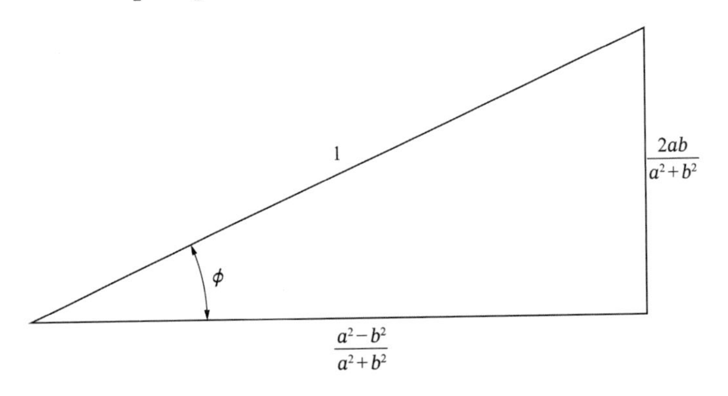

图 3.15　复平面上的实部、虚部与复角

反射波$\overline{H} = H$，出现相移ϕ，但仍是均匀平面波，称为类全反射。

再来分析此时的折射波。

位移折射系数：

$$\begin{aligned} f_{折} &= 1 + f_{反} = 1 + \frac{a - \mathrm{i}b}{a + \mathrm{i}b} = \frac{2a}{a + \mathrm{i}b} = \frac{2a(a - \mathrm{i}b)}{a^2 + b^2} \\ &= \frac{2a^2}{a^2 + b^2} - \frac{\mathrm{i}2ab}{a^2 + b^2} \end{aligned} \tag{3.77}$$

令

$$r=\sqrt{\left(\frac{2a^2}{a^2+b^2}\right)^2+\left(\frac{2ab}{a^2+b^2}\right)^2} \tag{3.78}$$

则有：

$$\cos\Psi=\frac{\left(\frac{2a^2}{a^2+b^2}\right)}{r},\quad \sin\Psi=\frac{\left(\frac{2ab}{a^2+b^2}\right)}{r} \tag{3.79}$$

这样位移折射系数就可以写成：

$$f_{折}=r(\cos\Psi-\mathrm{i}\sin\Psi)=r\mathrm{e}^{-\mathrm{i}\Psi} \tag{3.80}$$

折射波振幅与入射波振幅之间的关系为：

$$H'=Hr\mathrm{e}^{-\mathrm{i}\Psi} \tag{3.81}$$

根据 Snell 定律，$\sin i_S'/\beta'=\sin i_S/\beta$，所以$\sin i_S'=\beta'/\beta\sin i_S>1$，得出：

$$\begin{cases} i_S'=\dfrac{\pi}{2}+\mathrm{i}\,\mathrm{arcosh}\left(\dfrac{\beta'\sin i_S}{\beta}\right)=\dfrac{\pi}{2}+\mathrm{i}\theta \\ \sin i_S'=\sin\left(\dfrac{\pi}{2}\right)\cos\mathrm{i}\theta+\cos\left(\dfrac{\pi}{2}\right)\sin\mathrm{i}\theta=\cos\mathrm{i}\theta=\cosh\theta \\ \cos i_S'=\cos\left(\dfrac{\pi}{2}\right)\cos\mathrm{i}\theta-\sin\left(\dfrac{\pi}{2}\right)\sin\mathrm{i}\theta=-\sin\mathrm{i}\theta=\sinh\dfrac{\theta}{\mathrm{i}}=-\mathrm{i}\sinh\theta \end{cases} \tag{3.82}$$

因此超临界入射时，折射波为：

$$\begin{aligned} u_2' &= H'\mathrm{e}^{\mathrm{i}\omega(x\sin i_S'+z\cos i_S')/\beta'-\mathrm{i}\omega t} \\ &= Hr\mathrm{e}^{\mathrm{i}\Psi}\mathrm{e}^{\mathrm{i}\omega[x\cosh\theta+z(-\sinh\theta)]/\beta'-\mathrm{i}\omega t} \\ &= Hr\mathrm{e}^{z\omega\sin h\theta/\beta'}\mathrm{e}^{\mathrm{i}(\omega\cosh\theta/\beta')x-\mathrm{i}\omega t-\mathrm{i}\Psi} \\ &= Hr\mathrm{e}^{z\omega\sin h\theta/\beta'}\mathrm{e}^{-\mathrm{i}\omega[t-x/(\beta'/\cosh\theta)]-\mathrm{i}\Psi} \end{aligned} \tag{3.83}$$

可见此时折射波的振幅随$-z$衰减，波动的能量集中在界面附近，形成了前面介绍过的面波；传播方向为X_1方向，传播速度为$\beta'/\cosh\theta<\beta'$（因为$\cosh\theta>1$）；同入射波相比，多了一项相位延迟$\Psi$，也就是说超临界入射引起“相散”；位移特征表面反射波仍是线性极化的 SH 型振动。

SH 波自高速介质入射时不会出现超临界入射与不均匀平面波；自低速介质入射时，有可能出现超临界入射并在折射空间产生不均匀平面波（图 3.16）。

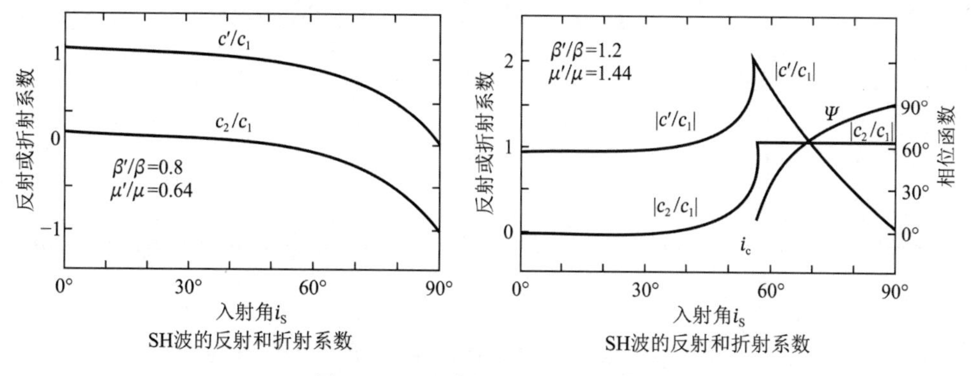

图 3.16　SH 波的反射和折射系数

对于 P 波自高速介质入射的情况，不会出现超临界入射与不均匀平面波（图 3.17）。当

P 波自低速介质入射时，可能出现超临界入射，在折射空间产生不均匀平面波。如果是 SV 波自低速介质入射，除了折射空间会产生不均匀平面波，在反射空间也有可能出现不均匀平面波（图 3.18）。

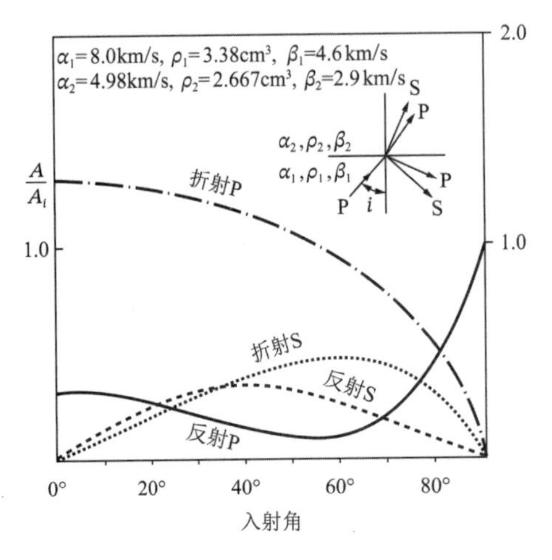

图 3.17　P 波的反射和折射系数

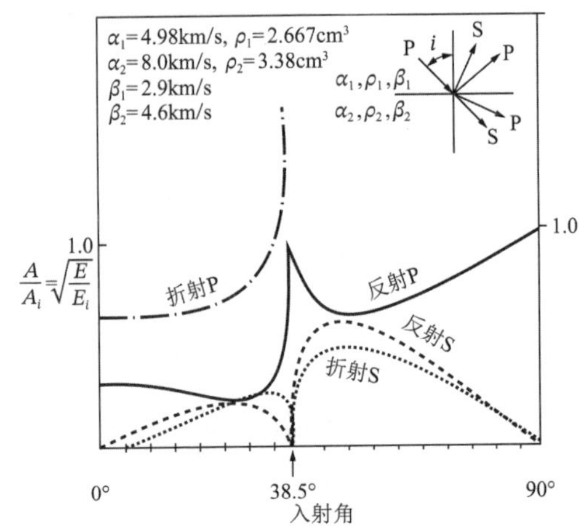

图 3.18　SV 波的反射和折射系数

3.2.6　能量分配

平面波在遇到平界面时会产生反射和折射，反射波和折射波都携带了能量。由于能量守恒，入射波的能量应该与反射波和折射波的能量之和相等。在均匀平面波的情况下，单位时间通过单位界面面积的平均能量为：

$$\varepsilon = WV\cos i \tag{3.84}$$

式中：i——所讨论的均匀平面波的传播方向与界面法向的夹角；

V——所讨论的均匀平面波的传播速度；

W——均匀平面波能流的平均体密度，由于弹性动能的体密度和弹性应变能体密度相等。

$$W = 2\left\{\frac{1}{T}\int_0^T \frac{1}{2\rho}\left[\left(\frac{\partial u_1}{\partial t}\right)^2 + \left(\frac{\partial u_2}{\partial t}\right)^2\right]\mathrm{d}t\right\} \tag{3.85}$$

式中：u_1、u_2——位移向量；

ρ——流体密度；

t——时间；

T——周期。

由于能量守恒，流入单位界面的能量等于以反射波、折射波的形式流出单位界面的能量。所以，P 波入射时有：

$$\begin{cases}\dfrac{1}{2}\rho k^4c^2A_1^2\cot i_\mathrm{P} = \dfrac{1}{2}\rho k^4c^2\left(A_2^2\cot i_\mathrm{P} + B_2^2\cot i_\mathrm{S}\right) + \dfrac{1}{2}\rho' k^4c^2\left(A'^2\cot i'_\mathrm{P} + B'^2\cot i'_\mathrm{S}\right)\\ \dfrac{1}{A_1^2\cos i_\mathrm{P}}\left(A_2^2\cot i_\mathrm{P} + B_2^2\cot i_\mathrm{S}\right) + \dfrac{\rho'}{A_1^2\rho\cot i_\mathrm{P}}\left(A'^2\cot i'_\mathrm{P} + B'^2\cot i'_\mathrm{S}\right) = 1\end{cases} \tag{3.86}$$

式中：c——光速；

i_P——平面 P 波入射角；

i_S——平面 S 波入射角；

k——波矢量；

A_1、A_2——入射 P 波地表视速度、反射 P 波地表视速度；

B_2——反射 SV 波地表视速度。

对于 SV 波入射可得类似的结果（B_1为入射 SV 波地表视速度）：

$$\begin{cases} {a_1}^2 + {b_1}^2 + {a_1'}^2 + {b_1'}^2 = 1 \\ {a_1}^2 = \dfrac{{A_2}^2 \cot i_P}{{B_1}^2 \cot i_S} \\ {b_1}^2 = \dfrac{{B_2}^2}{{B_1}^2} \\ {a_1'}^2 = \dfrac{{A'}^2 \rho' \cot i_P'}{{B_1}^2 \rho \cot i_S} \\ {b_1'}^2 = \dfrac{{B'}^2 \rho' \cot i_S'}{{B_1}^2 \rho \cot i_S} \end{cases} \tag{3.87}$$

在出现不均匀平面波时，上面公式不成立。这时，折射波的能量是通过反射波传递过来的，入射波、反射波、折射波之间存在相位差，平均能流概念不再适用。

第4章 结构抗震设计原理

4.1 结构抗震设计理论的发展

随着人们对于地震动和结构动力特性理解的深入，结构抗震理论在过去几十年中得到了不断的发展，大体上可以划分为静力、反应谱、动力和基于性能的抗震设计四个阶段。

4.1.1 静力理论阶段

静力理论是指在确定地震作用时，不考虑地震的动力特性和结构的动力性质，假定结构为刚性，地震作用水平作用在结构或构件的质量中心上，其大小相当于结构的重量乘以一个比例系数。

1900 年大森房吉提出了地震作用理论，认为地震对工程设施的破坏是地震产生的水平力作用在建筑物上的结果。1916 年佐野利器提出的“家屋耐震构造论”，引入了震度法的概念，从而创立了求解地震作用的水平静力抗震理论。该理论假设建筑物为绝对刚体，地震时，建筑物和地面一起运动而无相对位移；建筑物各部分的加速度与地面加速度大小相同，并取最大值进行结构的抗震设计。因此，作用在建筑物每一层楼层上的水平向地震作用F_i就等于该层质量m_i与地面最大加速度——峰值加速度$\ddot{u}_{\mathrm{gmax}}$的乘积，即：

$$F_i = m_i \ddot{u}_{\mathrm{gmax}} = kG_i \tag{4.1}$$

式中：k——地震系数，地面运动峰值加速度$\ddot{u}_{\mathrm{gmax}}$与重力加速度g的比值，即$k = \ddot{u}_{\mathrm{gmax}}/g$；

G_i——集中在第i层的重量。

该方法没有考虑结构本身的动力反应，仅考虑了质点加速度与地面运动加速度相关，完全忽略了结构本身动力特性（结构自振周期、阻尼等）的影响，这对低矮的、刚性较大的建筑是可行的，但是对多（高）层建筑或烟囱等具有一定柔性的结构物则会产生较大的误差。震度法以刚性结构物假定为基础，但是结构振动研究表明，结构是可以变形的，有其自振周期。对于结构振动，共振是很重要的现象，直接影响着结构反应的大小。

4.1.2 反应谱理论阶段

反应谱理论的发展是伴随着强地震动加速度观测记录的增多和对地震地面运动性质的进一步了解，以及对结构动力反应特性的研究而发展起来的，是对地震动加速度记录的特性进行分析后所取得的一个重要成果。

1932 年美国研制出第一台强震记录仪，并于 1933 年 3 月长滩地震中取得了第一个强震记录；以后又陆续取得一些强震记录，如 1940 年取得了典型的 El Centro 地震记录，从而为反应谱理论在抗震设计中的应用创造了基本条件。

二十世纪四十年代，比奥特（Biot）从弹性体系动力学的基本原理出发，基于振型分解的途径，为建立结构抗震分析的系统性方法做了推演，从而明确提出了反应谱的概念。反应谱是指将地震波作用在单质点体系上，求得的位移、速度或加速度等反应的最大值与单质点体系自振周期间的关系。在求解位移、速度、加速度反应最大值时，需要进行数值积分。但是由于科学发展水平的限制，当时没有数字计算机，因此只能采用机械模拟技术，这限制了反应谱理论的发展。

二十世纪五十年代，豪斯纳（Housner）精选若干具有代表性的强震加速度记录进行处理，采用电模拟计算机技术最早完成了一批反应谱曲线的计算，并将这些结果引入美国加州的抗震设计规范中，使得反应谱法的完整架构体系得以形成。由于这一理论正确而简单地反映了地震动的特性，并根据强震观测资料提出了可用的数据，因而在国际上得到了广泛的认可。例如，1956 年美国加州的抗震设计规范和 1958 年苏联的地震区建筑设计规范都采用了反应谱理论。到二十世纪六十年代，这一抗震理论已基本取代了震度法，确定了该理论的主导地位。

按照反应谱理论，一个单自由度弹性体系结构的底部剪力或地震作用为：

$$F = k\beta G \tag{4.2}$$

与静力法相比，式(4.2)中多了一个动力系数β，β是结构自振周期 T 和阻尼比ξ的函数。这表示结构地震作用的大小不仅与地震强度有关，而且还与结构的动力特性有关，也是地震作用区别于一般荷载的主要特征。随着震害经验的累积和科研工作的不断深入，人们逐步认识到建筑场地（包括土层的动力特性和覆盖层厚度）、震级和震中距对反应谱的影响。考虑到上述因素，抗震设计规范规定了不同的反应谱形状。与此同时，利用振型分解原理，有效地将上述概念用于多质点体系的抗震计算，这就是抗震规范中给出的振型分解反应谱法。

反应谱法考虑了质点的地震反应加速度相对于地面运动加速度具有放大作用，采用动力方法计算质点体系地震反应，建立了与结构自振周期有关的速度、加速度和位移反应谱；再根据加速度反应谱计算出结构地震作用，然后按弹性方法计算出结构的内力，根据内力组合进行截面承载力设计。但是反应谱是基于弹性动力反应分析获得的，无法确定结构的弹塑性反应。

反应谱理论在二十世纪五十年代是以弹性理论为基础的。随着结构非线性研究工作的开展，二十世纪六十年代出现了极限设计的概念，以纽马克为首的研究者们提出了用“延性”来概括结构超过弹性阶段的抗震能力，并指出在抗震设计中，除了强度和刚度之外，还必须重视加强延性。从而使抗震设计理论进入非线性反应谱阶段。

由于对地震动的认识不深，二十世纪六十年代在国际上发生了一场关于场地条件对反应谱形状影响的争论。美国多数人倾向于认为场地条件对小地震有明显影响，松软地基上的地震动可能较大，但是到了足以危害结构安全的强烈地震动时，松软地基无力传递这种地震动。因而，不同场地上的加速度并无明显区别。苏联则以震害调查为依据，提高松软地基上结构物的设计烈度，认为松软地基上的加速度较大。我国研究者比较全面地总结分析了与此问题有关的震害经验和地震动观测数据，提出了调整反应谱的方法，已逐渐被更多的国家所采用。

4.1.3 动力理论阶段

随着计算机技术和试验技术的发展，人们对各类结构在地震作用下的线性与非线性反应过程有了较多的了解，同时随着强震观测台站的不断增多，各种受损结构的地震反应记录也不断增多，促进了结构抗震动力理论的形成。从地震动的振幅、频谱和持时三要素看，抗震设计理论的静力方法只考虑了高频振动振幅的最大值，反应谱方法进一步考虑了频谱，而按照动力加速度时程计算结构动力反应的研究方法，同时考虑了振幅、频谱和持时的影响，使得计算结果更加合理。

动力法把地震作为一个时间过程，将建筑物简化为多自由度体系，选择能反映地震和场地环境以及结构特点要求的地震加速度时程作为地震动输入，计算出每一时刻建筑物的地震反应。动力法与反应谱法相比具有更高的精确性，并在获得结构非线性恢复力模型的基础上，很容易求解结构非弹性阶段的反应。通过这种分析可以求得各种反应量，包括局部和总体的变形和内力，也可以在计算分析中考虑各种因素，如多维输入和多维反应，这是其他分析方法所不能考虑或不能很好考虑的。

在地震动输入上，动力法通常要求根据周围地震环境和场地条件（一般根据震级、距离和场地分类）和强震观测中得到的经验关系，确定场地地震动的振幅、频谱和持时，选用或人工产生多条加速度时程曲线。在结构模型上，动力法要求给出每一构件或单元的动力性能，包括非线性恢复力模型，而其他方法只考虑结构总体模型，因此，动力法是可以考虑各构件非线性特性的结构模型。在分析方法上，动力法均在计算机上进行，在时域中进行逐步积分，或在频域中进行变换。在弹性反应时一般采用频域分析或振型分解后的逐步积分；非线性分析时，在时域中进行逐步积分。这种方法可以考虑每个构件的瞬时非线性特性，也可以考虑土-结构相互作用中地震参数的频率依赖关系。

4.1.4 基于结构性能的抗震设计理论

当今世界各国建筑抗震设计规范大多采用“小震不坏、中震可修和大震不倒”的三水准抗震设防准则。为实现三水准抗震设防准则，各国都采用了大同小异的抗震设计方法。我国的现行抗震设计规范也是如此，建立的二阶段抗震设计方法基本实现了对一般工业与民用建筑的三水准抗震设防要求，但仍可能在大震作用下发生结构丧失正常使用功能而造成巨大的财产损失的情况。二十世纪九十年代在美国和日本等国家及地区发生了破坏性的地震，由于这些地区集中了大量的社会财富，地震所造成的经济损失和人员伤亡是非常巨大的。在此背景下，人们不得不重新审视当前的抗震设计思想。于是基于性能的抗震设计被广泛讨论，并且被认为是未来抗震设计的主要发展方向。美国学者率先提出了基于性能的结构抗震设计概念（Performance-Based Seismic Design，简称 PBSD），也称为基于性态的抗震设计或基于功能的抗震设计，这引起了整个地震工程界极大的兴趣，被认为是未来抗震设计的主要发展思想。基于性能的抗震设计实质是对地震破坏进行定量和/或半定量控制，从而在最经济的条件下，确保人员伤亡和经济损失均在预期可接受的范围内。

基于性能的抗震设计是指选择的结构设计准则需要实现多级性能目标的一套系统方法。基于性能的抗震设计实现了结构性能水准（Performance Levels）、地震设防水准

（Earthquake Hazard Levels）和结构性能目标（Performance Objectives）（表征适当的性能水准，即相应于特定地震设防水准的性能水准）的具体化，并给出了三者之间明确的关系。与现行抗震设计理念相比，基于性能的抗震设计具有如下主要特点：

（1）多级性。基于性能的抗震设计提出了多级性能水准设计理念。虽然用小震、中震和大震或更细的划分来确定地震设防水准或等级与现行抗震设计规范相似，但基于性能的抗震设计既要保证建筑在地震作用下的安全性，又要控制地震所造成的经济损失大小，而且非结构构件及其内部设施的损伤或破坏在经济损失中占有相当大的比重，在设计时亦将进行全面分析。

（2）全面性。结构的性能目标不一定直接选取规范所规定的性能目标，可根据实际需要、业主的要求和投资能力等因素，选择可行的结构性能目标，而且设计的建筑在未来地震中的抗震能力是可预期的。

（3）灵活性。虽然基于性能的抗震设计对一些重要参数设定最低限值，例如地震作用和层间位移等，但基于性能的抗震设计强调业主参与的个性化，给予业主和设计者更大的灵活性，设计者可选择能实现业主所要求的抗震性能目标的设计方法与相应的结构措施。因此，有利于新材料和新技术的实际应用。

4.2　结构抗震概念设计

建筑抗震设计一般包括三个方面：概念设计、抗震计算和构造措施。所谓概念设计是指根据地震灾害和工程经验等所形成的基本设计原则和设计思想，进行建筑和结构的总体布置，并确定细部构造的过程，概念设计在总体上把握抗震设计的基本原则；抗震计算为建筑抗震设计提供定量的手段；构造措施则可以在保证结构整体性、加强局部薄弱环节等意义上保证抗震计算结果的有效性。抗震设计上述三个层次的内容是一个不可分割的整体，忽略任何一部分，都可能造成抗震设计的失败。

目前，人们对地震及结构反应的许多规律未完全认识，抗震设计计算方法还不够完善。一个合理的结构抗震设计，需要建筑师和结构师的密切配合，不能仅仅依赖于抗震计算，而在很大程度上取决于良好的概念设计。

建筑抗震概念设计一般主要包括以下几个内容：注意场地选择和地基基础设计，把握建筑结构的规则性，选择合理抗震结构体系，合理利用结构延性，重视非结构因素，确保材料和施工质量。

4.2.1　场地和地基

选择建筑场地时，应根据工程需要，掌握地震活动情况、工程地质和地震地质的有关资料，对抗震有利、不利和危险地段做出综合评价。对不利地段，应提出避开要求；当无法避开时应采取有效的措施。对危险地段，严禁建造甲、乙类的建筑，不应建造丙类的建筑。

对抗震有利地段，一般是指稳定基岩，坚硬土或开阔、平坦、密实、均匀的中硬土等地段；不利地段，一般是指软弱土，液化土，条状突出的山嘴，高耸孤立的山丘，非岩质的陡坡，河岸和边坡的边缘，平面分布上成因、岩性、状态明显不均匀的土层（如古河道、疏松的断层破碎带、暗埋的塘浜沟谷和半填半挖地基）等地段。

地震时可能发生崩塌、滑坡、地陷、地裂、泥石流等地段以及震中烈度的发震断裂段可能发生地表错位的地段，一般称为建筑抗震的危险地段。

地基和基础的设计应符合下列要求：

（1）同一结构单元的基础不宜设置在性质截然不同的地基上。

（2）同一结构单元不宜部分采用天然地基，部分采用桩基。

（3）地基为软弱黏性土、液化土、新近填土或严重不均匀土时，应估计地震时地基不均匀沉降或其他不利影响，并采用相应的措施。

山区建筑场地和地基基础设计应符合下列要求：

（1）山区建筑场地应根据地质、地形条件和使用要求，因地制宜设置符合抗震设防要求的边坡工程；边坡应避免深挖高填，坡高大且稳定性差的边坡，采用后仰放坡或分阶放坡。

（2）建筑基础与土质、强风化岩质边坡的边缘应留有足够的距离，其值应根据抗震设防烈度的高低确定，并采取措施避免地震时地基基础破坏。

4.2.2 建筑结构的规则性

建筑结构不规则可能造成较大的地震扭转效应，产生严重的应力集中，或形成抗震薄弱层。《建筑抗震设计规范》GB 50011—2010（2016年版）（简称《抗震规范》）规定：不规则的建筑方案应按规定采取加强措施；特别不规则的建筑方案应进行专门研究和论证，采取特别的加强措施；不应采用严重不规则的建筑方案。因此，在建筑抗震设计中，应使建筑及其抗侧力构件的平面布置规则、对称，并具有良好的整体性；建筑的立面和竖向剖面宜规则，结构的侧向刚度变化宜均匀。竖向抗侧力构件的截面尺寸和材料强度宜自下而上逐渐减小，避免抗侧力结构的侧向刚度和承载力突变而形成薄弱层。

建筑结构的不规则类型可分为平面不规则（表4.1）和竖向不规则（表4.2）。当采用不规则建筑结构时，应按《抗震规范》的要求进行水平地震作用计算和内力调整，并应对薄弱部位采取有效的抗震构造措施。

平面不规则的类型 **表4.1**

不规则类型	定义和参考指标
扭转不规则	楼层的最大弹性水平位移（或层间位移）大于该楼层两端弹性水平位移（或层间位移）平均值的1.2倍
凹凸不规则	结构平面凹进的一侧尺寸，大于相应投影方向总尺寸的30%
楼板局部不连续	楼板的尺寸和平面刚度急剧变化，例如，有效楼板宽度小于该层楼板典型宽度的50%，或开洞面积大于该层楼面面积的30%，或较大的楼层错层

竖向不规则的类型 **表4.2**

不规则类型	定义和参考指标
侧向刚度不规则	该层的侧向刚度小于相邻上一层的70%，或小于其上相邻三个楼层侧向刚度平均值的80%；除顶层外，局部收进的水平向尺寸大于相邻下一层的25%
竖向抗侧力构件不连续	竖向抗侧力构件（柱、剪力墙、抗震支撑）的内力由水平转换构件（梁、桁架等）向下传递
楼层承载力突变	抗侧力结构的层间受剪承载力小于上一楼层的80%

对体型复杂、平立面特别不规则的建筑结构，可按实际需要在适当部位设置防震缝，形成多个较规则的结构单元，但应注意使设缝后形成的结构单元的自振周期避开场地的卓越周期。高层建筑设置防震缝后，给建筑、结构和设备设计带来一定的困难，基础防水也不容易处理。因此，高层建筑宜通过调整平面尺寸和形状，在构造和施工上采取措施，尽可能不设缝（伸缩缝、沉降缝和防震缝）。

不同结构体系的房屋应有各自合适的高度。一般而言，房屋越高，所受到的地震作用和倾覆力矩越大，破坏的可能性也就越大。不同结构体系的最大建筑高度的规定，综合考虑了结构的抗震性能、地基基础条件、震害经验、抗震设计经验和经济性等因素。表 4.3 给出了《抗震规范》中对现浇混凝土结构最大建筑高度的限值范围。对于平面和竖向均不规则的结构，适用的最大高度应适当降低。

现浇钢筋混凝土房屋适用的最大高度（m） **表 4.3**

结构类型		烈度				
		6	7	8（0.2g）	8（0.3g）	9
框架		60	50	40	35	24
框架-抗震墙		130	120	100	80	50
抗震墙		140	120	100	80	60
部分框支抗震墙		120	100	80	50	不应采用
筒体	框架-核心筒	150	130	100	90	70
	筒中筒	180	150	120	100	80
板柱-抗震墙		80	70	55	40	不应采用

注：1. 抗震墙指结构抗侧力体系中的钢筋混凝土剪力墙，不包括只承担重力荷载的混凝土墙。
2. 房屋高度指室外地面至主要屋面板板顶的高度（不包括局部突出屋顶部分）。
3. 框架-核心筒结构指周边稀疏柱框架与核心筒组成的结构。
4. 部分框支抗震墙结构指首层或底部两层为框支层的结构，不包括仅个别框支墙的情况。
5. 表中框架，不包括异形柱框架。
6. 板柱-抗震墙结构指板柱、框架和抗震墙组成抗侧力体系的结构。
7. 乙类建筑可按本地区抗震设防烈度确定其适用的最大高度。
8. 超过表内高度的房屋，应进行专门研究和论证，采取有效的加强措施。

房屋的高宽比应控制在合理的取值范围内，房屋的高宽比越大，地震作用下结构的侧移和基底倾覆力矩越大。由于巨大的倾覆力矩在底层柱和基础中所产生的拉力和压力较难处理，为有效地防止在地震作用下建筑倾覆，保证足够的抗震稳定性，应对建筑的高宽比加以限制。表 4.4 给出了现浇钢筋混凝土结构最大高宽比的限值。

现浇钢筋混凝土结构最大高宽比的限值 **表 4.4**

结构类型	6 度	7 度	8 度	9 度
框架、板柱-剪力墙	4	4	3	2
框架-剪力墙	5	5	4	3
剪力墙	6	6	5	4
筒体	6	6	5	4

注：1. 当有大底盘时，计算高宽比的高度从大底盘顶部算起。
2. 超过表内高宽比和体型复杂的房屋，应进行专门研究。

4.2.3 抗震结构体系

大量地震还表明，采取合理的抗震结构体系，加强结构的整体性，增强结构各个构件是减轻地震破坏、提高建筑物抗震能力的关键。结构体系应根据建筑抗震设防类别、抗震设防烈度、建筑高度、场地条件、地基、结构材料和施工等因素，经技术、经济和使用条件综合比较确定。

1. 建筑抗震结构体系的选择要求

在选择建筑抗震结构体系时，应注意符合下列各项要求：

（1）应具有明确的计算简图和合理的地震作用传递路径。

（2）宜有多道抗震防线，应避免因部分结构或构件破坏而导致整个结构丧失抗震能力或对重力荷载的承载能力。在建筑抗震设计中，可以利用多种手段实现多道防线的目的，例如，增加结构超静定数、有目的地设置人工塑性铰、利用框架的填充墙、设置消能元件或消能装置等。

（3）应具备必要的抗震承载力、良好的变形能力和消耗地震能量的能力。结构抵抗强烈地震主要取决于其吸能和耗能能力，这种能力依靠结构或构件在预定部位产生塑性铰，即结构可承受反复塑性变形而不倒塌，仍具有一定的承载能力。为实现上述目的，可利用结构各部位的连系构件形成消能元件，或将塑性铰控制在一系列有利部位，使这些并不危险的部位首先形成塑性铰或发生可以修复的破坏，从而保护主要承重体系。

（4）宜具有合理的刚度和承载力分布，避免因局部削弱或突变形成薄弱部位，产生过大的应力集中；对可能出现的薄弱部位，应采取措施提高抗震能力。

（5）结构在两个主轴方向的动力特性宜相近。

2. 结构构件的设计要求

对结构构件的设计应符合下列要求：

（1）砌体结构应按规定设置钢筋混凝土圈梁和构造柱、芯柱，或采用配筋砌体等。

（2）混凝土结构构件应合理地选择尺寸、配置纵向受力钢筋和箍筋，避免剪切破坏先于弯曲破坏、混凝土的压溃先于钢筋的屈服、钢筋的锚固粘结破坏先于构件破坏。

（3）预应力混凝土的抗侧力构件应配有足够的非预应力钢筋。

（4）钢结构构件应合理控制尺寸，避免局部失稳或整个构件失稳。

3. 构件连接要求

结构各构件之间应可靠连接，保证结构的整体性，应符合下列要求：

（1）构件节点的破坏不应先于其连接的构件。

（2）预埋件的锚固破坏不应先于连接件。

（3）装配式结构构件的连接应能保证结构的整体性。

（4）预应力混凝土构件的预应力钢筋宜在节点核心以外锚固。

（5）各种抗震支撑系统应能保证地震时的稳定。

4.2.4 非结构构件

非结构构件包括建筑非结构构件和建筑附属机电设备。为了防止附加震害，减少损失，应处理好非承重结构构件与主体结构之间的关系：

（1）附着于楼、屋面结构上的非结构构件，以及楼梯间的非承重墙体，应与主体结构有可靠的连接或锚固，避免地震时倒塌伤人或砸坏重要设备。

（2）框架结构的围护墙和隔墙应考虑对结构抗震的不利影响，避免不合理设置而导致主体结构的破坏。

（3）幕墙、装饰贴面与主体结构应有可靠连接，避免地震时脱落伤人。

（4）安装在建筑上的附属机械、电气设备系统的支座和连接，应符合地震使用功能的要求，且不应导致相关部件的损坏。

4.2.5　结构材料与施工

建筑结构材料及施工质量的好坏直接影响建筑物的抗震性能。抗震结构材料应满足下列要求：

（1）延性系数（极限变形与相应屈服变形之比）高。

（2）"强度/重力" 比值大。

（3）匀质性好。

（4）正交各向同性。

（5）构件的连接具有整体性、连续性和较好的延性，并能发挥材料的全部强度。

据此，可提出对常用结构材料的质量要求。

1. 砌体结构材料应符合的规定

（1）烧结普通砖和烧结多孔砖的强度等级不应低于 MU10，其砌筑砂浆强度等级不应低于 M5。

（2）混凝土小型空心砌块的强度等级不应低于 MU7.5，其砌筑砂浆强度等级不应低于 M7.5。

2. 混凝土结构材料应符合的规定

（1）混凝土的强度等级，框支梁、框支柱及抗震等级为一级的框架梁、柱、节点核心区，不应低于 C30；构造柱、芯柱、圈梁及其他各类构件不应低于 C20。

（2）抗震等级为一、二级的框架结构，其纵向受力钢筋采用普通钢筋时，钢筋的抗拉强度实测值与屈服强度实测值的比值不应小于 1.25；钢筋的实际屈服强度不能太高，要求钢筋的屈服强度与强度标准值的比值不应大于 1.3；且钢筋在最大拉力下的总伸长率实测值不应小于 9%。

3. 钢结构的钢材应符合的规定

（1）钢材的屈服强度实测值与抗拉强度实测值的比值不应大于 0.85。

（2）钢材具有明显的屈服台阶，且伸长率不应小于 20%。

（3）钢材应有良好的焊接性和合格的冲击韧性。

4.3　基于性能的抗震设计

4.3.1　基于性能的抗震设计思想

目前各国抗震规范普遍采用的"小震不坏、中震可修、大震不倒"设计水准，被认为是现阶段处理地震作用高度不确定性的科学合理的对策，这种设计思想在实践中已取得巨大的成功。例如，我国的抗震设计规范采取了"三个水准、两个阶段"的设计，即"小震不坏、中震可修、大震不倒”的设计水准，通过小震下截面强度验算、大震下的薄弱层变形验算来分别实现小震和大震下的设计水准，而“中震可修”的要求则主要采用构造措施来满足，没有具体计算量化。目前所采用的这种设计思想是以保障生命安全为主要设防目标的，抗震设计主要是基于强度的设计方法。但是近几次世界上的强烈地震表明，采用目前的设计思想，建筑物在地震中保障人民生命安全方面具有一定的可靠度，却不能在大地震，甚至是中小地震情况下有效控制地震所造成的经济损失。例如，1989 年美国 Loma Prieta 地震（M7.1），伤亡数百人，造成的经济损失达 150 亿美元；1994 年美国 Northridge 地震（M6.7），伤亡数百人，造成的经济损失达 200 亿美元；1995 年日本神户地震（M7.2），死亡 5500 多人，造成的经济损失则高达 1000 亿美元，且震后的恢复重建工作持续了两年多时间。震害实例表明，按传统的抗震设计思想所设计和建造的建筑，虽然可以做到大震时主体结构不倒塌，保障了人身安全，但不能保证中小地震时房屋结构，特别是非结构构件不破坏，从而导致这些结构在地震作用下所造成的经济损失越来越严重。因此，促使结构的抗震设计从宏观定性的目标开始向具体量化的多重性能目标过渡。二十世纪九十年代初，美国加州大学伯克利分校学者 Moehle 提出了基于位移的抗震设计（DBSD）思想，建议改进基于承载力的设计方法，这一理念最早应用于桥梁抗震设计中。基于位移的抗震设计需使结构的塑性变形能力满足预定的地震作用下的变形，即控制结构在大震下的层间位移角发展。Moehle 方法的核心思想是从总体上控制结构的层间位移角水准，这一设计思想影响了美国、日本和欧洲土木工程界。美国、日本和欧洲提出了基于性能的抗震设计理念并展开了广泛的研究工作。该理论以结构抗震性能分析为基础，针对每一种抗震设防水准，将结构的抗震性能划分成不同等级，设计者可根据结构的用途、业主的特殊要求，采用合理的抗震性能目标和合适的结构抗震措施进行设计，使结构在各种水准地震作用下所造成的破坏损失，是业主所选择并能够承受的，通过对工程项目进行生命周期的费效分析达到一种安全可靠和经济合理的优化平衡。结构的性能目标可以是应力、位移、荷载或者破坏状态的极限状态等。基于性能的抗震设计克服了目前抗震设计规范的局限性，明确规定了结构的性能要求，而且可以采用不同的方法和手段去实现这些性能要求，这样可以使新材料、新结构体系、新的设计方法等更容易得到应用。

基于性能的抗震设计代表了抗震设计的发展方向，引起了各国广泛的重视，美国、日本等国家都投入许多力量进行研究。在美国，由联邦紧急救援署（Federal Emergency Management Agency，简称 FEMA）和国家科学基金委员会资助，开展了一项为期 6 年的研究计划，对基于性能的抗震设计在未来规范中的应用进行了多方面的研究。该项研究计划包括三个主要项目：应用技术理事会的 ATC-33（Applied Technology Council，简称 ATC）、加利福尼亚州大学 Berkeley 分校地震工程研究中心的 EERC-FEMA 和加州结构工程师学会的 SEAOC Vision 2000。上述项目的研究报告“现有钢筋混凝土建筑的抗震性能评估与加固”（ATC-40）、“NEHRP 建筑抗震加固指南”（FEMA-273）和“基于性能的地震工程”（SEAOC Vision 2000）奠定了基于性能的抗震设计与加固研究的基础。在日本，1995 年开始进行了为期 3 年的“建筑结构的新设计框架开发”研究项目，并在研究报告“基于性能的建筑结构设计”中总结了研究成果。SEAOC Vision 2000 致力于建立设计未来不同水准地震下能达到预期性能水准且能实现多级性能目标建筑的一般框架。SEAOC Vision 2000 阐述了结构和非结构构件的性能水准，而且基于位移建议了 5 级性能水准，建议用性能设计原理分析弹塑性结构的地震反应。基于性能的设计是从结构抗震性能的预先估计出发，人为地形成合理的抗震体系，实现结构的多层次抗震设防。ATC-40 主要是针对钢筋混凝土结构进行基于性能的抗震设计，使用单一的性能目标设计准则，建议采用能力谱的方法进行设计，包括确定能力谱和需求谱。FEMA-273 利用随机地震动概念提出了多种性能目标，利用线性的静力分析和非线性的时程分析对结构进行多种性能目标的设计。

基于性能的抗震设计包括以下内容：

（1）确定设计准则——Performance 准则。

（2）选择结构体系。

（3）平面布置。

（4）截面设计。

（5）构造措施。

（6）施工质量控制。

（7）长期维修。

以上设计内容涵盖三个重要部分：概念、设计、施工。目前结构的设计和施工控制是脱离的，结构设计时不能确保施工质量，因而加大安全系数，施工时知道一定有安全系数的保证，忽视了施工质量，结构设计工作和施工过程相互脱节，并产生恶性循环。因基于性能的设计的目标之一就是希望将这两个过程统一或能很好的协调，使设计工作不但包括结构的初步设计和施工图设计，也包括施工质量的控制，甚至考虑结构震后的维修。图 4.1 给出了基于性能的建筑抗震设计所涉及的三个主要部分和设计流程。

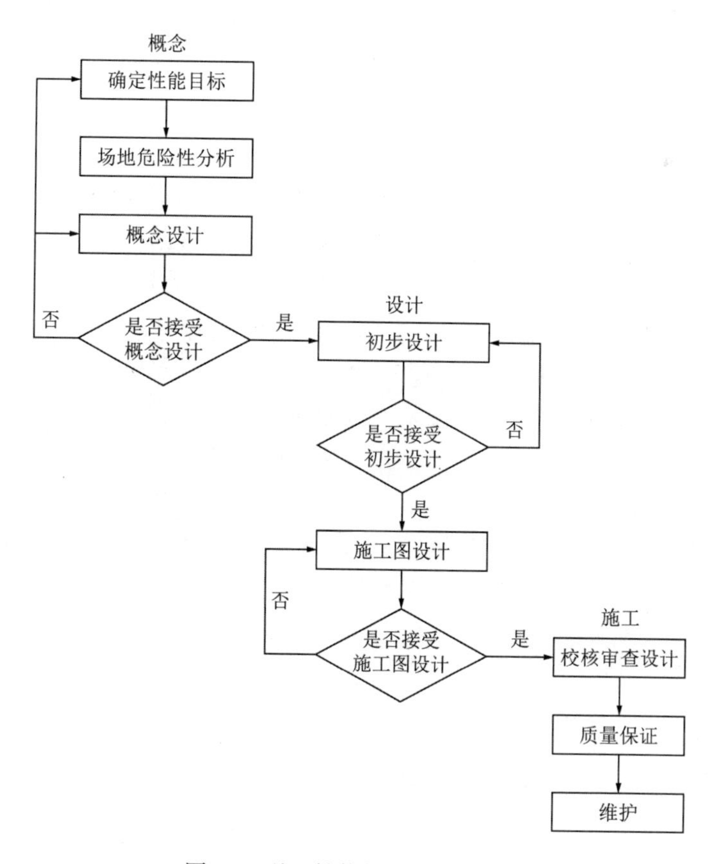

图 4.1　基于性能的抗震设计流程

4.3.2 地震风险水准

基于性能的抗震设计要能预先控制结构在未来可能发生的地震作用下的抗震性能，而地震设防水准直接关系到未来结构的抗震性能。地震设防水准是指在工程设计中如何根据客观的设防环境和设防目标，并考虑具体的社会经济条件来确定采用多大的设防参数；或者说应选择烈度多大的地震作为防御的对象。地震设防水准是指未来可能作用于场地的地震作用的大小。根据不同重现期确定所有可能发生的对应于不同水准或等级的地震动参数，包括地震加速度（速度和位移）时程曲线、加速度反应谱和峰值加速度，这些具体的地震动参数称为“地震设防水准”。SEAOC Vision 2000、ATC-40、FEMA-273 给出的地震风险水平见表 4.5。《抗震规范》中设定了三个地震水准，即“大震、中震、小震”，其 50 年内的超越概率分别为 2%～3%、10%和 63.2%。

地震风险水平　　表 4.5

SEAOC Vision 2000	ATC-40	FEMA-273
50%（30 年）	—	—
50%（50 年）	50%（50 年）	50%（50 年）
—	—	20%（50 年）
10%（50 年）	10%（50 年）	10%（50 年）
10%（100 年）	5%（50 年）	2%（50 年）

4.3.3 基于性能的抗震设计的性能水平和目标性能

性能水平是指一种有限的破坏状态，性能水平的确定涉及结构构件和非结构构件的破坏、建筑物内的物品损失及场地用途等因素，应综合考虑给定破坏状态所引起的安全、经济和社会等方面的后果，即全面考虑建筑物内外的人员生命安全、建筑物内财产安全、建筑的正常使用功能。SEAOC Vision 2000、ATC-40，FEMA-273 给出的性能水平见表 4.6。《抗震规范》规定了建筑结构的不坏、可修、不倒三种性能水平。结构的目标性能是指在一定超越概率的地震发生时，结构期望的最大破坏程度。目标性能可以被定义为结构的地震反应参数（应力、位移、应变、加速度）的极限状态。在基于性能的结构抗震设计中，确定适合的目标性能是结构设计过程的前提和基础。目标性能的建立需要综合考虑建筑场地特征、结构功能与重要性、投资与效益、震后损失与恢复重建、潜在的历史或文化价值、社会效益及业主的承受能力等众多因素，采用可靠度优化理论进行决策。我国抗震规范的目标性能是：小震不坏、中震可修、大震不倒。表 4.7～表 4.9 给出了 SEAOC Vision 2000、ATC-40、FEMA-273 规定的目标性能。

性能水平　　表 4.6

SEAOC Vision 2000	ATC-40	FEMA-273
完全正常使用	—	—
正常使用	正常使用	正常使用
—	立即入住	立即入住

续表

SEAOC Vision 2000	ATC-40	FEMA-273
生命安全	生命安全	生命安全
接近倒塌	结构稳定	防止倒塌

SEAOC Vision 2000 建议的目标性能　　表 4.7

地震风险	性能水平			
	完全正常使用	正常使用	生命安全	接近倒塌
50%（30 年）	基本目标	不可接受的目标	不可接受的目标	不可接受的目标
50%（50 年）	主要/风险目标	基本目标	不可接受的目标	不可接受的目标
10%（30 年）	安全临界目标	主要/风险目标	基本目标	不可接受的目标
10%（100 年）	—	安全临界目标	主要/风险目标	基本目标

ATC-40 建议的目标性能（普通建筑）　　表 4.8

地震风险	结构类型			
	新建筑	普通加固	高人口密度	最少修理时间
50%（50 年）	—	—	—	—
10%（50 年）	破坏控制	生命安全	生命安全	立即入住
5%（50 年）	结构稳定	—	生命安全	—

FEMA-273 建议的目标性能　　表 4.9

地震风险	性能水平			
	正常使用	立即入住	生命安全	防止倒塌
50%（50 年）	a	b	c	d
20%（50 年）	e	f	g	h
10%（50 年）	i	j	k	l
2%（100 年）	m	n	o	p

注：1. FEMA-273 考虑了三类目标性能；
2. 基本安全目标为 k + p；
3. 加强目标为 k + p +（a，e，i，m）或（b，f，j，n）的任一个；
4. 有限目标为 k，p，c，d，g，h。

4.3.4　基于性能的抗震设计方法

基于性能的抗震设计方法是基于性能的抗震设计理论的主要研究内容之一，对基于性能的抗震设计理念的实现具有重要意义。基于性能的抗震设计方法主要包括：基于位移的设计方法、基于损伤性能的设计方法、基于能量的设计方法、综合设计方法、基于可靠度的设计方法等。

1. 基于位移的设计方法

对建筑结构进行抗震设计时，《抗震规范》采用的是“两阶段设计法”，即结构的承载力由小震下的弹性计算确定；而对于罕遇地震，则进行薄弱层的弹塑性变形验算。同时还规定了一些基本的设计原则，例如，“强柱弱梁”“强剪弱弯”“强节点弱构件”，都是为了避免整体延性较差的柱铰耗能机制的形成，而强剪弱弯是尽量用延性较好的弯曲破坏来耗散地震能量。另外，还规定了诸如最小配筋率、最大轴压比等构造措施，保证构件（截面）的延性，使构件塑性铰截面具有足够的转动能力，以确保结构整体耗能机制的形成。我国现行的抗震设计规范对罕遇地震作用下的结构，实行的是基于结构总体抗震能力的概念设计方法。这种方法从总体上可以对结构的抗震能力予以把握，消除结构的抗震薄弱环节，因而有其合理性。然而，对于结构的延性，仅仅从整体上进行定性的把握，设计人员对结构罕遇地震下实际的抗震能力无法预期，更无法满足在规范所规定的抗震设计能力之上，根据业主的要求进行灵活的调整。

通过对近十年来世界各国大震害的观察以及试验研究和理论分析都表明，变形能力不足和耗能能力不足，是结构在大地震作用下倒塌的主要原因。结构构件在地震作用下的破坏程度与结构的位移反应及构件的变形能力有关。用位移控制结构在大震作用下的行为更为合理，这就是基于位移的抗震设计方法。以此为基础，还能够针对建筑的用户、用途以及地震作用大小的不同，选择结构应达到怎样的功能水准和损伤程度，以实现基于建筑性能的抗震设计。相对于我国现行的建筑抗震设计中第二阶段的概念设计方法，基于位移的设计方法采用明确量化的位移目标，并对结构的抗震能力进行设计。

在基于位移的抗震设计中强调结构位移对结构行为的重要性，而结构地震破坏倒塌的重要原因是位移过大、延性不足。

在强烈地震作用下，结构构件和结构物往往处于弹塑性工作状态，这时结构的抗震性能主要与结构的变形能力有关。位移及其相关量（例如，顶点位移、层间位移角、延性系数、塑性铰转角等）将被作为控制参数加以考虑。

基于位移的抗震设计大致有三种思路和方法：控制延性的方法、能力谱法和直接基于位移的方法。

（1）控制延性的方法。控制延性的方法也称能力设计方法（Capacity design method）。新西兰的 Armstrong 于 1972 年针对延性框架结构首先提出这种方法，1975 年 Park 和 Pauly 对这一方法进行了完善。能力设计方法通过严格的计算与构造措施来满足耗能构件的延性要求，其设计思路能使设计者清楚地把握结构在弹塑性阶段的抗震能力，已经被包括新西兰、美国、欧洲以及我国在内的广大学者所接受，并在相关的抗震规范中予以体现。

在结构分析与设计中，延性泛指结构材料、构件截面和结构体系在弹性范围以外承载能力没有显著下降的条件下维持变形的能力。承载力可以用应力、弯矩或荷载来度量，变形则相应为应变、曲率与位移（角位移与线位移）。

延性通常包括结构延性、构件延性和截面延性三个层次。结构延性可以用顶点位移延性（总体延性）或层间位移延性（楼层延性）来表达；构件延性与构件的长度、塑性区长度和截面延性等有关；截面延性与其几何形状、应力状态、纵筋、箍筋及混凝土强度有关。抗震设计时，对截面延性的要求高于对构件延性的要求；对构件延性的要求高于对结构延性的要求，两者的关系与结构塑性铰形成后的破坏机制有关。当梁铰机制的框架结构总体延性系数为 3～5 时，楼层的延性系数可能为 3～10，而梁构件的延性系数可能为 5～15 或更大一些。

控制延性的方法实质上是通过建立构件的位移延性或截面曲率延性与塑性铰区混凝土

极限压应变的关系，由塑性铰区的定量约束箍筋来保证混凝土能够达到所要求的极限变形，从而使构件具有足够的延性。

（2）能力谱法。能力谱法作为基于位移设计的一种途径最早由 Freeman 等提出，之后众多学者进行了改进。各研究者给出的能力谱法的具体形式不尽相同，如多自由度与等效单自由度体系之间的转换关系，但本质一致，其基本步骤为：

①按规范进行结构承载力设计。

②计算结构基底剪力-顶点位移曲线，由 Pushover 方法计算结构基底剪力-顶点位移曲线，即V_b-u_N曲线，其中V_b为结构基底剪力，u_N为结构顶点位移，N为结构的第N层（顶层），如图 4.2（a）所示。

③计算能力谱曲线，通过假设振型法将结构等效成单自由度体系，然后可以将基底剪力-顶点位移曲线转化为能力谱曲线，即S_a-S_d曲线，如图 4.2（b）所示。

$$S_a=\frac{V_b}{M^*},\ S_d=\frac{u_N}{\gamma} \tag{4.3}$$

其中

$$\gamma=\frac{\phi^T KI}{\phi^T K\phi},\ M_n=\phi^T KI \tag{4.4}$$

式中：γ——振型参与系数；

M_n——等效振型质量；

K——多自由度体系的刚度矩阵；

I——单位列矢量；

ϕ——假设振型矢量，并以顶点的矢量位移进行归一化，即顶点的振型位移元素取 1。

由于结构的地震反应往往以结构的第一阶自振振型为主，常取结构的一阶振型为ϕ。

④建立弹性需求谱曲线，根据反应谱S_a（T），可以直接建立弹性需求谱曲线。利用了位移反应谱S_d和加速度反应谱S_a之间的关系。

$$S_d=\frac{1}{\omega^2}S_a=\left(\frac{T}{2\pi}\right)^2 S_a \tag{4.5}$$

⑤修正弹性需求谱曲线得到不同强度地震的需求谱曲线，若采用等效线性化法计算不同强度地震（中震、大震）作用下的结构反应，则等效的线性结构具有比原线弹性结构更大的阻尼，通过改变反应谱的阻尼比可以得到相当于大震作用下等效线性化结构的反应谱。规范反应谱的阻尼比一般为 5%，《抗震规范》也给出了其他阻尼比的反应谱，由此可以得到不同阻尼比的需求谱S_a-S_d。若采用地震加速度时程作为结构的地震输入，则可以直接计算得到对应于一系列阻尼比的S_a-S_d谱曲线，如图 4.2（c）所示。

⑥检验结构的抗震能力，将能力谱曲线和不同强度地震需求谱曲线画在同一坐标系中，若两条曲线没有交点，说明结构抗御该强度地震的能力不足，结构需要重新设计；若两条曲线相交，交点对应的位移即为等效单自由度体系在该地震作用下的谱位移，即最大相对位移［图 4.2（d）］。根据谱位移可以得到原结构的顶点位移，由顶点位移在原结构的V_b-u_N曲线的位置，即可以确定结构在该地震作用下的塑性铰分布、杆端截面的曲率等，综合检验结构的抗震能力。日本的《建筑标准法》和美国的 ATC-40 都采用能力谱方法作为基于位移的抗震设计方法。

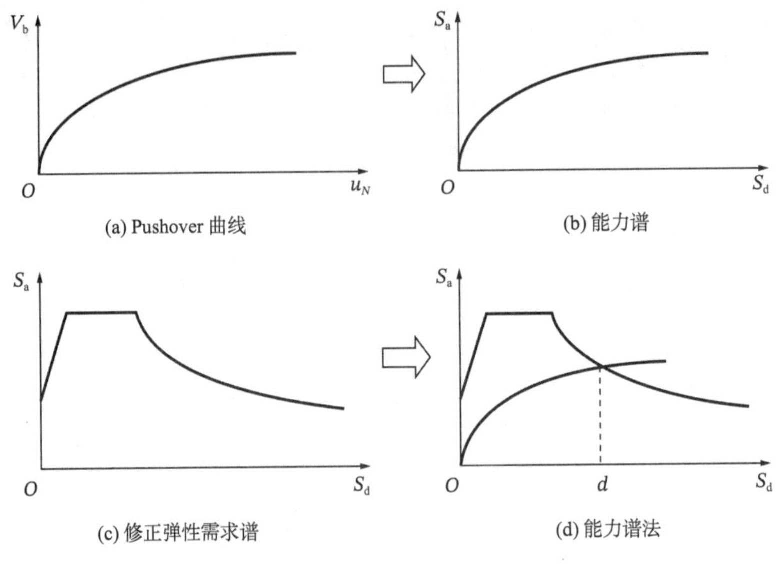

(a) Pushover 曲线　(b) 能力谱

(c) 修正弹性需求谱　(d) 能力谱法

图 4.2　能力谱方法

（3）直接基于位移的方法，直接基于位移的抗震设计根据一定水准地震作用 F 预期的位移计算地震效应，进行结构设计，以使构件达到预期的变形，结构达到预期的位移。该方法采用结构位移作为结构性能指标，设计时假定位移是结构抗震性能的控制因素，通过设计位移谱得出在此位移时的结构有效周期，求出此时结构的基底剪力，进行结构分析，并且进行具体配筋设计。设计后用应力验算，不足的时候用增大刚度而不是强度的方法来改进，以位移目标为基准来配置结构构件。该法考虑了位移在抗震性能中的重要地位，可以在设计初始就明确设计的结构性能水平，并且使设计的结构性能正好达到目标性能水平。

直接基于位移的方法步骤如下：

①根据规范加速度反应谱或地震加速度时程，建立对应于不同阻尼比的设计位移反应谱。

②计算结构等效单自由度体系的目标位移Δ_d：

$$\Delta_\mathrm{d}=\frac{\sum(m_i\Delta_i^2)}{\sum(m_i\Delta_i)} \tag{4.6}$$

式中：m_i——结构第i层的质量；

Δ_i——在某一水准地震作用下第i层的层间位移，$\Delta_i=\Delta_{\mathrm{y}i}+\Delta_{\mathrm{p}i}$；

$\Delta_{\mathrm{y}i}$——i层屈服层间位移；

$\Delta_{\mathrm{p}i}$——i层塑性层间位移，$\Delta_{\mathrm{y}i}$和$\Delta_{\mathrm{p}i}$根据构件截面的屈服曲率和塑性曲率、混凝土的压应变、钢筋的拉应变、塑性铰长度等与层间位移的关系计算确定。

③确定等效单自由度体系的等效质量M_e和等效阻尼比ξ_e。等效质量用式(4.7)确定：

$$M_\mathrm{e}=\frac{\sum(m_i\Delta_i)}{\Delta_\mathrm{d}} \tag{4.7}$$

④确定等效单自由度体系的等效刚度K_e：

$$K_\mathrm{e}=\frac{4\pi^2}{T_\mathrm{e}^2}M_\mathrm{e} \tag{4.8}$$

式中：T_e——等效单自由度体系的周期。

⑤计算设计基底剪力和水平地震作用。等效单自由度体系的位移、刚度确定后，可用式(4.9)计算等效单自由度体系的地震作用V_b：

$$V_b = K_e \Delta_d \tag{4.9}$$

水平地震作用沿原结构高度分布，用式(4.10)计算：

$$F_i = \frac{m_i \Delta_i}{\sum m_i \Delta_i} V_b \tag{4.10}$$

⑥计算原结构水平地震作用效应。在水平力F_i作用下，用结构顶点位移达Δ_d时的杆件刚度进行结构分析。根据在一定水准地震作用下预期的位移计算地震作用，进行结构设计，使构件达到预期的变形，结构达到预期的位移。

2. 基于损伤性能的设计方法

在强烈地震的往复作用下，结构将呈现弹塑性变形和低周疲劳效应对结构地震损伤产生影响。震害调查和实际研究表明，结构地震破坏形式主要分为两类：一类是首次超越；另一类是累积损伤破坏。前者是由于结构在强烈地震作用下结构的强度或延性等力学性能首次超过一个限值，从而导致结构的突发性破坏，后者是指结构动力反应。虽然结构反应在小的量值上波动而没有达到破坏极限，但是由于地震的往复作用使结构构件的材料力学性能（如强度、刚度）发生劣化，最终导致结构破坏。基于以上事实，1985 年 Park 和 Ang 提出了如下钢筋混凝土构件最大变形与累积滞变耗能线性组合的双参数地震损伤模型。

$$D = \frac{x_m}{x_{cu}} + \beta \frac{E_n}{F_y x_{cu}} \tag{4.11}$$

式中：D——结构损伤指数；

x_{cu}——构件在单调加载下的破坏极限位移；

F_y——构件的屈服剪力；

x_m——构件实际的地震最大变形；

E_n——累积滞变耗能；

β——构件的耗能因子，按式(4.12)计算。

$$\beta = (-0.447 + 0.073\lambda + 0.24n_0 + 0.314\rho_t)0.7^{100\rho} \tag{4.12}$$

式中：λ——构件的剪跨比，当$\lambda < 1.7$ 时，取 1.7；

n_0——轴压比，当$n_0 < 0.2$ 时，取 0.2；

ρ_t——纵筋配筋率，当$\rho_t < 0.75\%$时，取 0.75%；

ρ——体积配箍率，$\rho > 2\%$时，取 2%；

β——一般在 0～0.85 变化，其均值约为 0.15。

基于损伤性能的设计方法是通过控制结构损伤指数D使结构在各级地震作用下达到其抗震性能目标。

对于剪切型钢筋混凝土结构，式(4.11)给出的双参数模型可描述结构层的地震损伤，而结构整体的地震损伤可按式(4.11)给出的加权平均公式计算。

$$D_y = \sum \omega_i D_i \tag{4.13}$$

$$\omega_i = \frac{(N+1-i)D_i}{\sum (N+1-i)D_i} \tag{4.14}$$

式中：D_i——第i层结构地震损伤值；

N——结构总层数；

ω_i——权系数。

同时考虑了结构薄弱层和层序的重要性；结构层薄弱，层损伤值D大；结构层偏底部，系数（$N+1-i$）大。

3. 基于能量的设计方法

该方法的基本假设是：结构及内部设施的破坏程度是由地震输入的能量和结构消耗的能量共同决定的。通过控制结构或构件的耗能能力，达到控制整个结构抗震性能的目的。其优点在于能够直接估计结构的潜在破坏程度，对结构的滞回特性及结构的非线性要求概念清楚，其耗能部件的设置可以较好地控制损失。但是由于结构体系的复杂性，结构滞回耗能的计算很大程度上依赖于构件单元恢复力模型的选取，计算比较烦琐，且具有一定的误差。

4. 综合设计方法

综合设计方法是由美国学者 Bertero 等人提出来的，并被加州结构工程师协会委员会采纳。其基本思想是：使建筑物在达到基本性能目标的前提下，总投资最少。综合设计法全面考虑抗震设计中的重要因素，最大程度地体现基于性能的抗震设计思想，从而能够提供最优的设计方案。缺点是考虑因素多，涉及面广，设计过程复杂烦琐。

5. 基于可靠度的设计方法

文义归等人提出把可靠度与基于性能的设计相结合的设计方法，引入基于 Pushover 分析的等效单自由度方法，提出了一致危险性反应谱的概念，把结构的两种概率极限状态（使用极限状态和最终极限状态）转化为相应的基于位移的确定性极限状态，并提出了两阶段可靠度的设计方法。我国哈尔滨工业大学欧进萍等人在随机反应谱的基础上，提出了“概率 Pushover 分析”方法，并采用该法快速评估结构体系抗震性能可靠度。

对于抗震设计，由于地震作用在时间、强度和空间上的随机性以及结构材料强度、设计和施工过程的影响，使结构性能在地震作用下有很大的不确定性，所以可靠度理论可用于抗震设计处理一些不确定因素。基于性能的抗震设计更明确了结构在各级地震作用下的不同性能水准，更应该用可靠度理论进行抗震设计，以便更合理地处理这些不确定因素。基于可靠度的抗震设计方法是考虑结构体系的可靠度，直接采用可靠度的表达形式，将结构构件层次的可靠度应用水平过渡到考虑不同功能要求的结构体系可靠度水平上；采用基于可靠度的结构优化设计方法，包括基于“投资-效益”准则的结构目标功能水平优化决策和结构方案的优化设计。

目前抗震设计的可靠度分析中主要考虑的不确定因素有结构反应的不确定性、结构本身抗力的不确定性和计算模式的不确定性。但是还有其他一些影响结构抗震性能的不确定因素，如人为影响的不确定性等，要综合考虑这些不确定因素，还需要开展更加全面和深入的研究。

4.4　结构抗震体系

结构抗震体系是抗震设计应该考虑的最关键的问题，结构方案的选取是否合理，对建筑安全性和经济性起决定性的作用。结构抗震体系的确定，与设计项目的经济和技术条件

（包括地震性质、场地条件等）有关，是综合的系统决策，需要从多方面加以仔细考虑。

4.4.1　典型震害的启示

1972 年 12 月 23 日南美洲马那瓜地震，在马那瓜有两幢钢筋混凝土高层建筑，相隔不远，一幢是 15 层的中央银行大厦，地震时遭严重破坏，震后拆除；另一幢是 18 层的美洲银行大厦，地震时只受轻微损坏，稍微修理便恢复使用。原因是两者在建筑布置和结构体系方面有许多不同。

1. 中央银行大厦

结构体系的主要特点：主塔楼在 4 层楼面以上，北、东、南三面布置了 64 根边长为 0.20m 的小柱（净距 1.2m），支承在 4 层楼板的过渡大梁上，大梁又支承在其下面 10 根 1m × 1.55m 的柱上（柱的中心距是 9.8m），形成上下两部分严重不均匀、不连续的结构体系；4 个楼梯间，偏置主楼西端，再加上西端有填充墙（图 4.3），地震时可以产生极大的扭转效应；4 层以上的楼板仅 5cm 厚，搁置在长 14m、高 0.45m 的小梁上，楼面体系十分柔弱，抗侧力的刚度很差，在水平地震作用下产生很大的楼板水平变形和竖向变形。

由于这样的结构布置，该建筑在地震中主要遭受以下破坏：5 层周围柱严重开裂，钢筋压屈；电梯井的墙开裂、混凝土剥落；横向裂缝贯穿 3 层以上的所有楼板，直至电梯井的东侧，有的宽达 10mm；主楼西立面、其他立面的窗下和电梯井处的空心砖填充墙及其他非结构构件均严重破坏或倒塌；地震时，不仅电梯不能使用，楼梯也被碎片堵塞，影响人员疏散。美国加州伯克利分校对这幢建筑进行了计算分析，包括三维的线弹性分析，结果表明：结构存在十分严重的扭转效应；填充墙使弹性阶段的基本周期降低了 20%，显著强化了地震作用；主塔楼 3 层以上北面和南面的大多数柱子抗剪能力严重不足，率先破坏；由于余下的未开裂的柱子相对刚度的影响，在主塔楼的东面产生附加地震作用，传递到电梯井的墙壁，使电梯井墙壁开裂；在水平地震作用下，柔而细长的楼板产生较大的竖向运动，引起支承在楼板上的非结构构件的损坏。

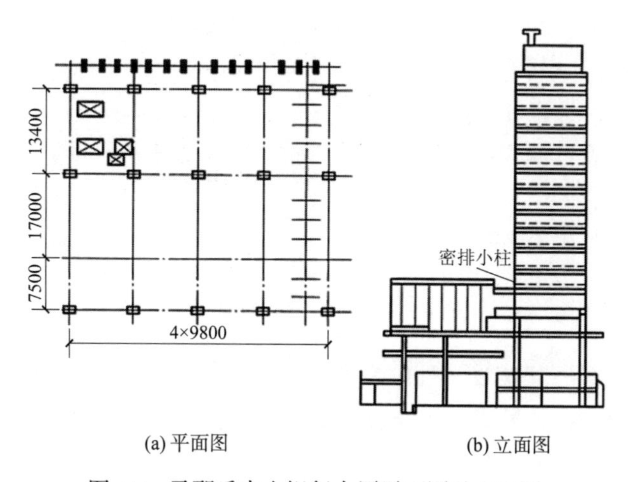

(a) 平面图　　(b) 立面图

图 4.3　马那瓜中央银行大厦平面图及立面图

2. 美洲银行大厦

该结构体系是均匀对称的，基本抗侧力的体系包括四个 L 形的筒体，对称地由连梁连接起来，如图 4.4 所示。由于管道口在连梁的中心，连梁的抗剪能力只有抗弯能力的 35%，这些连梁在地震时遭到的破坏是整个结构能观察到的主要震害。

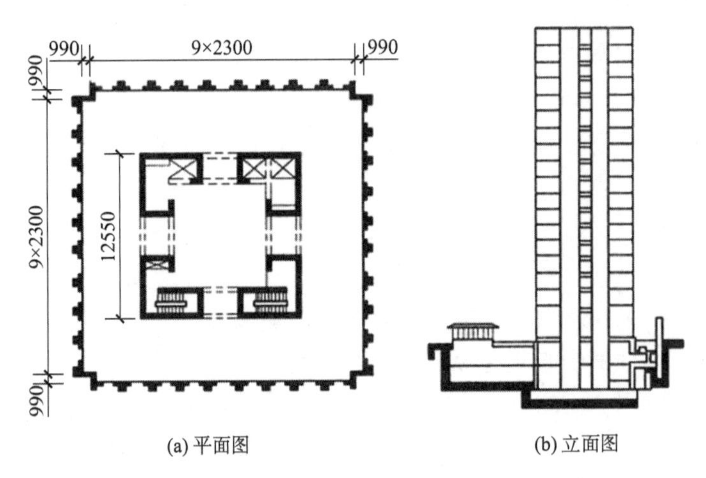

图 4.4　马那瓜美洲银行大厦平面图及立面图

与中央银行大厦相同，美洲银行大厦地震时电梯也不能启动，但楼梯间是畅通的，墙仅有很小的裂缝。

对整个建筑的三维线弹性分析和非弹性二维分析表明，对称的结构布置以及相对刚强的连肢墙有效地限制了侧向位移，并防止了任何明显的扭转效应；避免了长跨度楼板和砌体填充墙等非结构构件的损坏；当连梁剪切破坏后，结构体系的位移虽有明显的增加，但由于剪力墙提供了较大的侧向刚度，位移量得到限制。

马那瓜地震中两幢现代化的钢筋混凝土高层建筑的抗震性差异，生动地表明了建筑布局和结构体系的合理选择，在抗震设计中占有首要的地位。

4.4.2　结构抗震体系

抗震结构体系要通过综合分析，采用合理而经济的结构类型。结构体系应根据建筑的抗震设防类别、抗震设防烈度、建筑高度、场地条件、地基、结构材料和施工等因素，经技术、经济和使用条件综合比较确定。

单从抗震角度考虑，作为一种好的结构形式，应具备下列性能：

（1）延性系数高；

（2）“强度/重力”比值大；

（3）匀质性好；

（4）正交各向同性；

（5）构件的连接具有整体性、连续性和较好的延性，并能发挥材料的全部强度。

按照上述标准来衡量，常见的建筑结构类型，按其抗震性能优劣而排列的顺序是：

（1）钢结构；

（2）型钢混凝土结构；

（3）钢-混凝土组合结构；

（4）现浇钢筋混凝土结构；

（5）预应力混凝土结构；

（6）装配式钢筋混凝土结构；

（7）配筋砌体结构；

（8）砌体结构等。

不同的结构材料，其抗震性能各有优劣，因此选择合适的建筑结构材料，是良好结构抗震设计的前提。钢结构具有良好的延性，在低周反复荷载下有饱满稳定的滞回曲线，结构变形能力和耗能能力较强，历次地震中，钢结构建筑都表现出良好的抗震性能，但是其建筑材料费用也比其他材料昂贵。现浇钢筋混凝土是目前我国最常用的建筑材料形式，地震检验表明，经过合理的抗震设计和较好的施工质量保证，现浇钢筋混凝土结构是具有足够的抗震可靠度的。由于它可以通过现场浇筑，形成具有整体性节点的连续性结构；有较大的抗侧移刚度，可以减少结构的侧移量，从而减少非结构构件的破坏。钢筋混凝土结构在周期性往复荷载作用下，构件刚度会因裂缝开展而递减；构件开裂处钢筋的塑性拉伸，使裂缝不能闭合；这就使得钢筋混凝土结构一旦进入弹塑性状态，结构就会出现永久性损坏而必须经过修复方可继续使用。砌体结构是由块体加砂浆所形成的材料构成的，其材料本身的脆性性质决定了砌体结构抗剪、抗拉、抗弯强度低，变形能力差，结构自重大，因此它的抗震能力是比较差的。但是由于砌体结构造价低，施工技术简单，居住性能好，在我国还是有着广泛的应用。实践证明，经过合理的抗震设计，构造措施到位，施工质量良好，在中、强地震区，砌体结构还是具有一定的抗震能力。下面将基于不同的建筑材料，阐述不同的建筑结构体系的抗震性能。

1. 钢结构

钢结构房屋的抗震性能的好坏取决于结构体系构造、构件及其连接的抗震性能。常用的钢结构体系有框架结构、框架-支撑结构、框架-剪力墙板结构以及筒体结构、巨型框架结构等。常用的构件有梁、柱、支撑、剪力墙、桁架等。

钢框架结构构造简单、传力明确，侧移刚度沿高度分布均匀，结构整体侧向变形为剪切型（多层）或弯剪型（高层），抗侧移能力主要取决于框架梁、柱的抗弯能力。如构造设计合理，在强地震发生时，结构陆续进入屈服的部位是梁、柱构件，结构的抗震能力取决于塑性屈服机制以及梁、柱、节点的耗能以及延性性能。需要注意的是，重力荷载及$P\text{-}\Delta$效应对结构抗震承载力和结构延性有较大影响，当层数较多时，控制结构性能的设计参数不再是构件的抗弯能力，而是结构的抗侧移刚度和延性。因此，从经济角度看，这种结构体系适合于建造 20 层以下的中低层房屋。另外，研究及震害调查表明，以梁铰屈服机制设计的框架结构抗震性能较好，易于实现“小震不坏、大震不倒”的抗震设防目标。

钢框架-支撑体系可以分为中心支撑类型和偏心支撑类型，如图 4.5 所示。中心支撑结构使用中心支撑构件，增加了结构抗侧移刚度，可更有效地利用构件的强度，提高抗震能力，适合于建造更高的房屋结构。在强烈地震作用下，支撑结构率先进入屈服，可以保护或延缓主体结构的破坏，这种结构具有多道抗震防线。中心支撑框架结构构造简单，实际工程应用较多，但是由于支撑构件刚度大，受力较大，容易发生整体或局部失稳，导致结构总体刚度和强度下降较快，不利于结构抗震能力的发挥，必须注意其构造设计。带有偏心支撑的框架-支撑结构，具备中心支撑体系侧向刚度大、具有多道抗震防线的优点，还适当减小了支撑构件的轴向力，进而减小了支撑失稳的可能性。由于支撑点位置偏离框架节点，便于在横梁内设计用于消耗地震能量的消能梁段，如图 4.5（e）～图 4.5（g）所示。强震发生时，耗能梁段率先屈服，消耗大量地震能量，保护主体结构，形成了新的抗震防线，使得结构整体抗震性能，特别是结构延性大大加强，这种结构体系适合于在高烈度地区建造高层建筑。钢框架-剪力墙板结构，使用带竖缝的剪力墙板或带水平缝的剪力墙板、内藏支撑混凝土墙板、钢板剪力墙等，提供需要的侧向刚度。其中，带缝剪力墙板在弹性状态下具有较大的抗侧移刚度，在强震下可进入屈服阶段并耗能。这种结构具有多道抗震防线，同实体剪力墙板相比，其特点是刚度退化过程平缓，整体延性好。

钢结构体系常发生的震害包括：

（1）结构倒塌；

（2）支撑构件破坏；

（3）节点破坏；

（4）基础锚固破坏；

（5）构件破坏。

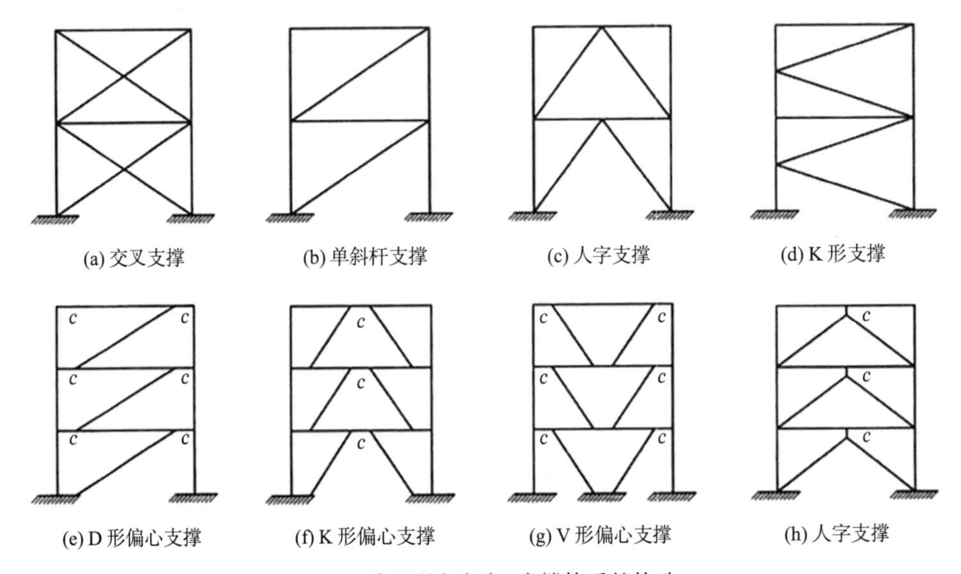

图 4.5　常见的钢框架-支撑体系的构造

2. 钢筋混凝土结构

目前我国地震区的多层和高层房屋多采用钢筋混凝土结构，有多种不同的结构体系。常用的有框架结构、框架-剪力墙结构、框架-支撑结构、剪力墙结构、筒体结构等。

框架结构由梁和柱组成，构件截面小，因此框架结构的承载力和刚度都较低，在地震中容易产生震害。但是框架结构平面布置灵活，易于满足建筑物大房间、改变平面使用功能的要求，因此框架结构在工业与民用建筑中得到了广泛应用。由于框架结构抗侧刚度小，属柔性结构，在强震下结构的顶点位移和层间位移较大，且层间位移自上而下逐层增大，能导致刚度较大的非结构构件的破坏，如框架结构中的砖填充墙常常在框架仅有轻微破坏时就发生严重破坏，但是设计合理的框架仍具有较好的抗震性能。在地震区，纯框架结构可用于 12 层（40m 高）以下、体形较简单、刚度较均匀的房屋，而对高度较大、设防烈度高、体形较复杂的房屋，及对建筑装饰要求高的房屋和高层建筑，应优先采用框架-剪力墙结构或剪力墙结构。

剪力墙结构体系，也称抗震墙结构体系，由钢筋混凝土纵横墙组成，抗侧刚度较大。同框架结构体系相比，剪力墙结构的耗能能力约为同高度框架结构的 20 倍左右，剪力墙还有在罕遇地震时裂而不倒和事后易于修复的优点。近年来剪力墙结构体系应用较广泛，但剪力墙结构体系平面布置不灵活，纯剪力墙结构体系多用于住宅、旅馆和办公楼建筑。

框架-剪力墙结构是由框架和剪力墙相结合而共同工作的结构体系，兼有框架和剪力墙两种结构体系的优点，既具有较大的空间，又具有较大的抗侧刚度，多用于 10～20 层的房屋。

筒体结构体系可以由钢筋混凝土剪力墙组成，也可以由密柱框筒组成。筒体结构体系一般有筒中筒结构、成束筒结构、支撑筒结构、组合筒体结构等，近年来框筒结构应用也较普遍。由于筒体结构具有造型美观、使用灵活、受力合理，以及整体性能强等优点，适用于较高的高层建筑。因此，目前全世界最高的一百幢高层建筑约有 2/3 采用筒体结构，国内百米以上的高层建筑约有 1/2 采用钢筋混凝土筒体结构。

多层以及高层钢筋混凝土房屋常发生的震害有：

（1）平面布置不当产生的震害；

（2）竖向不规则产生的震害；

（3）防震缝处碰撞；

（4）框架柱破坏；

（5）构件破坏。

3. 砌体结构

由砖砌体、石砌体或砌块砌体建造的结构，统称为砌体结构，在各类房屋建筑中被广泛采用。砌体结构房屋包括砌体承重的单、多层房屋，底部框架-剪力墙多层房屋和内框架房屋等多种结构形式，在我国广泛应用于住宅、办公楼、学校等建筑中。由于砌体材料的脆性性质，其抗剪、抗拉和抗弯强度都低，所以砌体结构的抗震能力相对较差。在国内外的历次强烈地震中，砌体结构的破坏率都相当高。1923 年日本关东大地震中，东京约有 7000 幢砖石房屋，大部分遭到严重破坏，其中仅 1000 余幢平房可修复使用。1948 年苏联阿什哈巴地震中，砖石房屋破坏率达 70%～80%。1976 年我国唐山大地震中，地震烈度为 10～11 度区，砖混结构房屋的破坏率达 91% ；9 度区的汉沽和宁河，住宅破坏率分别为 93.8% 和 83.5%；8 度区的天津市住宅中，受到不同程度损坏的占 62.5%；6～7 度区的砖混结构也遭到不同程度的损坏。2008 年 5 月 12 日发生在我国的汶川大地震，也造成了大量的砌体结构破坏。

然而，震害调查也发现，不仅在 7 度、8 度区，甚至在 9 度区，砌体结构房屋震害较轻，或者基本完好的也不乏其例。通过对这些房屋的调查分析，其经验表明，经过合理的抗震设防，构造得当，保证施工质量，则在中、强地震区，砌体结构房屋也具有一定的抗震能力。

在强烈地震作用下，砌体结构房屋的破坏部位，主要是墙身和构件间的连接处，楼盖、屋盖结构本身破坏相对较少，其主要的破坏形式有：

（1）墙体的破坏；

（2）墙体转角处的破坏；

（3）内外墙连接处的破坏；

（4）楼梯间墙体的破坏；

（5）楼盖与屋盖的破坏；

（6）附属结构的破坏。

在选择抗震结构体系时，还要注意结构刚度与场地条件的关系。当结构的自振周期与场地的自振周期一致时，容易产生共振现象而加重建筑的震害。在抗震设计之初，应了解场地和场地土的性质，采用各种措施调整结构刚度，避开共振周期。实际上，结构的自振周期是很难精确计算的。虽然建筑物的质量一般不会有太大的变化，但结构的刚度就很难计算准确，它除了与结构构件本身的刚度及其所处的弹塑性状态有关外，还与和主体结构连接的填充墙、焊接外墙板、室内设备以及基础和地下室的土层情况等有关，影响因素较多。

4.4.3 结构总体布置原则

一般来说地震作用的竖直分量较小，只有水平分量的 1/3～2/3，在很多情况下（如抗震设防烈度 6～8 度区）可主要考虑水平地震作用的影响，抗震结构的总体布置是抵抗水平力的抗侧力结构（框架、剪力墙、支撑、筒体等）的布置。结构的总体布置是影响建筑抗震性能的关键问题，结构的平面布置必须考虑有利于抵抗水平力和竖向荷载，受力明确、传力直接，建筑的各结构单元的平面形状和抗侧力结构的分布应当力求简单、规则、均匀对称，减少扭转的影响。

地震作用是由于地面运动引起的结构反应而产生的惯性力，作用点在结构的质量中心，如果结构中各抗侧力结构抵抗水平力的合力点（即结构的刚心）与结构的重心不重合，则结构即使在平动作用下，也会激起扭转振动。扭转的结果是离刚心较远一侧的结构构件，由于侧移量加大很多，所分担的水平地震剪力也显著增大，容易出现因超出允许抗力和变形极限而发生严重破坏，甚至导致整体结构因一侧构件失效而倒塌。

在规则平面中，如果结构的刚度分布不对称，仍然会产生扭转，因此在结构布置中，应特别注意具有很大侧向刚度的钢筋混凝土墙体和钢筋混凝土核心筒的位置，力求在平面上对称，不宜偏置在建筑的一边，也不宜将钢筋混凝土竖筒突出建筑主体之外。对于抗震建筑，即使结构布置是对称的，建筑的质量分布也很难做到均匀分布，质心和刚心的偏离在所难免，更何况地面运动不仅仅是平动，还伴有转动分量，地震时结构可能出现扭转振动。所以在结构布置时除了要求各向对称外，还希望能够具有较大的抗扭刚度。因此，有着很大侧移刚度的剪力墙最好能沿建筑外墙的周边布置，以提高结构的整体抗扭刚度。

结构竖向布置的原则：尽量使结构的承载力和竖向刚度自下而上逐渐减少，变化均匀、连续，不出现突变。在实际工程设计中，往往沿竖向分段改变构件截面尺寸和材料强度，这种改变使刚度发生的变化，也应自下而上递减。从施工方面说，改变次数不宜太多；但从结构受力角度来看，改变次数太少，每次变化太大则容易产生刚度突变。所以一般沿竖向变化不超过 4 次，每次变化，梁、柱尺寸减小 50～100mm，墙厚减少 50mm，混凝土强度降低一个等级为宜。最好尺寸减小与强度降低错开楼层，避免同层同时改变。

除了因为建筑的竖向体形发生突变而使得结构刚度在竖向发生突变外，还经常由于抗侧力结构的突然改变布置而出现结构竖向刚度突变。如底层或底部若干层需要大的室内空间而取消一部分剪力墙或框架柱产生的刚度突变。这时，应尽量减少刚度削弱的程度。又如中间楼层或顶层由于建筑功能的需要设置空旷的大房间，取消部分剪力墙或框架柱，要求取消的墙不宜多于墙体总数的 1/3，不得超过半数，其余墙体和柱应加强配筋，以抵抗由被取消的墙体所承担的地震剪力。

同一楼层的抗侧力构件，宜具有大致相同的刚度、承载力和延性，截面尺寸不宜相差过大，以保证各构件能够共同受力，避免在地震中因受力悬殊而被各个击破。

4.4.4　结构的延性

与非抗震结构相比，抗震结构更加强调结构的变形能力，特别是结构的非弹性变形能力。因为一个建筑抗震性能的优劣，主要取决于结构所能吸收的地震能量，它等于结构承载力与变形能力的乘积。这就是说，结构抗震能力是由承载力和变形能力两者共同决定的。承载力较低但具有很大延性的结构，所能吸收的能量多，虽然较早出现损坏，但能经受住较大的变形，避免倒塌。仅有较高强度而无塑性变形能力的脆性结构，吸收的能量少，一旦遇到超过设计水平的地震时，很容易因脆性破坏而突然倒塌。从概念上讲，结构的延性定义为结构承载力无明显降低的前提下，结构发生非弹性变形的能力。这里“无明显降低”比较认同的指标是不低于其极限承载力的 85%。一个构件或结构的延性 μ 一般用其最大允许变形δ_{p}与屈服变形δ_{y}的比值来确定。变形可以是线位移、转角或层间侧移，其相应的延性，称为线位移延性、角位移延性和相对位移延性。结构延性一般用延性系数表示，计算公式为：

$$\mu = \frac{\delta_{\mathrm{p}}}{\delta_{\mathrm{y}}} \tag{4.15}$$

在建筑抗震设计中，“结构延性”这个术语实际上具有以下四层含义：

（1）结构总体延性，一般是用结构的“顶点侧移比”或者结构的“平均层间侧移比”来表达。

（2）结构楼层延性，以一个楼层的层间侧移比来表达。

（3）构件延性，是指整个结构中某一构件（一根框架或一片墙体）的延性。

（4）杆件延性，是指一个构件中某一杆件（框架中的梁或柱，墙片中的连梁或墙肢）的延性。

一般而言，建筑结构抗震设计中，对结构中重要构件的延性要求，高于对结构总体的延性要求；对构件中关键杆件或部位的延性要求，又高于对整个构件的延性要求。

在平面位置上，应该着重提高房屋周边转角处、平面突变处以及复杂平面各翼相接处的构件延性。对于偏心结构，应加大房屋周边特别是刚度较弱一端构件的延性。

对于具有多道抗震防线的抗侧力体系，应着重提高第一道防线构件的延性。例如，框架-剪力墙体系中，重点提高剪力墙的延性；在筒中筒体系中，重点提高墙内筒的延性。同一构件中，应着重提高关键杆件的延性。例如，对于框架和框架筒体，应优先提高柱的延性，对于多肢墙，应特别注意加大各层窗裙梁的延性；对于全墙体系中满布窗洞的外墙（壁式框架），应着重提高窗间墙的延性。在同一杆件中，重点提高延性的部位应该是预期该构件在地震时首先屈服的部位。例如，梁的两端、柱的上下端、剪力墙墙肢根部等。

4.4.5 设置多道抗震防线

单一的结构体系只有一道抗震防线，一旦破坏就会造成建筑的倒塌。特别是当建筑的周期与地震动卓越周期相近时，建筑物由此而发生共振，加速其倒塌进程。如果建筑物采用的是多重抗侧力体系，第一道防线的抗侧力构件在强烈地震作用下遭到破坏后，后备的第二道乃至第三道防线的抗侧力构件立即接替，抵挡后续的地震动的冲击，可保证建筑物最低限度的安全，免于倒塌。在遇到建筑物基本周期与地震动卓越周期相同或接近的情况时，多道防线就更显示出其优越性。当第一道抗侧力防线因共振而破坏，第二道防线接替工作，建筑物自振周期将出现较大幅度的变动，与地震动卓越周期错开，使建筑的共振现象得以缓解，避免再度严重破坏。

1. 第一道防线的构件选择

第一道防线一般应优先选择不负担或少负担重力荷载的竖向支撑或填充墙，或选择轴压比值较小的剪力墙、实墙筒体之类的构件作为第一道防线的抗侧力构件，不宜选择轴压比较大的框架柱作为第一道防线。在纯框架结构中，宜采用“强柱弱梁”的延性框架。

2. 结构体系的多道设防

框架-剪力墙结构体系的主要抗侧力构件是剪力墙，它是第一道防线。在弹性地震反应阶段，大部分侧向地震作用由剪力墙承担，但是一旦剪力墙开裂或屈服，此时框架承担地震作用的份额将增加，框架部分将起到第二道防线的作用，并且在地震动过程中支撑主要的竖向荷载。

单层厂房纵向体系中，柱间支撑是第一道防线，柱是第二道防线。通过柱间支撑的屈服来吸收和消耗地震能量，从而保证整个结构的安全。

3. 结构构件的多道防线

联肢剪力墙中，连梁先屈服，然后墙肢弯曲破坏丧失承载力。当连梁钢筋屈服并具有延性时，它既可以吸收大量的地震能量，又能继续传递弯矩和剪力，对墙肢有一定的约束作用，使剪力墙保持足够的刚度和承载力，延性较好。如果连梁出现剪切破坏，按照抗震结构多道设防的原则，只要保证墙肢安全，整个结构就不至于发生严重破坏或倒塌。

“强柱弱梁”型的延性框架，在地震作用下，梁处于第一道防线，用梁的变形去消耗输入的地震能量，其屈服先于柱的屈服，使柱处于第二道防线。

在超静定结构构件中，赘余构件为第一道防线，由于主体结构已是静定或超静定结构，这些赘余构件的先期破坏并不影响整个结构的稳定。

第5章　结构抗震计算

5.1　概述

世界各国广泛采用反应谱理论确定地震作用，其中加速度反应谱应用最为普遍。加速度反应谱是指单质点弹性体系在一定的地面运动作用下，最大反应加速度与体系自振周期之间的关系曲线。如果已知体系的自振周期，利用反应谱曲线和相应计算公式，即可以方便地确定体系的地震反应加速度，进而计算出地震作用。

应用反应谱理论不仅可以解决单质点体系的地震反应，而且通过振型分解反应谱法可以计算多质点体系的地震反应。

在工程中，除采用反应谱法计算结构地震作用外，对于特别不规则的建筑、甲类建筑及某些高层建筑，《抗震规范》规定采用时程分析法进行补充计算。这个方法首先选定地震地面加速度曲线，然后用数值积分法求解运动方程，计算出每一时间增量处的结构反应。本章主要介绍反应谱法。

5.2　单质点弹性体系的水平地震反应

5.2.1　运动方程的建立

为了简化结构地震反应分析，通常将具体的结构体系抽象为质点体系，建立地震作用下的运动微分方程。图 5.1 为单质点弹性体系的计算简图。所谓单质点弹性体系，是指将结构参与振动的全部质量集中于一点，用无重量的弹性直杆支承于地面上的体系。例如水塔、单层房屋等，由于它们的大部分质量集中于结构顶部，故通常将这些结构简化为单质点体系。

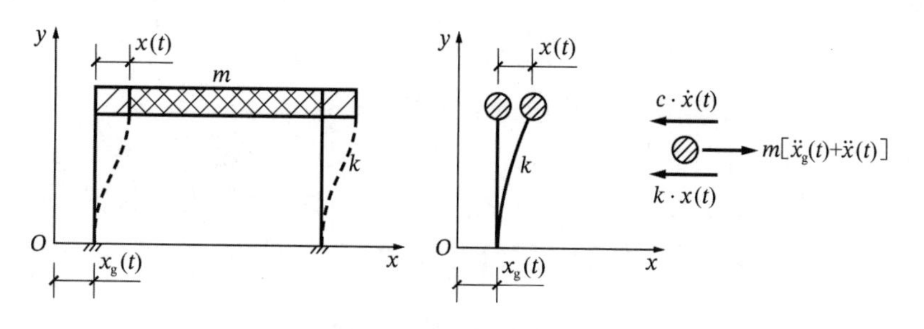

图 5.1　单质点弹性体系的计算简图

对于单质点弹性体系，设集中质量为m，弹性直杆的刚度系数为k，黏滞阻尼系数为c。设地面由于地震产生水平位移$x_g(t)$，质点相对于结构底部的位移为$x(t)$，它们都是时间t的函数。此时质点的绝对位移为$x(t)+x_g(t)$，绝对加速度为$\ddot{x}(t)+\ddot{x}_g(t)$。

根据达朗贝尔原理，质点在运动的任意瞬时，作用在质点上的阻尼力$c\dot{x}(t)$，弹性恢复力$kx(t)$和惯性力$-m\left[\ddot{x}(t)+\ddot{x}_g(t)\right]$处于瞬时平衡状态，即：

$$-m\left[\ddot{x}(t)+\ddot{x}_g(t)\right]-c\dot{x}(t)-kx(t)=0 \tag{5.1}$$

整理后得到：

$$m\ddot{x}(t)+c\dot{x}(t)+kx(t)=-m\ddot{x}_g(t) \tag{5.2}$$

若令$P(t)=-m\ddot{x}_g(t)$，则：

$$m\ddot{x}(t)+c\dot{x}(t)+kx(t)=P(t) \tag{5.3}$$

式(5.3)即为一般单质点有阻尼强迫振动的微分方程表达式。$m\ddot{x}_g(t)$可由地震时地面加速度的记录得到。

5.2.2 运动方程的解答

为了便于运动方程的求解，将式(5.2)进一步简化，令：

$$\omega^2=\frac{k}{m} \tag{5.4}$$

$$\zeta=\frac{c}{2\sqrt{mk}}=\frac{c}{2m\omega} \tag{5.5}$$

将式(5.4)、式(5.5)代入式(5.2)，经简化后得到：

$$\ddot{x}(t)+2\zeta\omega\dot{x}(t)+\omega^2x(t)=-\ddot{x}_g(t) \tag{5.6}$$

式中：ω——结构振动圆频率；

ζ——结构的阻尼比。

式(5.6)为一个二阶常系数非齐次线性微分方程，其通解由两部分组成：一为齐次解，另一为特解。前者代表体系的自由振动，后者代表体系在地震作用下的强迫振动。

令式(5.6)中右端项为零，可得到体系自由振动的微分方程为：

$$\ddot{x}(t)+2\zeta\omega\dot{x}(t)+\omega^2x(t)=0 \tag{5.7}$$

在小阻尼（$\zeta<1$）条件下，由结构动力学的计算结果可知，单质点弹性体系自由振动的位移反应为：

$$x(t)=\mathrm{e}^{-\zeta\omega t}\left[x(0)\cos\omega' t+\frac{\dot{x}(0)+\zeta\omega x(0)}{\omega'}\sin\omega' t\right] \tag{5.8}$$

式中：$x(0)$、$\dot{x}(0)$——分别为$t=0$时的初始位移和速度；

ω'——有阻尼体系的自由振动频率，$\omega'=\omega\sqrt{1-\zeta^2}$。

式(5.6)中的$\ddot{x}_g(t)$为地面水平地震加速度，在工程设计中一般取地震时地面运动加速度实测记录。由于地震的随机性，只能借助数值积分的方法计算出数值特解。在结构动力学中，式(5.6)的强迫振动反应由下面的杜哈梅（Duhamel）积分确定，即：

$$x^*(t)=-\frac{1}{\omega'}\int_0^t\ddot{x}_g(\tau)\mathrm{e}^{-\zeta\omega(t-\tau)}\sin\omega'(t-\tau)\,\mathrm{d}\tau \tag{5.9}$$

当体系初始处于静止状态时，初位移和初速度均为零，即$x(0)=0$、$\dot{x}(0)=0$，式(5.8)的自由振动反应为$x(t)=0$。即使初位移和初速度不为 0，式(5.8)的自由振动反应也会由于阻尼的存在而迅速衰减，因此在进行结构地震反应分析时可不考虑其影响。对于一般工程结构，阻尼比$\zeta \ll 1$，在 0.01～0.1 之间，此时$\omega' \approx \omega$。因此，单质点弹性体系的地震反应可以表示为：

$$x(t)=-\frac{1}{\omega}\int_0^t \ddot{x}_g(\tau)e^{-\zeta\omega(t-\tau)}\sin\omega(t-\tau)\,d\tau \tag{5.10}$$

5.3 单质点弹性体系水平地震作用计算的反应谱法

5.3.1 水平地震作用的基本公式

地震作用是地震时结构质点上受到的惯性力，其大小为质量与其绝对加速度的乘积，方向与绝对加速度的方向相反，即：

$$F(t)=-m\left[\ddot{x}(t)+\ddot{x}_g(t)\right] \tag{5.11}$$

式中：$F(t)$——作用在质点上的惯性力。

由式(5.1)可知：

$$F(t)=c\dot{x}(t)+kx(t) \tag{5.12}$$

考虑到一般结构的$c\dot{x}(t) \ll kx(t)$，可以忽略不计，则有：

$$F(t)=kx(t)=m\omega^2x(t) \tag{5.13}$$

将式(5.10)代入式(5.13)得：

$$F(t)=-m\omega\int_0^t \ddot{x}_g(\tau)e^{-\zeta\omega(t-\tau)}\sin\omega(t-\tau)\,d\tau \tag{5.14}$$

由式(5.14)可见，水平地震作用是时间t的函数，其大小和方向随时间t而变化。在结构抗震设计中，并不需要求出每一时刻的地震作用数值，只需求出水平地震作用的最大绝对值F，即：

$$F=m\omega\left|\int_0^t \ddot{x}_g(\tau)e^{-\zeta\omega(t-\tau)}\sin\omega(t-\tau)\,d\tau\right|_{max}=mS_a \tag{5.15}$$

式中：S_a——质点震动加速度最大绝对值，即：

$$S_a=\omega\left|\int_0^t \ddot{x}_g(\tau)e^{-\zeta\omega(t-\tau)}\sin\omega(t-\tau)\,d\tau\right|_{max} \tag{5.16}$$

令：

$$S_a=\beta|\ddot{x}_g|_{max} \tag{5.17}$$

$$|\ddot{x}_g|_{max}=kg \tag{5.18}$$

将式(5.17)、式(5.18)代入式(5.15)，并以F_{Ek}代替F，得：

$$F_{Ek}=mk\beta g=k\beta G \tag{5.19}$$

式中：F_{Ek}——水平地震作用标准值；

$|\ddot{x}_g|_{max}$——地震动峰值加速度；

k——地震系数；

β——动力系数；

G——质点的标准重力代表值。

式(5.19)为计算水平地震作用的基本公式。

5.3.2 地震系数

地震系数k是地面运动加速度峰值与重力加速度的比值，即：

$$k = \frac{|\ddot{x}_{\mathrm{g}}|_{\max}}{g} \tag{5.20}$$

显然，地面运动加速度越大，地震的影响就越强烈，即地震烈度越大。因此地震系数与地震烈度有关，是地震强烈程度的参数。统计分析表明，烈度每增加 1 度，k值大致增加 1 倍。《抗震规范》中采用的地震系数与地震烈度的对应关系见表 5.1。

地震系数与地震烈度的关系 **表 5.1**

地震烈度	6	7	8	9
地震系数k	0.05	0.10（0.15）	0.20（0.30）	0.40

注：括号中数值对应于设计基本地震加速度为 0.15g和 0.30g的地区。

5.3.3 动力系数

动力系数β是单质点弹性体系最大绝对加速度与地面运动加速度峰值的比值，即：

$$\beta = \frac{S_{\mathrm{a}}}{|\ddot{x}_{\mathrm{g}}|_{\max}} \tag{5.21}$$

反映了结构将地面运动最大加速度放大的倍数。将式(5.16)代入式(5.21)，得：

$$\beta = \frac{\omega}{|\ddot{x}_{\mathrm{g}}|_{\max}} \left| \int_0^t \ddot{x}_{\mathrm{g}}(\tau) \mathrm{e}^{-\zeta\omega(t-\tau)} \sin\omega(t-\tau)\,\mathrm{d}\tau \right|_{\max} \tag{5.22}$$

考虑到结构振动圆频率ω与结构自振周期T的关系为$\omega = 2\pi/T$，则式(5.22)可以进一步写成：

$$\beta = \frac{2\pi}{T} \cdot \frac{1}{|\ddot{x}_{\mathrm{g}}|_{\max}} \left| \int_0^t \ddot{x}_{\mathrm{g}}(\tau) \mathrm{e}^{-\zeta\frac{2\pi}{T}(t-\tau)} \sin\frac{2\pi}{T}(t-\tau)\,\mathrm{d}\tau \right|_{\max} = |\beta(t)|_{\max} \tag{5.23}$$

其中，

$$\beta(t) = \frac{2\pi}{T} \cdot \frac{1}{|\ddot{x}_{\mathrm{g}}|_{\max}} \int_0^t \ddot{x}_{\mathrm{g}}(\tau) \mathrm{e}^{-\zeta\frac{2\pi}{T}(t-\tau)} \sin\frac{2\pi}{T}(t-\tau)\,\mathrm{d}\tau \tag{5.24}$$

由式(5.23)可知，动力系数β与地面运动加速度记录$\ddot{x}_{\mathrm{g}}(t)$的特征、结构自振周期T以及阻尼比ζ有关。当地面加速度记录$\ddot{x}_{\mathrm{g}}(t)$和阻尼比ζ给定时，就可以根据不同的T值计算出动力系数β，从而给出一条β-T曲线。图 5.2 为某一实际地震记录$\ddot{x}_{\mathrm{g}}(t)$和阻尼比$\zeta = 0.05$，采用数值积分计算绘制出的β-T曲线。

由图 5.2 可见，当结构自振周期$T < T_{\mathrm{g}}$时，动力系数β值随结构自振周期T的增加而急剧增加；当$T = T_{\mathrm{g}}$时，动力系数β达到最大值；当$T > T_{\mathrm{g}}$时，β值迅速下降。在此，T_{g}是β-T曲线峰值的结构自振周期，这个周期对应于场地的卓越周期。因此，当结构的自振周期与场地的卓越周期相等或相近时，地震反应最大。故在结构抗震设计中，应使结构的自振周期远离场地的卓越周期。

据统计分析发现，对于一般的多高层建筑结构，$\beta_{\max}$值与烈度、场地类别及震中距的关系都不大，基本上趋近一个定值，我国《抗震规范》取$\beta_{\max}=2.25$（对应的阻尼比$\zeta=0.05$）。

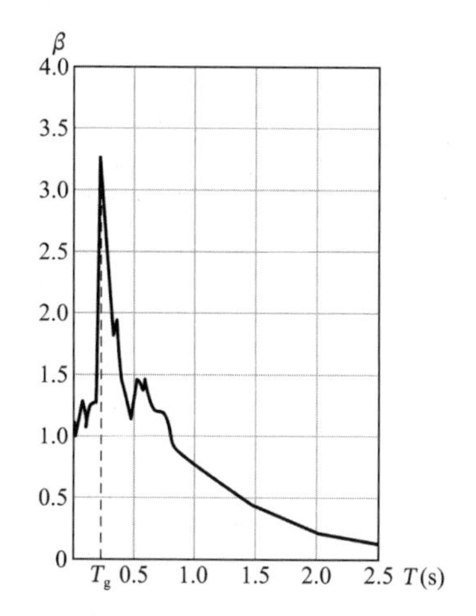

图 5.2　根据某实际地震记录绘制的β-T曲线

5.3.4　地震影响系数

为简化计算，令：

$$\alpha=k\beta \tag{5.25}$$

则式(5.19)可以写成：

$$F_{\mathrm{Ek}}=\alpha G \tag{5.26}$$

式中：α——地震影响系数。

由于

$$\alpha=k\beta=\frac{|\ddot{x}_{\mathrm{g}}|_{\max}}{g}\cdot\frac{S_{\mathrm{a}}}{|\ddot{x}_{\mathrm{g}}|_{\max}}=\frac{S_{\mathrm{a}}}{g} \tag{5.27}$$

所以，地震影响系数α就是单质点弹性体系在地震时以重力加速度为单位的质点最大反应加速度，是一个无量纲的系数。此外，若将式(5.26)改写成$\alpha=F_{\mathrm{Ek}}/G$，则地震影响系数是作用在质点上的地震作用与结构重力荷载代表值之比。

在不同烈度下，地震系数k可由表 5.1 查得，为一具体数值。因此，α的曲线形状取决于动力系数β的曲线形状。这样，计算地震系数k与动力系数β的乘积，即可绘出地震影响系数α曲线。我国《抗震规范》给出了地震影响系数α与结构自振周期T的关系曲线，如图 5.3 所示。

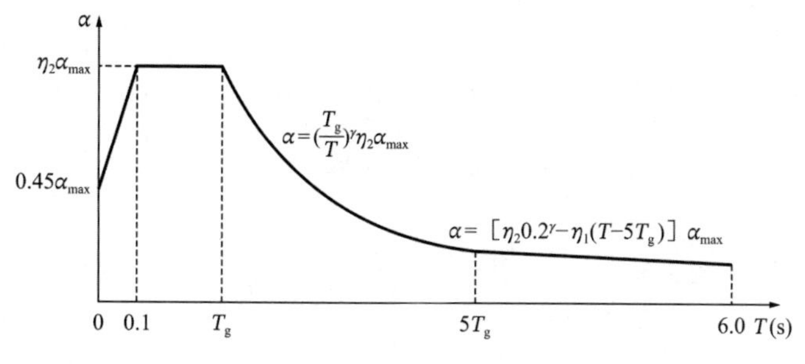

图 5.3　地震影响系数曲线

图 5.3 中，水平地震影响系数的最大值α_{max}按表 5.2 采用；特征周期T_g应根据场地类别和设计地震分组按表 5.3 采用。

水平地震影响系数的最大值 α_{max} **表 5.2**

地震烈度	6	7	8	9
多遇地震	0.04	0.08（0.12）	0.16（0.24）	0.32
罕遇地震	—	0.50（0.72）	0.90（1.20）	1.4

注：括号中数值对应于设计基本地震加速度为 0.15g和 0.30g的地区。

特征周期 T_g（s） **表 5.3**

设计地震分组	场地类别			
	Ⅰ	Ⅱ	Ⅲ	Ⅳ
第一组	0.25	0.35	0.45	0.65
第二组	0.30	0.40	0.55	0.75
第三组	0.35	0.45	0.65	0.90

注：当计算 8 度、9 度罕遇地震作用时，特征周期增加 0.05s。

图 5.3 中，曲线下降段的衰减指数按下式计算：

$$\gamma = 0.9 + \frac{0.05 - \zeta}{0.5 + 5\zeta} \tag{5.28}$$

式中：γ——曲线下降段的衰减指数；

ζ——阻尼比，一般情况下，对钢筋混凝土结构取 0.05，对钢结构取 0.02。

直线下降段的下降斜率调整系数按下式计算：

$$\eta_1 = 0.02 + (0.05 - \zeta)/8 \tag{5.29}$$

式中：η_1——直线下降段的下降斜率调整系数，计算值小于 0 时取 0。

阻尼调整系数按下式计算：

$$\eta_2 = 1 + \frac{0.05 - \zeta}{0.06 + 1.7\zeta} \tag{5.30}$$

式中：η_2——阻尼调整系数，当计算值小于 0.55 时，应取 0.55。

表 5.3 中的设计分组见《抗震规范》附录 A 的《我国主要城镇抗震设防烈度、设计基本加速度和设计地震分组》。

5.3.5 建筑物的重力荷载代表值

按式(5.26)计算水平地震作用标准值F_{Ek}时，重力荷载代表值G应取结构和构件自重标准值与可变荷载标准值的组合之和。不同可变荷载的组合值系数见表 5.4。

可变荷载的组合值系数 **表 5.4**

可变荷载种类	组合值系数
雪荷载	0.5
屋面积灰荷载	0.5
屋面活荷载	不计入
按实际情况计算的楼面活荷载	1.0

续表

可变荷载种类		组合值系数
按等效均布荷载计算的楼面活荷载	藏书库、档案库 其他民用建筑	0.8 0.5
起重机悬吊物重力	硬钩起重机 软钩起重机	0.3 不计入

注：硬钩起重机的吊重较大时，组合值系数应按实际情况采用。

5.4　多质点弹性体系的水平地震反应

在实际工程中，除了少数结构可以简化成为单质点体系外，很多工程结构，例如多层或高层建筑等，则简化为多质点体系进行计算。

5.4.1　多质点弹性体系的水平地震反应

对于多层或高层建筑结构，通常将质量集中于楼盖及屋盖处，形成如图 5.4 所示的多质点弹性体系。这种多质点弹性体系在地面水平加速度的影响下，每个质点均会由于惯性力的作用而产生相对于结构底部的水平往复运动，即产生地震反应。

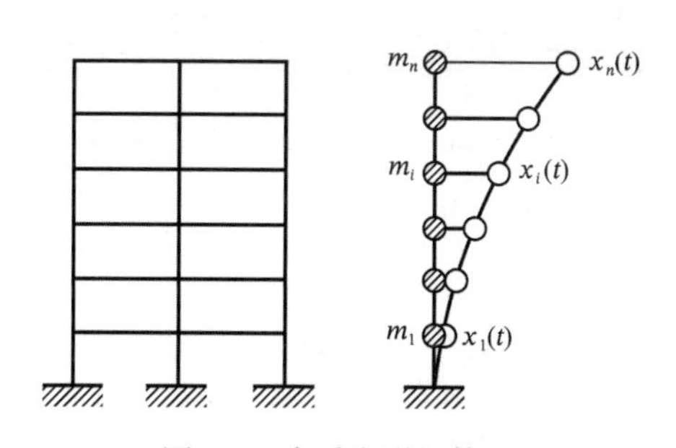

图 5.4　多质点弹性体系

与单质点弹性体系运动微分方程相似，在地震作用下，多质点弹性体系的运动微分方程表示为：

$$[m]\{\ddot{x}\}+[c]\{\dot{x}\}+[k]\{x\}=-[m]\{I\}\ddot{x}_{\mathrm{g}} \tag{5.31}$$

式中：$[m]$——质量矩阵；

$[c]$——阻尼矩阵；

$[k]$——刚度矩阵；

$\ddot{x}_{\mathrm{g}}$——地面水平振动加速度；

$\{I\}$——单位列向量，$\{I\}=(1\quad 1\quad \cdots\quad 1)^{\mathrm{T}}$；

$\{x\}$——质点运动的位移列向量；

$\{\dot{x}\}$——质点运动的速度列向量；

$\{\ddot{x}\}$——质点运动的加速度列向量；

$$\{x\}=\begin{pmatrix}x_1(t)\\x_2(t)\\\vdots\\x_n(t)\end{pmatrix},\ \{\dot{x}\}=\begin{pmatrix}\dot{x}_1(t)\\\dot{x}_2(t)\\\vdots\\\dot{x}_n(t)\end{pmatrix},\ \{\ddot{x}\}=\begin{pmatrix}\ddot{x}_1(t)\\\ddot{x}_2(t)\\\vdots\\\ddot{x}_n(t)\end{pmatrix} \tag{5.32}$$

$$[m]=\begin{bmatrix} m_1 & & & \\ & m_2 & & \\ & & \ddots & \\ & & & m_n \end{bmatrix} \tag{5.33}$$

$$[k]=\begin{bmatrix} k_{11} & k_{12} & \cdots & k_{1n} \\ k_{21} & k_{22} & \cdots & k_{2n} \\ \vdots & \vdots & & \vdots \\ k_{n1} & k_{n2} & \cdots & k_{nn} \end{bmatrix} \tag{5.34}$$

式中：k_{ij}——刚度系数，$k_{ij}=k_{ji}$，k_{ij}表示当j质点产生单位水平位移，其余质点不动时，在i质点处需要施加的水平力。

$$[c]=\begin{bmatrix} c_{11} & c_{12} & \cdots & c_{1n} \\ c_{21} & c_{22} & \cdots & c_{2n} \\ \vdots & \vdots & & \vdots \\ c_{n1} & c_{n2} & \cdots & c_{nn} \end{bmatrix} \tag{5.35}$$

式中：c_{ij}——阻尼系数，$c_{ij}=c_{ji}$，c_{ij}表示当j质点产生单位速度，其余质点不动时，在i质点处产生的阻尼力。

对于上述运动方程的求解，需要利用多质点弹性体系的振型。为此，先讨论多质点弹性体系的自由振动问题。

5.4.2 多质点弹性体系的自由振动

略去式(5.31)中的阻尼项和地震激励，即可得到多质点弹性体系无阻尼自由振动微分方程：

$$[m]\{\ddot{x}\}+[k]\{x\}=\{0\} \tag{5.36}$$

设多质点弹性体系做简谐振动：

$$\{x\}=\{X\}\sin(\omega t+\varphi) \tag{5.37}$$

式中：ω——自振频率；

φ——初相位角；

$\{X\}$——振幅向量，$\{X\}=(X_1\ X_2\ \cdots\ X_n)^{\mathrm{T}}$。

将式(5.37)对时间t求二阶导数，得自由振动加速度：

$$\{\ddot{x}\}=-\omega^2\{X\}\sin(\omega t+\varphi) \tag{5.38}$$

将式(5.37)、式(5.38)代入式(5.36)得：

$$([k]-\omega^2[m])\{X\}=0 \tag{5.39}$$

要使式(5.39)有非零解，其系数行列式的值必须等于 0，即：

$$|[k]-\omega^2[m]|=0 \tag{5.40}$$

式(5.40)称为多质点体系的频率方程或特征方程，可以进一步写成：

$$\begin{vmatrix} k_{11}-\omega^2 m_1 & k_{12} & \cdots & k_{1n} \\ k_{21} & k_{22}-\omega^2 m_2 & \cdots & k_{2n} \\ \vdots & \vdots & & \vdots \\ k_{n1} & k_{n2} & \cdots & k_{nn}-\omega^2 m_n \end{vmatrix}=0 \tag{5.41}$$

将式(5.41)展开，可得关于ω^2的一元n次方程，解此方程，可得自振圆频率ω_i（也称固有圆频率），$i=1,2,\cdots,n$，且有：

$$0<\omega_1<\omega_2<\cdots<\omega_n \tag{5.42}$$

其中，体系的最小频率ω_1称为第一频率或基本频率。

将第i个自振圆频率ω_i代入式(5.39)，可求出相应的位移幅值$\{X\}_i$，满足动力方程式：

$$([k]-\omega_i^2[m])\{X\}_i=0 \tag{5.43}$$

求解方程式(5.43)便可得到对应于第i个自振频率下各质点的相应振幅比值，即该频率下的主振型向量$\{X\}_i$。

$$\{X\}_i=\begin{Bmatrix}X_{i1}\\X_{i2}\\\vdots\\X_{in}\end{Bmatrix} \tag{5.44}$$

式中：X_{ij}——当体系按频率ω_i振动时，质点j的相对位移幅值。

依次可以得到n个自振频率下的主振型，其中与ω_1相应的振型称为第一振型或基本振型。

将式(5.39)改写为：

$$[k]\{X\}=\omega^2[m]\{X\} \tag{5.45}$$

式(5.45)对任意第i阶和第j阶频率和振型都成立，即：

$$[k]\{X\}_i=\omega_i^2[m]\{X\}_i \tag{5.46}$$

$$[k]\{X\}_j=\omega_j^2[m]\{X\}_j \tag{5.47}$$

对式(5.46)左乘$\{X\}_j^{\mathrm{T}}$，式(5.47)左乘$\{X\}_i^{\mathrm{T}}$，得：

$$\{X\}_j^{\mathrm{T}}[k]\{X\}_i=\omega_i^2\{X\}_j^{\mathrm{T}}[m]\{X\}_i \tag{5.48}$$

$$\{X\}_i^{\mathrm{T}}[k]\{X\}_j=\omega_j^2\{X\}_i^{\mathrm{T}}[m]\{X\}_j \tag{5.49}$$

将式(5.49)两边转置，并注意到刚度矩阵$[k]$和质量矩阵$[m]$的对称性，得：

$$\{X\}_j^{\mathrm{T}}[k]\{X\}_i=\omega_j^2\{X\}_j^{\mathrm{T}}[m]\{X\}_i \tag{5.50}$$

式(5.48)减去式(5.50)得：

$$(\omega_i^2-\omega_j^2)\{X\}_j^{\mathrm{T}}[m]\{X\}_i=0 \tag{5.51}$$

若$i\neq j$，则$\omega_i\neq\omega_j$，则必然有：

$$\{X\}_j^{\mathrm{T}}[m]\{X\}_i=0 \qquad i\neq j \tag{5.52}$$

式(5.52)表示多质点体系任意两个振型对质量矩阵正交。将式(5.52)代入式(5.48)，得：

$$\{X\}_j^{\mathrm{T}}[k]\{X\}_i=0 \qquad i\neq j \tag{5.53}$$

式(5.53)表示多质点体系任意两个振型对刚度矩阵也正交。

5.4.3　多质点弹性体系地震反应分析的振型分解法

由式(5.31)可知，多质点弹性体系在水平地震作用下的运动微分方程是一组相互耦联的微分方程，直接联立求解很困难。根据结构动力学知识，利用振型的正交性，将原来耦联的多质点运动微分方程组分解为若干个彼此独立的单质点运动微分方程，再由单质点体系结果分别得出各个独立方程的解，然后进行组合，叠加得到多质点体系的地震反应。

为了方便计算，假定阻尼也满足正交关系，即：

$$\{X\}_i^{\mathrm{T}}[c]\{X\}_j=\begin{cases}0 & (i\neq j)\\C_i & (i=j)\end{cases} \tag{5.54}$$

阻尼的表达形式有多种，通常采用瑞利（Rayleigh）阻尼矩阵形式，将阻尼矩阵表示为质量矩阵与刚度矩阵的线性组合，即：

$$[c]=\alpha_1[m]+\alpha_2[k] \tag{5.55}$$

式中：α_1、α_2——比例常数。

$$[m]\{\ddot{x}\}+[c]\{\dot{x}\}+[k]\{x\}=-[m]\{I\}\ddot{x}_g \tag{5.56}$$

将式(5.56)代入式(5.55)可得：

$$\{X\}_i^{\mathrm{T}}[c]\{X\}_j=\begin{cases}0 & (i\neq j)\\ \alpha_1 M_i+\alpha_2 K_i & (i=j)\end{cases} \tag{5.57}$$

根据线性代数计算理论，n维位移向量$\{x\}$可以按主振型展开，表示成广义坐标下各主振型向量的线性组合，即：

$$\{x\}=[X]\{q\} \tag{5.58}$$

式中：$\{q\}$——广义坐标向量；

$$\{q\}=[q_1(t)\quad q_2(t)\quad \cdots \quad q_n(t)]^{\mathrm{T}} \tag{5.59}$$

$[X]$——振型矩阵，由n个彼此正交的主振型向量组成的方阵。

$$[X]=[\{X\}_1\quad \{X\}_2\quad \cdots \quad \{X\}_n]=\begin{bmatrix}X_{11} & X_{12} & \cdots & X_{1n}\\ X_{21} & X_{22} & \cdots & X_{2n}\\ \vdots & \vdots & & \vdots\\ X_{n1} & X_{n2} & \cdots & X_{nn}\end{bmatrix} \tag{5.60}$$

矩阵$[X]$中的元素X_{ij}下脚标，i表示振型序号，j表示质点序号。式(5.58)还可以写成：

$$\{x(t)\}=\{X\}_1 q_1(t)+\{X\}_2 q_2(t)+\cdots+\{X\}_n q_n(t) \tag{5.61}$$

将式(5.58)代入式(5.31)得：

$$[m][X]\{\ddot{q}\}+[c][X]\{\dot{q}\}+[k][X]\{q\}=-[m]\{I\}\ddot{x}_g \tag{5.62}$$

将式(5.62)等号两端左乘$\{X\}_i^{\mathrm{T}}$，得：

$$\{X\}_i^{\mathrm{T}}[m][X]\{\ddot{q}\}+\{X\}_i^{\mathrm{T}}[c][X]\{\dot{q}\}+\{X\}_i^{\mathrm{T}}[k][X]\{q\}=-\{X\}_i^{\mathrm{T}}[m]\{\ddot{x}_g\} \tag{5.63}$$

根据振型的正交性，上式展开后，除第i项外其他各项均为零。此时方程转化为：

$$M_i\ddot{q}_i+C_i\dot{q}_i+K_i q_i=-\ddot{x}_g\sum_{j=1}^{n}m_j X_{ij} \tag{5.64}$$

进一步写成：

$$\ddot{q}_i+2\zeta_i\omega_i\{\dot{q}_i\}+\omega_i^2 q_i=-\gamma_i\ddot{x}_g \tag{5.65}$$

式中：M_i——第i阶振型广义质量；

$$M_i=\{X\}_i^{\mathrm{T}}[m][X]_j=\sum_{j=1}^{n}m_j X_{ij}^2 \tag{5.66}$$

K_i——第i阶振型广义刚度；

$$K_i=\{X\}_i^{\mathrm{T}}[k][X]=\omega_i^2 M_i \tag{5.67}$$

C_i——第i阶振型广义阻尼系数；

$$C_i=\{X\}_i^{\mathrm{T}}[c][X]_i=2\zeta_i\omega_i M_i \tag{5.68}$$

γ_i——第i阶振型参与系数；

$$\gamma_i=\frac{\sum_{j=1}^{n}m_j X_{ij}}{\sum_{j=1}^{n}m_j X_{ij}^2} \tag{5.69}$$

ζ_i——第i阶振型阻尼比，由式(5.57)和式(5.68)得：

$$\alpha_1 M_i + \alpha_2 K_i = 2\zeta_i \omega_i M_i \tag{5.70}$$

$$\alpha_1 + \alpha_2 \omega_i^2 = 2\zeta_i \omega_i \tag{5.71}$$

比例常数α_1、α_2根据第一、二阶振型的频率和阻尼比确定，由式(5.71)得：

$$\begin{cases} \alpha_1 + \alpha_2 \omega_1^2 = 2\zeta_1 \omega_1 \\ \alpha_1 + \alpha_2 \omega_2^2 = 2\zeta_2 \omega_2 \end{cases} \tag{5.72}$$

求解式(5.72)得：

$$\begin{cases} \alpha_1 = \dfrac{2\omega_1\omega_2(\zeta_1\omega_2 - \zeta_2\omega_1)}{\omega_2^2 - \omega_1^2} \\ \alpha_2 = \dfrac{2(\zeta_2\omega_2 - \zeta_1\omega_1)}{\omega_2^2 - \omega_1^2} \end{cases} \tag{5.73}$$

在式(5.65)中，依次取$i = 1,2,\cdots,n$，可得到n个独立微分方程，即在每一个方程中仅含有一个未知量q_i，由此可解得$q_1, q_2, \cdots, q_n$。比较式(5.65)与式(5.6)可以看出，两者形式相同，仅在等号右端相差一个振型参与系数γ_i，因此可以比照写出式(5.65)的解为：

$$q_i(t) = -\frac{\gamma_i}{\omega_i}\int_0^t \ddot{x}_{\mathrm{g}}(\tau)\mathrm{e}^{-\zeta_i\omega_i(t-\tau)}\sin\omega_i(t-\tau)\,\mathrm{d}\tau \tag{5.74}$$

或

$$q_i(t) = \gamma_i \varDelta_i(t) \tag{5.75}$$

其中，

$$\varDelta_i(t) = -\frac{1}{\omega_i}\int_0^t \ddot{x}_{\mathrm{g}}(\tau)\mathrm{e}^{-\zeta_i\omega_i(t-\tau)}\sin\omega_i(t-\tau)\,\mathrm{d}\tau \tag{5.76}$$

在式(5.76)中，$\varDelta_i(t)$即相当于阻尼比为ζ_i、自振频率为ω_i的单质点弹性体系在地震作用下的位移反应。这个单质点弹性体系称为与第i阶振型相应的振子。

将式(5.75)代入式(5.61)得：

$$\{x(t)\} = \sum_{i=1}^{n}\gamma_i\varDelta_i(t)\{X\}_i \tag{5.77}$$

式(5.77)就是用振型分解法分析时，多质点弹性体系在地震作用下的位移计算公式。振型参与系数γ_i满足：

$$\sum_{i=1}^{n}\gamma_i\{X\}_i = 1 \tag{5.78}$$

5.5　多质点体系水平地震作用计算的振型分解反应谱法

多质点弹性体系在地震影响下，在质点i上所产生的地震作用等于质点i上的惯性力为：

$$F_i(t) = -m_i\left[\ddot{x}_{\mathrm{g}}(t) + \ddot{x}_i(t)\right] \tag{5.79}$$

式中：m_i——质点i的质量；

$\ddot{x}_{\mathrm{g}}(t)$——地面运动加速度；

$\ddot{x}_i(t)$——质点i的相对加速度。

由式(5.77)得到质点i的相对加速度为：

$$\ddot{x}_i(t) = \sum_{i=1}^{n}\gamma_i\ddot{\varDelta}_i(t)X_{ji} \tag{5.80}$$

根据式(5.78)，$\sum_{j=1}^{n}\gamma_j\{X\}_j=1$，$\ddot{x}_g(t)$可以表示为：

$$\ddot{x}_g(t)=\sum_{j=1}^{n}\gamma_j X_{ji}\ddot{x}_g(t) \tag{5.81}$$

将式(5.80)、式(5.81)代入式(5.79)得：

$$F_i(t)=-m_i\sum_{j=1}^{n}\gamma_j X_{ji}\left[\ddot{x}_g(t)+\ddot{\Delta}_j(t)\right] \tag{5.82}$$

根据式(5.82)可以绘制$F_i(t)$随时间变化的曲线，$F_i(t)$的最大值就是设计用的最大地震作用。

由式(5.82)可知，在第j阶振型下作用在第i质点上的地震作用绝对最大值为：

$$F_{ji}=m_i\gamma_j X_{ji}\left|\ddot{x}_g(t)+\ddot{\Delta}_j(t)\right|_{\max} \tag{5.83}$$

令$\alpha_j=\frac{\left|\ddot{x}_g(t)+\ddot{\Delta}_j(t)\right|_{\max}}{g}$，则式(5.83)可以表示为：

$$F_{ji}=\alpha_j\gamma_j X_{ji}G_i \tag{5.84}$$

式中：F_{ji}——第j振型质点i的水平地震作用标准值；

α_j——相应于第j振型自振周期的影响系数；

γ_j——第j振型参与系数；

X_{ji}——第j振型质点i的相对水平位移；

G_i——集中于质点i的重力荷载代表值，$G_i=m_i g$。

求出第j振型质点i上的水平地震作用F_{ji}后，就可按一般力学方法计算结构的地震作用效应S_j（弯矩、剪力、轴向力和变形）。根据振型分解反应谱法确定的相应于各振型的地震作用F_{ji}（$i=1,2,\cdots,n$；$j=1,2,\cdots,n$）均为最大值。所以，按F_{ji}所求得的地震作用效应S_j（$j=1,2,\cdots,n$）也是最大值。但是，相应于各振型的最大地震作用效应S_j不会同时发生，这样就出现了如何将S_j进行组合，以确定合理的地震作用效应问题。《抗震规范》根据概率论的方法，得出了结构地震作用效应“平方和开平方”（SRSS）的近似计算公式：

$$S=\sqrt{\sum_{j=1}^{n}S_j^2} \tag{5.85}$$

式中：S——水平地震效应；

S_j——第j振型水平地震作用产生的作用效应。

一般地，结构的低阶振型反应大于高阶振型反应，频率低的几个振型往往控制着最大地震反应。因此，在实际计算中一般采用 2～3 个振型即可。考虑到周期长的结构各个自振频率接近，故《抗震规范》规定：当基本自振周期大于 1.5s 或房屋高宽比大于 5 时，振型个数可适当增加。

5.6 多质点体系水平地震作用计算的底部剪力法

按振型分解反应谱法计算水平地震作用，特别是房屋层数较多时，计算过程十分复杂。为了简化计算，《抗震规范》规定，在满足一定条件下，可采用近似计算法，即底部剪力法。

理论分析表明，对于重量和刚度沿高度分布比较均匀、高度不超过 40m，并以剪切变形为主（房屋高宽比小于 4 时）的房屋，结构振动时具有以下特点：

（1）位移反应以基本振型为主；

（2）基本振型接近直线，如图 5.5（a）所示。

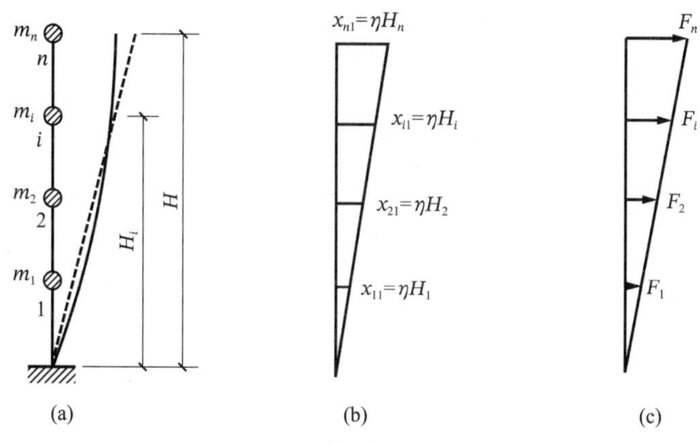

图 5.5　底部剪力法附图

因此，在满足上述条件下，计算各质点上的地震作用时，可仅考虑基本振型，而忽略高振型的影响。这样，基本振型质点的相对水平位移x_{1i}将与质点的计算高度H_i成正比，即$x_{1i}=\eta H_i$，其中η为比例常数［图 5.5（b）］。于是，作用在第i质点上的水平地震作用标准值可写成：

$$F_{1i}=\alpha_1\gamma_1\eta H_i G_i \tag{5.86}$$

则结构总水平地震作用标准值，即结构底部剪力，可写成：

$$F_{\text{Ek}}=\sum_{i=1}^{n}F_{1i}=\alpha_1\gamma_1\eta\sum_{i=1}^{n}H_i G_i \tag{5.87}$$

其中，

$$\gamma_1=\frac{\sum_{i=1}^{n}G_i\eta H_i}{\sum_{i=1}^{n}G_i(\eta H_i)^2}=\frac{\sum_{i=1}^{n}G_i H_i}{\eta\sum_{i=1}^{n}G_i H_i^2} \tag{5.88}$$

将式(5.88)代入式(5.87)，得：

$$F_{\text{Ek}}=\alpha_1\frac{\left(\sum_{i=1}^{n}G_i H_i\right)^2}{\sum_{i=1}^{n}G_i H_i^2} \tag{5.89}$$

将式(5.89)乘以$\frac{G}{\sum_{i=1}^{n}G_i}$，得：

$$F_{\text{Ek}}=\alpha_1\frac{\left(\sum_{i=1}^{n}G_i H_i\right)^2}{\sum_{i=1}^{n}G_i H_i^2}\cdot\frac{G}{\sum_{i=1}^{n}G_i}=\alpha_1\xi G \tag{5.90}$$

于是，结构总水平地震作用标准值最后计算公式可写成：

$$F_{Ek} = \alpha_1 G_{eq} \tag{5.91}$$

式中：α_1——相应于结构基本周期的水平地震影响系数；

G_{eq}——结构等效总重力荷载代表值；

$$G_{eq} = \xi G \tag{5.92}$$

G——结构总重力荷载代表值，$G = \sum_{i=1}^{n} G_i$；

ξ——等效重力荷载系数，《抗震规范》规定$\xi = 0.85$，其来源如下：

$$\xi = \frac{\left(\sum_{i=1}^{n} G_i H_i\right)^2}{\sum_{i=1}^{n} G_i H_i^2 \cdot \sum_{i=1}^{n} G_i} \tag{5.93}$$

由式(5.93)可见，ξ与质点G_i、H_i有关，结构确定后，ξ就确定，可以利用最小二乘法确定最优的ξ值。为此，建立目标函数：

$$f(\xi) = \sum_{k=1}^{m} \left(\alpha_1 \frac{\left(\sum_{i=1}^{n} G_i H_i\right)^2}{\sum_{i=1}^{n} G_i H_i^2} - \alpha_1 \xi G \right)_k^2 \tag{5.94}$$

式中：k——结构序号；

i——质点序号；

m——结构总数；

n——质点总数。

为了求得使$f(\xi)$值为最小时的ξ值，对式(5.94)求导，并令其为零，于是解得：

$$\xi = \sum_{k=1}^{m} \frac{\left(\sum_{i=1}^{n} G_i H_i\right)_k^2}{\left(\sum_{i=1}^{n} G_i H_i^2\right)_k} \cdot \frac{1}{\sum_{i=1}^{n} G_i} \tag{5.95}$$

根据式(5.95)算得的若干个结构总的ξ值，并考虑到结构的可靠度要求，《抗震规范》取$\xi = 0.85$。

由式(5.87)得：

$$\alpha_1 \gamma_1 \eta = \frac{1}{\sum_{j=1}^{n} G_j H_j} F_{Ek} \tag{5.96}$$

将式(5.96)代入式(5.86)，并以F_i表示F_{1i}，就得到作用在第i质点上的水平地震作用标准值F_i［图 5.5（c）］，其计算式为：

$$F_i = \frac{G_i H_i}{\sum_{j=1}^{n} G_j H_j} F_{Ek} \tag{5.97}$$

式中：F_{Ek}——结构总水平地震作用标准值，按式(5.91)计算；

G_i、G_j——分别为集中于质点i、j的重力荷载代表值；

H_i、H_j——分别为质点i、j的计算高度。

对于自振周期比较长的多层钢筋混凝土房屋和多层内框架砖房，经计算发现，在房屋顶部的地震剪力按底部剪力法计算结果较精确法计算结果偏小，为了减小这一误差，《抗震规范》采取调整地震作用的办法，使顶层地震剪力有所增加。

对于上述建筑，《抗震规范》规定，按下式计算质点i的水平地震作用标准值：

$$F_i = \frac{G_i H_i}{\sum_{j=1}^{n} G_j H_j} F_{Ek}(1-\delta_n) \tag{5.98}$$

$$\Delta F_n = \delta_n F_{Ek} \tag{5.99}$$

式中：δ_n——顶部附加地震作用系数，多层钢筋混凝土房屋按表 5.5 采用；多层内框架砖房可采用 0.2；其他房屋不考虑；

ΔF_n——顶部附加水平地震作用，如图 5.6 所示；

F_{Ek}——结构总水平地震作用标准值，按式(5.91)计算。

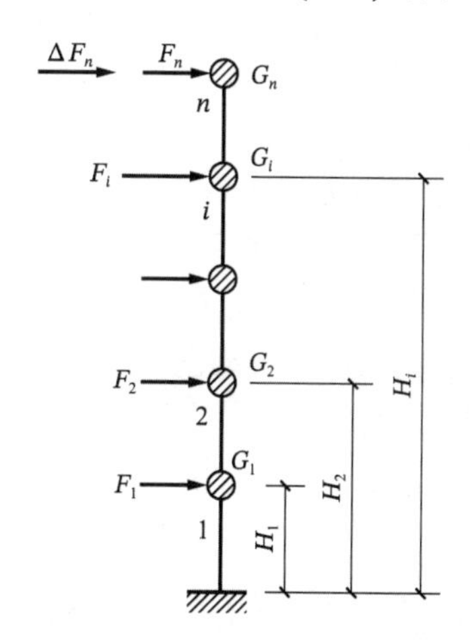

图 5.6　结构水平地震作用计算简图

顶部附加地震作用系数 δ_n　　表 5.5

T_g（s）	$T_1 > 1.4T_g$	$T_1 \leqslant 1.4T_g$
≤ 0.35 0.35～0.55 > 0.55	$0.08T_1+0.02$ $0.08T_1+0.01$ $0.08T_1-0.02$	不考虑

注：T_g为特征周期；T_1为结构基本自振周期。

震害表明，突出屋面的屋顶间（电梯机房、水箱间）女儿墙、烟囱等，其震害比下面主体结构严重。这是出屋面的这些建筑的质量和刚度突然变小，地震反应随之增大的缘故。在地震工程中，把这种现象称为“鞭端效应”。因此，《抗震规范》规定，采用底部剪力法时，对这些结构的地震作用效应，宜乘以增大系数 3，但此增大部分不应向下传递。

5.7　考虑水平地震作用扭转影响的计算

由于地震作用是一种多维随机运动，地面运动存在着转动分量，结构的不对称使结构的平面质量中心和刚度中心不重合，都可能使结构在地震作用下产生扭转效应。因此，《抗震规范》规定，结构考虑水平地震作用的扭转影响时，可采用下列方法：

1）规则结构不进行扭转耦联计算时，平行于地震作用方向的两个边榀，其地震作用效应宜乘以增大系数。一般情况下，短边可按 1.15 采用，长边可按 1.05 采用；当抗扭刚度较小时，按不小于 1.13 采用。

2）按扭转耦联振型分解法计算时，各楼层可取两个正交的水平位移和一个转角共三个自由度，并应按下列公式计算地震作用和作用效应。确有依据时，尚可采用简化计算方法确定地震作用效应。

（1）第j振型第i层的水平地震作用标准值，应按下列公式确定：

$$\begin{cases} F_{xji} = \alpha_j \gamma_{tj} X_{ji} G_i \\ F_{yji} = \alpha_j \gamma_{tj} Y_{ji} G_i \\ M_{tji} = \alpha_j \gamma_{tj} r_i^2 \varphi_{ji} G_i \\ (i = 1,2,3,\cdots,n;\ \ j = 1,2,3,\cdots,m) \end{cases} \tag{5.100}$$

式中：F_{xji}、F_{yji}、M_{tji}——分别为第j振型第i层的x方向、y方向和转角方向的地震作用标准值；

X_{ji}、Y_{ji}——第j振型第i层质心在x、y方向的水平相对位移；

φ_{ji}——第j振型第i层的相对扭转角；

r_i——第i层转动半径，$r_i = \sqrt{J_i/m_i}$；

J_i——第i层绕质心的转动惯量；

m_i——该层质量；

γ_{tj}——考虑扭转的第j振型参与系数，可按下列公式计算：

当仅考虑x方向地震时：

$$\gamma_{tj} = \sum_{i=1}^{n} X_{ji} G_i / \sum_{i=1}^{n} \left(X_{ji}^2 + Y_{ji}^2 + \varphi_{ji}^2 r_i^2 \right) G_i \tag{5.101}$$

当仅考虑y方向地震时：

$$\gamma_{tj} = \sum_{i=1}^{n} Y_{ji} G_i / \sum_{i=1}^{n} \left(X_{ji}^2 + Y_{ji}^2 + \varphi_{ji}^2 r_i^2 \right) G_i \tag{5.102}$$

当考虑与x方向斜交θ角的地震时：

$$\gamma_{tj} = r_{xj} \cos\theta + r_{yj} \sin\theta \tag{5.103}$$

式中：r_{xj}、r_{yj}——由式(5.101)和式(5.102)求得的参与系数。

（2）考虑单向水平地震作用的扭转效应，可按下列公式确定：

$$S_{Ek} = \sqrt{\sum_{j=1}^{m} \sum_{k=1}^{m} \rho_{jk} S_j S_k} \tag{5.104}$$

$$\rho_{jk} = \frac{8\zeta_j \zeta_k (1 + \lambda_T) \lambda_T^{1.5}}{\left(1 - \lambda_T^2\right)^2 + 4\zeta_j \zeta_k (1 + \lambda_T)^2 \lambda_T} \tag{5.105}$$

式中：S_{Ek}——地震作用标准值的扭转效应；

S_j、S_k——分别为j、k振型地震作用标准值的效应，可取前 9～15 个振型；

ρ_{jk}——j振型与k振型的耦联系数；

ζ_j、ζ_k——分别为j、k振型的阻尼比；

λ_T——k振型与j振型的自振周期比。

（3）考虑双向水平地震作用下的扭转效应，可按下列公式的较大值确定：

$$S_{\mathrm{Ek}}=\sqrt{S_x^2+(0.85S_y)^2} \tag{5.106}$$

或

$$S_{\mathrm{Ek}}=\sqrt{S_y^2+(0.85S_x)^2} \tag{5.107}$$

式中：S_x——仅考虑x方向水平地震作用时的扭转效应；

S_y——仅考虑y方向水平地震作用时的扭转效应。

5.8 考虑地基与结构的相互作用的楼层地震剪力调整

在求出了各楼层质点处的水平地震作用F_i后，即可求出任一楼层i的水平地震剪力V_{Ek}。

$$V_{\mathrm{Ek}i}=\sum_{r=i}^{n}F_r \tag{5.108}$$

《抗震规范》规定，抗震验算时，结构任一楼层的水平地震剪力应符合下式要求：

$$V_{\mathrm{Ek}i}>\lambda\sum_{r=i}^{n}G_r \tag{5.109}$$

式中：G_r——第r层的重力荷载代表值；

λ——剪力系数，不应小于表 5.6 的数值；对竖向不规则结构的薄弱层，应乘以 1.15 的增大系数。

楼层最小地震剪力系数值　　**表 5.6**

类别	7 度	8 度	9 度
扭转效应明显或基本周期小于 3.5s 的结构	0.016（0.024）	0.032（0.048）	0.064
基本周期大于 5.0s 的结构	0.012（0.018）	0.024（0.032）	0.040

注：1. 基本周期介于 3.5s 和 5.0s 之间的结构，可插入取值；
2. 7 度和 8 度时括号内数值分别用于设计基本地震加速度为 0.15g和 0.30g的地区。

以上的水平地震作用计算，都是在“刚性地震”的假定下进行的。实际上，地基土不是绝对刚性的，且存在较大的阻尼，地震影响时，它与基础之间也有一个相互作用问题。研究表明，当结构本身的刚度不大，地基土较柔软，而基础的刚度较好时，地基土对地震影响有衰减作用。因此，《抗震规范》规定，8 度和 9 度时建造于Ⅲ、Ⅳ类场地，采用箱基、刚性较好的筏基和桩基联合基础的钢筋混凝土高层建筑，当结构基本自振周期处于特征周期的 1.2 倍至 5 倍范围时，若计入地基与结构动力相互作用的影响，对刚性地基假定计算的水平地震剪力可按下列规定折减，其层间变形可按折减后的楼层剪力计算。

（1）高宽比$H/B<3$的结构，各楼层水平地震剪力的折减系数可按下式计算：

$$\varphi=\left(\frac{T_1}{T_1+\Delta T}\right)^{0.9} \tag{5.110}$$

式中：φ——计入地基与结构动力相互作用后的地震剪力折减系数；

T_1——按刚性地基假定确定的结构基本自振周期（s）；

ΔT——计入地基与结构动力相互作用后的附加周期（s），可按表 5.7 采用。

附加周期（s）　　表 5.7

烈度	场地类别	
	Ⅲ	Ⅳ
8	0.08	0.20
9	0.10	0.25

（2）高宽比$H/B \geqslant 3$的结构，底部地震剪力按第（1）条规定折减，顶部不折减，中间各层按线性插入值折减。

（3）折减后各楼层的水平地震剪力，应大于表 5.6 规定的剪力系数与$\sum_{r=i}^{n} G_r$的乘积。

5.9 竖向地震作用的计算

一般来说，水平地震作用是导致房屋破坏的主要原因。但当烈度较高时，高层建筑、烟囱、电视塔等高耸结构和长悬臂、大跨度结构的竖向地震作用也是不可忽视的。例如，对一些高耸结构的计算分析发现，竖向地震应力σ_v与重力荷载应力σ_G的比值$\lambda_v = \sigma_v/\sigma_G$沿建筑物高度向上逐渐增大。在 8 度、9 度烈度区，λ_v可达到或超过 1。由于地震作用是双向的，可使结构上部产生拉应力。为此，我国《抗震规范》规定，8 度和 9 度时的大跨结构、长悬臂结构、烟囱和类似高耸结构，9 度时的高层建筑，应考虑竖向地震作用。

5.9.1 结构竖向地震动力特性

分析表明，各类场地的竖向地震反应谱和水平反应谱相差不大，如图 5.7 所示。因此，在竖向地震作用计算时可近似采用水平反应谱。另据统计，地面竖向最大加速度与地面水平最大加速度比值为 1/2～2/3，对震中距较小地区宜采用较大数值。

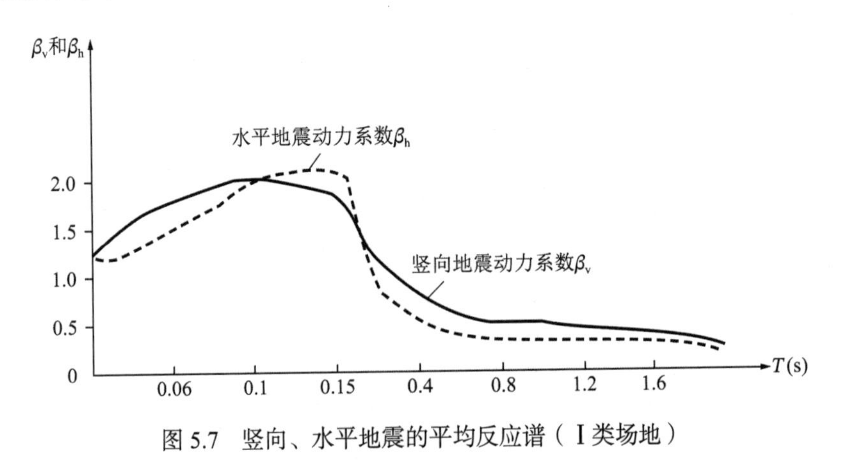

图 5.7　竖向、水平地震的平均反应谱（Ⅰ类场地）

若取竖向与水平地震系数之比$\frac{k_{av}}{k_{ah}} \approx \frac{2}{3}$。则竖向地震影响系数$\alpha_v$为：

$$\alpha_v = \frac{2}{3} k_{ah} \beta_h = \frac{2}{3} \alpha_h \approx 0.65 \alpha_h \tag{5.111}$$

式中：k_{av}、k_{ah}——竖向和水平地震系数；

α_{v}、α_{h}——竖向和水平地震影响系数。

5.9.2　反应谱法

9 度时的高层建筑，其竖向地震作用标准值可按反应谱法计算。分析表明，高层建筑和高耸结构取第一振型竖向地震作用作为结构的竖向地震作用时其误差不大。于是，可采用类似于水平地震作用的底部剪力法，计算高耸结构及高层建筑的竖向地震作用如图 5.8 所示，其计算公式为：

$$F_{\mathrm{Evk}} = \alpha_{\mathrm{vmax}} G_{\mathrm{eq}} \tag{5.112}$$

在式(5.112)中，地震影响系数α_{v}取最大值α_{vmax}，是因为结构的竖向振动基本周期较小，一般为 0.1～0.2s，故有：

$$\alpha_{\mathrm{vmax}} = 0.65\alpha_{\mathrm{hmax}} \tag{5.113}$$

结构等效重力荷载为：

$$G_{\mathrm{eq}} = \xi' G \tag{5.114}$$

式中：G——结构总重力荷载代表值；

ξ'——等效重力荷载系数，取 0.75。

第一振型接近于直线，于是质点i上的竖向地震作用为：

$$F_{\mathrm{v}i} = \frac{G_i H_i}{\sum_{j=1}^{n} G_j H_j} F_{\mathrm{Evk}} \tag{5.115}$$

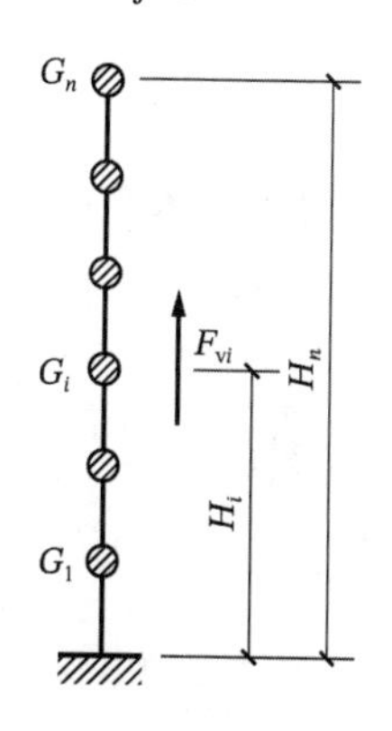

图 5.8　多质点体系的竖向地震作用

5.9.3　静力法

根据对大跨度的平板钢网架和标准屋架以及大跨结构竖向地震作用振型分解法的分析表明，竖向地震作用的内力和重力荷载作用下的内力比值，一般比较稳定。因此，《抗震规范》规定：对平板型网架屋盖、跨度大于 24m 的屋架、长悬臂及大跨度结构的竖向地震作用，其标准值为：

$$F_{\mathrm{v}i} = \lambda G_i \tag{5.116}$$

式中：G_i——构件重力荷载代表值；

λ——竖向地震作用系数，对于长悬臂及大跨结构，8 度、9 度分别取 0.10 和 0.20，设计基本地震加速度为 0.30g时，可取该结构、构件重力荷载代表值的 15%。对平板型网架、钢屋架、混凝土屋架，可按表 5.8 取值。

竖向地震作用系数λ 表 5.8

结构类型	烈度	场地类别		
		Ⅰ	Ⅱ	Ⅲ、Ⅳ
平板型网架	8	可不计算（0.10）	0.08（0.12）	0.10（0.15）
钢屋架	9	0.15	0.15	0.20
钢筋混凝土	8	0.10（0.15）	0.13（0.19）	0.13（0.19）
屋架	9	0.20	0.25	0.25

注：括号内数值用于设计基本地震加速度为 0.30g的地区。

5.10 结构自振周期和振型的近似计算

按振型分解法计算多质点体系的地震作用时，需要确定体系的基频和高频以及相应的主振型。从理论上讲，它们可通过解频率方程得到。但是，当体系的质点数多于 3 个时，手算就非常麻烦和困难。因此，在工程计算中，当采用手算时，常常采用近似法。

5.10.1 瑞利（Rayleigh）法

瑞利法也称为能量法。这个方法是根据体系在振动过程中能量守恒定律导出的。能量法是求多质点体系基频的一种近似方法。

图 5.9（a）表示一个具有n个质点的弹性体系，质点i的质量为m_i，体系按第一振型作自由振动时的频率为ω_1。假设各质点的重力荷载G_i水平作用于相应质点m_i上的弹性曲线作为基本振型。Δ_i为i点的水平位移，如图 5.9（b）所示。则体系的最大位能：

$$U_{\max}=\frac{1}{2}\sum_{i=1}^{n}G_i\Delta_i=\frac{1}{2}g\sum_{i=1}^{n}m_i\Delta_i \tag{5.117}$$

而最大动能为：

$$T_{\max}=\frac{1}{2}\sum_{i=1}^{n}m_i(\omega_1\Delta_i)^2 \tag{5.118}$$

令$U_{\max}=T_{\max}$，得体系基本频率的近似计算公式为：

$$\omega_1=\sqrt{\frac{g\sum\limits_{i=1}^{n}m_i\Delta_i}{\sum\limits_{i=1}^{n}m_i\Delta_i^2}} \tag{5.119}$$

或

$$\omega_1=\sqrt{\frac{g\sum\limits_{i=1}^{n}G_i\Delta_i}{\sum\limits_{i=1}^{n}G_i\Delta_i^2}} \tag{5.120}$$

基本自振周期为：

$$T_1 = 2\pi \sqrt{\frac{\sum_{i=1}^{n} G_i \Delta_i^2}{g\sum_{i=1}^{n} G_i \Delta_i}} \tag{5.121}$$

或

$$T_1 = 2 \sqrt{\frac{\sum_{i=1}^{n} G_i \Delta_i^2}{\sum_{i=1}^{n} G_i \Delta_i}} \tag{5.122}$$

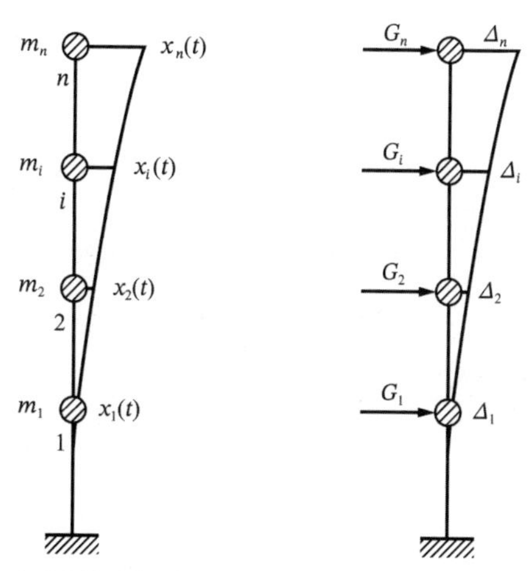

(a) 多质点体系第一振型　(b) 以G_i作为水平荷载产生的侧移

图 5.9　能量法

5.10.2　折算质量法

折算质量法是求体系基本频率的另一种常用的近似计算方法。它的基本原理是，在计算多质点体系基本频率时，用一个单质点体系代替原体系，使这个单质点体系的自振频率与原体系的基本频率相等或相近。这个单质点体系的质量就称为折算质量，以M_{zh}表示。这个单质点体系的约束条件和刚度应与原体系的完全相同。

折算质量M_{zh}与它所在体系的位置有关，如果它在体系的位置一经确定，则对应的M_{zh}也随之确定。根据经验，如将折算质量放在体系振动时产生最大位移处，则计算较为方便。

折算质量M_{zh}应根据代替原体系的单质点体系振动时的最大动能等于原体系的最大动能的条件确定。例如在计算如图 5.10(a)所示的多质点体系基本频率时，可用如图 5.10(b)所示的单质点体系代替。根据两者按第一振型振动时最大动能相等，可得：

$$\frac{1}{2}M_{zh}(\omega_1 x_m)^2 = \frac{1}{2}\sum_{i=1}^{n} m_i(\omega_1 x_i)^2 \tag{5.123}$$

进一步写成：

$$M_{zh} = \frac{\sum_{i=1}^{n} m_i x_i^2}{x_m^2} \tag{5.124}$$

式中：x_{m}——体系按第一振型振动时，相应于折算质量所在位置的最大位移，对图 5.10 而言，$x_{\mathrm{m}}=x_n$；

x_i——质点m_i的位移。

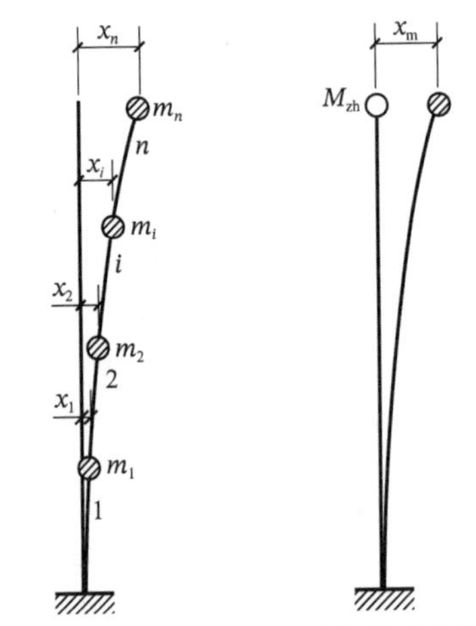

(a) 多质点体系第一振型　(b) 折算成单质点体系

图 5.10　折算质量法

对于质量沿悬臂杆高度H连续分布的体系，计算折算质量的公式为：

$$M_{\mathrm{zh}}=\frac{\int_0^H \overline{m}(y)x^2(y)\,\mathrm{d}y}{x_{\mathrm{m}}^2} \tag{5.125}$$

式中：$\overline{m}(y)$——臂杆单位长度上的质量；

$x(y)$——体系按第一振型振动时任一截面y的位移。

计算出折算质量后，就可按单质点体系计算基本频率：

$$\omega_1=\sqrt{\frac{1}{M_{\mathrm{zh}}\delta}} \tag{5.126}$$

相应的基本自振周期为：

$$T_1=2\pi\sqrt{M_{\mathrm{zh}}\delta} \tag{5.127}$$

式中：δ——单位水平力作用下悬臂杆的顶点位移。

显然，按折算质量法求基本频率时，也需假设一条接近第一振型的弹性曲线，这样才能应用上面公式。

5.10.3　顶点位移法

顶点位移法也是求结构基本频率的一种方法。它的基本原理是将结构按其质量分布情况，简化成有限个质点或无限个质点的悬臂直杆，然后求出以结构顶点位移表示的基本频率计算公式。这样，只要求出结构的顶点水平位移，就可按公式算出结构的基本频率或基本周期。

现以如图 5.11（a）所示的多层框架为例，介绍顶点位移法计算公式。将多层框架简化成均匀无限质点的悬臂直杆［图 5.11（b）］，若体系按弯曲振动，则基本自振周期为：

$$T_1=1.78H^2\sqrt{\frac{\overline{m}}{EI}} \tag{5.128}$$

或

$$T_1 = 1.78\sqrt{\frac{qH^4}{gEI}} \tag{5.129}$$

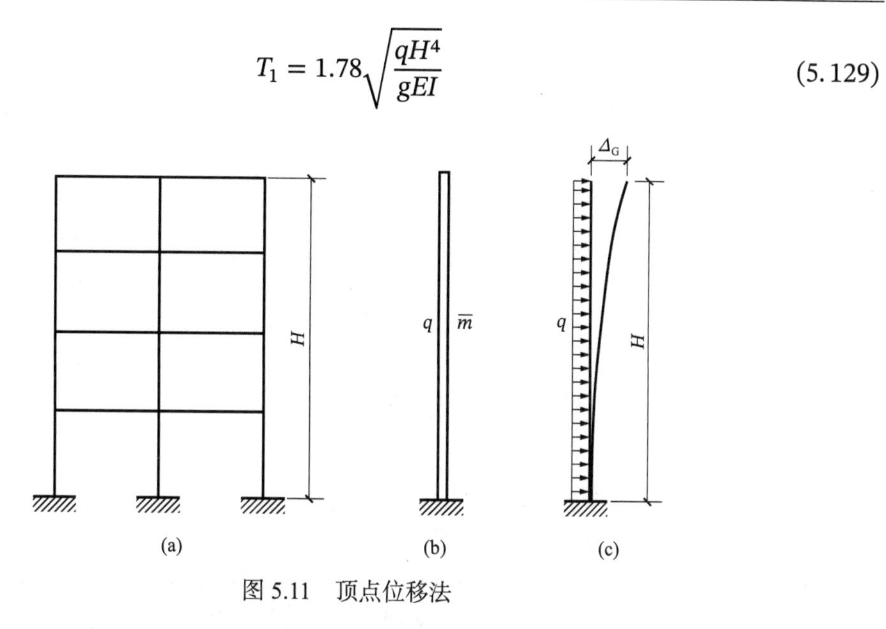

图 5.11　顶点位移法

而悬臂直杆在水平均布荷载q作用下的顶点水平位移，如图 5.11（c）所示，按下面公式计算：

$$\Delta_G = \frac{qH^4}{8EI} \tag{5.130}$$

将式(5.130)代入式(5.129)，得：

$$T_1 = 1.608\sqrt{\Delta_G} \tag{5.131}$$

若体系按剪切振动计算时，则其基本周期为：

$$T_1 = 1.28\sqrt{\frac{\xi qH^2}{GA}} \tag{5.132}$$

式中：ξ——剪应力不均匀系数；

G——剪切模量；

A——杆件横截面面积。

此时悬臂直杆的顶点水平位移为：

$$\Delta_G = \frac{\xi qH^2}{2GA} \tag{5.133}$$

将式(5.133)代入式(5.132)，得：

$$T_1 = 1.80\sqrt{\Delta_G} \tag{5.134}$$

若体系按剪弯振动计算时，则其基本周期可按下式计算：

$$T_1 = 1.70\sqrt{\Delta_G} \tag{5.135}$$

上述公式常用来计算多层框架结构的基本周期，只要计算出框架的顶点位移Δ_G（m），即可计算出其基本周期T_1（s）。

5.10.4　基本周期的修正

在按能量法和顶点位移法求解基本周期时，没有考虑非承重构件（如填充墙）对刚度的影响，这将使理论计算的周期偏长。当用反应谱理论计算地震作用时，会使地震作用偏小而趋于不安全。因此，为使计算结果更接近实际情况，应对理论计算结果给予折减，对式(5.122)和式(5.135)分别乘以折减系数，得：

$$T_1 = 2\psi_{\mathrm{T}} \sqrt{\frac{\sum_{i=1}^{n} G_i \Delta_i^2}{\sum_{i=1}^{n} G_i \Delta_i}} \tag{5.136}$$

$$T_1 = 1.70\psi_{\mathrm{T}}\sqrt{\Delta} \tag{5.137}$$

式中：ψ_{T}——考虑填充墙影响的周期折减系数，取值如下：框架结构$\psi_{\mathrm{T}} = 0.6$～0.7；框架-抗震墙结构$\psi_{\mathrm{T}} = 0.7$～0.8；抗震墙结构$\psi_{\mathrm{T}} = 1.0$。

5.11　地震作用计算的一般规定

地震作用计算应遵循的原则：

（1）一般情况下，在两个主轴方向考虑地震作用（图 5.12）；

（2）质量和刚度中心明显不重合的结构，应考虑扭转影响；

（3）有斜交的抗侧力结构，宜分别按各抗侧力结构方向考虑水平地震作用影响（图 5.13）；

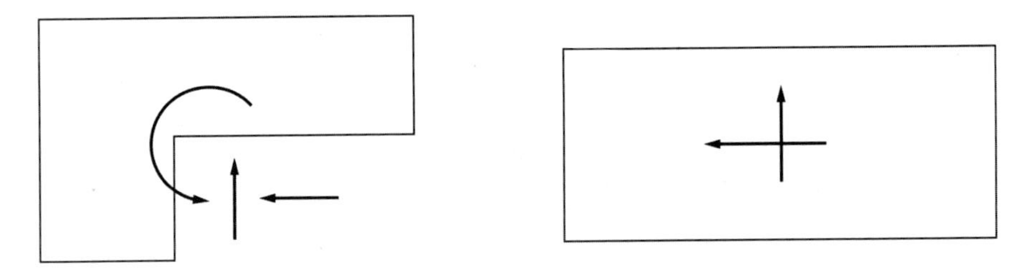

图 5.12　两个主轴方向考虑地震作用

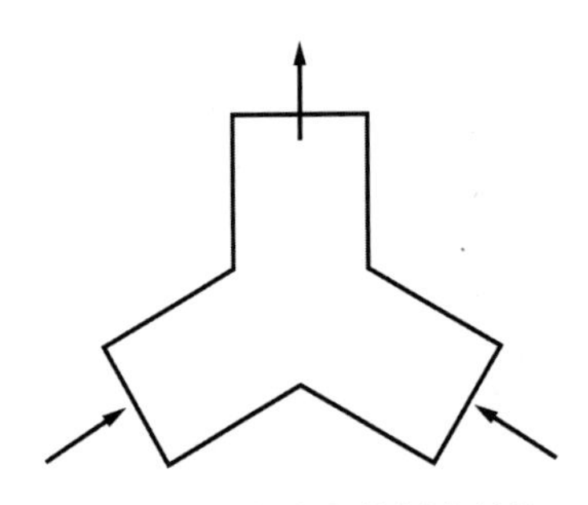

图 5.13　有斜交的抗侧力结构

（4）8 度、9 度时的大跨，长悬臂结构，烟囱和类似高耸结构，9 度时的高层建筑，应考虑竖向地震作用；

（5）底部剪力法适应高度不超过 40m，以剪切变形为主且质量和刚度沿高度分布比较均匀的结构及近似于单质点体系的结构；房屋高宽比$H/B < 4$ 的结构一般以剪切变形为主；

（6）振型分解反应谱法适用于除上述结构以外的一般建筑结构；

（7）特别不规则的（结构）建筑、甲类建筑和表 5.9 所列的高层建筑，宜采用时程分析法。

采用时程分析的房屋高度范围　　表 5.9

烈度、场地类别	房屋高度范围（m）
8 度Ⅰ、Ⅱ类场地和 7 度	> 100
8 度Ⅲ、Ⅳ类场地	> 80
9 度	> 60

采用时程分析法，宜按烈度、设计地震分组（震中距）和场地类别，选用适当数量的实际记录或人工模拟的加速度时程曲线，得到的底部剪力不应小于按底部剪力法或振型分解反应谱法计算结果的 80%。

5.12　结构的抗震验算

按《抗震规范》，结构抗震设计采用两阶段设计方法。

第一阶段设计：按多遇地震作用效应和其他荷载效应的基本组合下构件截面抗震承载力的验算，以及多遇地震作用下结构的弹性变形验算；

第二阶段设计：按罕遇地震作用下结构的弹塑性变形验算。

5.12.1　截面抗震验算

结构构件的截面抗震验算应采用下面公式：

$$S \leqslant \frac{R}{\gamma_{RE}} \tag{5.138}$$

式中：R——结构构件承载力设计值；

γ_{RE}——承载力抗震调整系数，按表 5.10 采用，γ_{RE}反映了各类构件在多遇地震烈度下“不坏”的承载力极限状态的可靠指标差异；

S——结构构件内力组合设计值（M，N，V），按下面公式计算：

$$S = \gamma_G C_G G_E + \gamma_{Eh} C_{Eh} E_{hk} + \gamma_{Ev} C_{Ev} E_{vk} + \psi_w \gamma_w C_w w_k \tag{5.139}$$

式中：γ_G——重力荷载分项系数（1.2 或 1.0）；

G_E——重力荷载代表值（恒荷载、活荷载、悬吊物重力标准值）；

C_G——重力荷载作用效应系数；

γ_{Eh}——水平地震作用分项系数（取 1.3）；

E_{hk}——水平地震作用标准值；

C_{Eh}——水平地震作用效应系数；

γ_{Ev}——竖向地震作用分项系数，仅考虑竖向地震作用时$\gamma_{Ev} = 1.3$，同时考虑水平与竖向地震作用时$\gamma_{Ev} = 0.5$；

C_{Ev}——竖向地震作用效应系数；

E_{vk}——竖向地震作用标准值；

ψ_w——风荷载组合系数，一般结构可不考虑，风荷载起控制作用的高层建筑$\psi_w = 0.2$；

γ_w——风荷载分项系数（取 1.4）；

C_{w}——风荷载效应系数；

w_{k}——风荷载标准值。

承载力抗震调整系数γ_{RE}　　表 5.10

材料	结构原件	受力状态	γ_{RE}
钢	柱、梁	—	0.75
	支撑	—	0.80
	节点板件，连接螺栓	—	0.85
	连接焊缝	—	0.90
砌体	两端均有构造柱，芯柱的抗震墙	受剪	0.9
	其他抗震墙	受剪	1.0
混凝土	梁	受弯	0.75
	轴压比小于 0.15 的柱	偏压	0.75
	轴压比不小于 0.15 的柱	偏压	0.80
	抗震墙	偏压	0.85
	各类构件	受剪、偏拉	0.85

5.12.2 抗震变形验算

1. 多遇地震作用下结构抗震变形验算

多遇地震作用下结构应进行抗震变形验算，层间弹性位移应符合条件：

$$\Delta u_{\mathrm{e}} \leqslant [\theta_{\mathrm{e}}]h \tag{5.140}$$

式中：Δu_{e}——多遇地震作用标准值产生的楼层内最大的弹性层间位移，计算时除以弯曲变形为主的高层建筑外，可不扣除结构的整体弯曲变形；应计入扭转变形，各作用分项系数均应采用 1.0；钢筋混凝土结构构件的截面刚度可采用弹性刚度；

h——计算楼层层高；

$[\theta_{\mathrm{e}}]$——弹性层间位移角限值，按表 5.11 采用。

第i层层间弹性位移如图 5.14 所示，并按下式计算：

$$\Delta u_{\mathrm{e}i} = \frac{V_i}{\sum\limits_{k=1}^{m} D_{ik}} \tag{5.141}$$

式中：V_i——楼层i的地震剪力，$V_i = \sum\limits_{j=i}^{n} F_j$；

D_{ik}——第i层第k柱的抗侧刚度。

弹性层间位移角限值$[\theta_{\mathrm{e}}]$　　表 5.11

结构类型	$[\theta_{\mathrm{e}}]$
钢筋混凝土框架	1/550
钢筋混凝土框架-抗震墙、板柱-抗震墙、框架-核心筒	1/800

续表

结构类型	$[\theta_e]$
钢筋混凝土抗震墙、筒中筒	1/1000
钢筋混凝土框支层	1/1000
多、高层钢结构	1/300

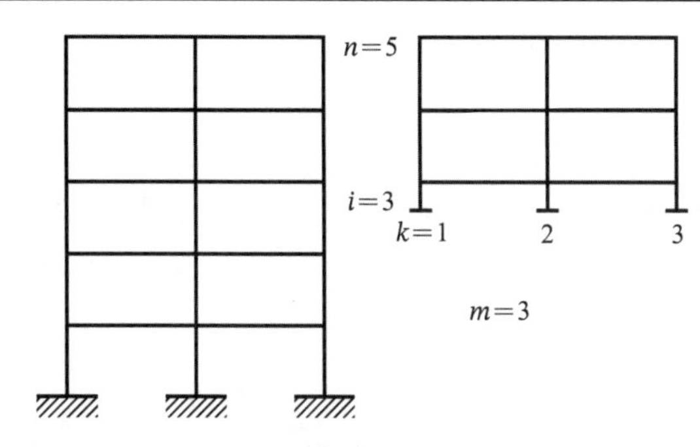

图 5.14　框架楼层弹性位移计算简图

2. 罕遇地震烈度下结构的弹塑性位移验算

（1）计算范围

①8 度Ⅲ、Ⅳ类场地和 9 度时高大的单层钢筋混凝土柱厂房；

②7～9 度时楼层屈服强度系数$\xi_y < 0.5$的框架结构或底层框架砖房；

③甲类建筑中的钢筋混凝土结构。

（2）计算方法

①简化方法

此方法适用于不超过 12 层且刚度无突变的框架结构、填充墙框架结构及单层钢筋混凝土柱厂房。

$$\Delta u_p = \eta_p \Delta u_e \tag{5.142}$$

式中：Δu_p——弹塑性层间位移；

Δu_e——罕遇地震作用下按弹性分析的层间弹性位移（按罕遇地震下的α_{max}，用弹性方法计算）；

η_p——弹塑性位移增大系数，当薄弱层（部位）的屈服强度系数ξ_y不小于相邻层ξ_y的 0.8 时，可按表 5.12 采用；当不大于相邻层ξ_y平均值的 0.5 时，可按表内数值的 1.5 倍采用；其他情况可采用内插法取值。

弹塑性层间位移增大系数 η_p　　　　**表 5.12**

结构类型	总层数n或部位	ξ_y		
		0.5	0.4	0.3
多层均匀框架结构	2～4	1.3	1.40	1.60
	5～7	1.50	1.65	1.80
	8～12	1.80	2.00	2.20
单层厂房	上柱	1.30	1.60	2.00

$$\xi_y = \frac{V_y}{V_e} \tag{5.143}$$

式中：V_e——在罕遇地震作用下楼层弹性地震剪力；

V_y——按构件实际配筋和材料强度标准值计算的楼层受剪承载力，如图 5.15 所示。

$$V_y = \sum V_{yi} = \sum \frac{M_{yi}^{上} + M_{yi}^{下}}{h_i} \tag{5.144}$$

罕遇地震下的弹塑性层间位移应符合下式条件：

$$\Delta u_p \leqslant [\theta_p] \cdot h \tag{5.145}$$

式中：$[\theta_p]$——弹塑性层间位移角限值，可按表 5.13 采用；对钢筋混凝土框架结构，当轴压比小于 0.40 时，可提高 10%；当柱子全高的箍筋构造比《抗震规范》规定的最小配箍特征值大 30%时，可提高 20%，但累计不超过 25%。

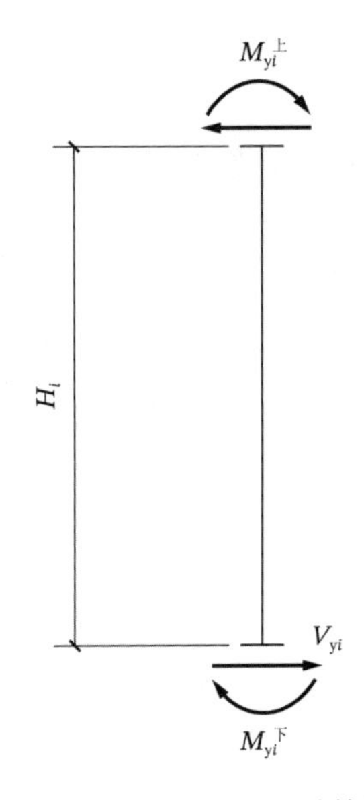

图 5.15　楼层受剪承载力计算简图

弹塑性层间位移角限值[θ_p]　　**表 5.13**

结构类型	$[\theta_p]$
单层钢筋混凝土柱排架	1/30
钢筋混凝土框架	1/50
底层框架砖房中的框架-抗震墙	1/100
钢筋混凝土框架-抗震墙、板柱-抗震墙、框架-核心筒	1/100
钢筋混凝土抗震墙、筒中筒	1/120
多、高层钢结构	1/50

②非线性动力时程分析法

对超出简化方法适用范围的其他结构，可采用静力弹塑性分析方法或弹塑性时程分析法。

复习思考题

1. 什么是地震作用？什么是地震反应？
2. 结构抗震计算有几种方法？各种方法在什么情况下采用？
3. 什么是地震反应谱？什么是设计反应谱？它们有何关系？
4. 什么是地震系数和地震影响系数？它们有何关系？
5. 一般结构应进行哪些抗震验算？以达到什么目的？
6. 什么是楼层屈服强度系数？怎样计算？
7. 哪些结构需考虑竖向地震作用？
8. 简述确定结构地震作用的底部剪力法和振型分解反应谱法的基本原理。

参考文献

[1] 郭继武. 建筑抗震设计[M]. 北京：中国建筑工业出版社, 2005.
[2] 柳炳康, 沈小璞. 工程结构抗震设计[M]. 3 版. 武汉：武汉理工大学出版社, 2023.
[3] 丁海平, 李亚娥, 韩淼. 工程结构抗震[M]. 北京：人民交通出版社, 2006.
[4] 尚守平, 周福霖. 结构抗震设计[M]. 3 版. 北京：高等教育出版社, 2015.
[5] 窦立军. 建筑结构抗震设计[M]. 2 版. 北京：机械工业出版社, 2020.

第6章 结构弹塑性地震反应分析方法

中国是一个地震多发国家，大多数地区的抗震设防烈度都在 6 度以上。因此，建筑结构抗震设计是建筑设计的重要内容。为了实现三水准的“小震不坏，中震可修，大震不倒”抗震设防目标，我国采用“两阶段设计”来实现。第一阶段，对绝大多数结构进行多遇地震（超越概率 63.2%）下的结构和构件的承载力验算和结构弹性变形验算。对多数结构，可以只进行第一阶段设计，而通过概念设计和抗震构造措施来满足三水准的设计要求。但对特殊要求的建筑、地震时易倒塌的结构以及有明显薄弱层的不规则结构等，还需要进行大震作用下结构的弹塑性变形验算。

虽然我国抗震规范规定对于不超过 12 层且层刚度无突变的钢筋混凝土框架结构、单层钢筋混凝土柱厂房可采用简化计算法，即采用弹性地震反应分析方法计算出大震作用下结构的弹性变形，然后乘以考虑弹塑性变形的增大系数来求得结构的弹塑性变形。但对于大多数结构需要进行弹塑性变形验算，还要求采用弹塑性静力分析（Pushover 方法）或弹塑性时程分析方法进行验算。

在强烈地震作用下，建筑结构的破坏和倒塌是造成人员伤亡和经济损失的直接原因，通过进行结构的弹塑性地震反应分析，可以求得在大震作用下结构的功能要求，预测震害结果和对实际震害结果进行计算分析，了解结构在地震环境下反应的全过程，寻找结构不利反应的薄弱环节。为了认识结构从弹性到塑性，逐渐开裂、损坏直至倒塌的全过程，研究控制破坏程度的条件，进而寻找防止结构倒塌的措施，也需要进行结构的弹塑性地震反应分析。当前国内外抗震设计的发展趋势，是根据对结构在不同超越概率水平的地震作用下的性能或变形要求进行设计，结构弹塑性分析将成为结构抗震设计的一个必要的组成部分。

考虑多自由度的非线性结构，在地震作用下的运动方程为：

$$[M]\ddot{u} + [C]\dot{u} + R(\dot{u}, u) = -[M]\ddot{u}_{g}(t) \tag{6.1}$$

式中：$[M]$——质量矩阵；

$[C]$——阻尼矩阵；

u、$\dot{u}$、$\ddot{u}$——位移、速度和加速度矢量；

$R(\dot{u}, u)$——恢复力矢量；

$\ddot{u}_{g}(t)$——输入地震动。

从式(6.1)可以看出，为了较为准确地进行结构弹塑性动力反应分析，所需要解决的问题有以下几个方面：确定结构力学模型，选择合适结构或构件的恢复力模型，输入合理的地震地面运动，以及确定分析方法等。

6.1　结构的力学模型

所谓结构力学模型是指能确切反映结构的刚度、质量和承载力分布的结构计算简图。对于建筑结构，分析中常采用的力学模型一般可以分为杆系模型、层间模型和杆系-层间模型三类。实际应用中，可根据计算的目的和要求的精度选择适当的力学模型。

1. 杆系模型

这种模型以构件作为基本分析单元。将梁、柱简化为以中性轴表示的无质量的杆，质量集中于各节点，利用构件连接处的位移协调条件建立各构件变形关系；再利用构件的恢复力特征，集成整个结构的弹塑性刚度，然后采用数值积分法对结构进行地震反应分析。

杆系模型中的基本构件由梁、柱单元（广义也包括剪力墙单元）组成。通常是指结构力学中主要讨论的框架结构，相当于结构分析中的有限元法，是对结构体系的详细描述和模拟。杆系模型用于地震动力反应分析和弹塑性性质描述中，通常采用以下两点假设：

（1）各杆件质量集中于节点处，即采用集中质量模型。

（2）一般主要研究构件的M-θ（弯矩-转角）或M-φ（弯矩-曲率）非线性关系，而剪切项（剪力与变形关系）一般假设与弯曲刚度成比例。

杆系模型分为二维模型和三维模型，如图 6.1 所示。通常把二维模型称为平面模型，三维模型称为空间模型。

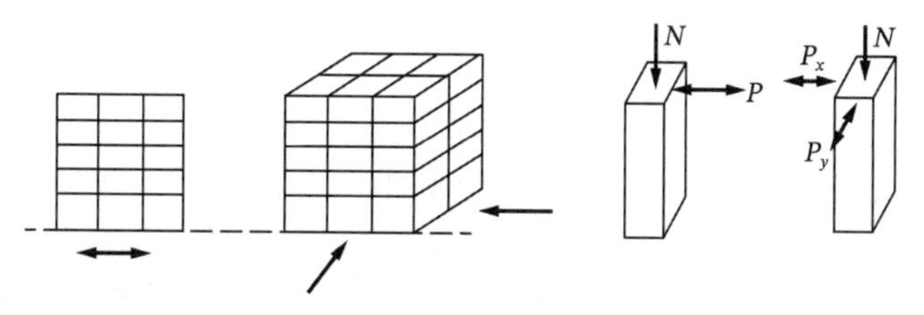

图 6.1　结构杆系二维模型和三维模型及其竖向构件受力情况（忽略弯矩）

对于二维和三维模型，除计算工作量的大小和问题的复杂程度不同以外，最主要的差别是两者之间的竖向构件的横向承载力有较大区别。竖向构件柱端屈服弯矩与轴力的大小有关，同时两水平弯矩相互影响。一般情况下想要实时模拟动力反应中轴力的变化对柱端屈服弯矩的影响是很困难的，虽然在研究中也做过这方面的尝试，但实际应用较少。另一种处理方法是假设轴力不变，直接采用自重作用下的静力分析结果或基于一定假设而近似考虑地震作用的影响，这一处理方法比完全不考虑轴力影响的分析要合理，但能否合理反映大震作用下的情况有待讨论。

平面模型中，竖向构件（柱、墙）的横向恢复力特性受竖向力与单向的水平力影响。单向受力（水平力）的弯矩和轴力的M-N相互作用图为二维曲线。

空间模型中，竖向构件的横向恢复力特性受竖向力和双向水平力耦合作用的影响。双向水平力对构件的刚度、承载力都有影响，至今尚无公认的恢复力模型。双向受力（水平力）的弯矩和轴力的M-N相互作用图为空间曲面。

2. 层间模型

层间模型是将结构质量集中于各楼层，而将每一层内所有的构件合并为一个单一的构件，采用一个单一的恢复力特性曲线综合各柱构件的弹塑性特征，如图 6.2 所示。根据不同类型结构在地震作用下侧向位移曲线的不同特征，层间模型又分为层间剪切模型、层间弯曲模型和层间弯剪模型。

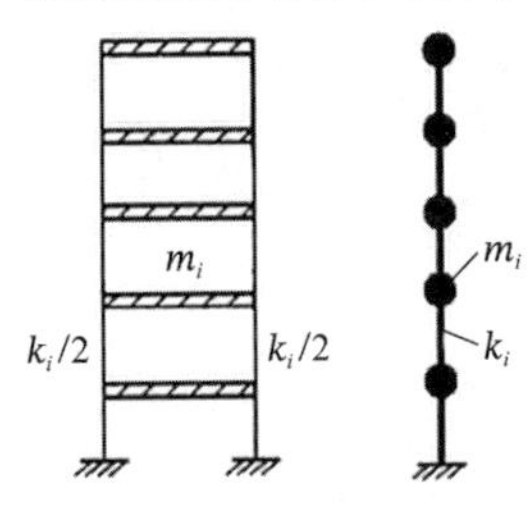

图 6.2　结构层间剪切模型

层间剪切模型是一种最简单的层间模型，它不考虑楼层的变形，结构变形集中在竖向抗侧构件上，因此可将每层中所有抗侧力构件合并成一个总的层间抗剪构件来进行计算。这种模型能快速、扼要地提供工程设计上所需的层间剪力和层间位移，但是仅适用于以剪切变形为主的规则结构，不能考虑整体弯曲的影响，采用这种计算方法只能得到结构在地震作用下的宏观反应，无法考虑水平地震作用引起的竖向荷载变化对结构的影响，无法反映每个构件的地震反应。层间剪切模型最适合用于强梁弱柱型框架类的结构体系。这种模型的主要计算困难在于弹塑性层间刚度的确定。

层间弯剪模型与层间剪切模型的不同之处：在确定层刚度时，考虑框架梁的变形以及上、下层之间的相互影响。此种模型是在层间剪切模型的基础上，增加了一个反映弯曲变形的弯曲弹簧。其适用于强柱弱梁型框架，也可用于框架-剪力墙、框架-支撑等结构体系。

层间弯曲模型，在确定层刚度时，每个质点仍考虑平动和转动自由度，但层间单元仅考虑弯曲变形。主要适用于弯曲型结构，如高层剪力墙结构等。

层间模型是高度简化的力学模型，采用这一模型可以大大简化动力弹塑性分析过程，节省计算时间。但层间模型参数的合理确定存在相当的难度，同时用高度简化的模型也无法合理描述楼层整体的弹塑性性质。

3. 杆系-层间模型

杆系-层间模型综合了杆系模型与层间模型的特点，将每层质量集中于质心，对平面分析每层仅考虑集中质量的水平振动，忽略其他方向的振动，对空间分析每层考虑两个方向的水平振动及楼层平面内的扭转振动。杆系-层间模型在形成结构刚度矩阵时，以杆件作为基本单元，假设楼板平面内刚度为无限大，组装成静力总刚度后，采用静力凝聚或每层加单位力的方法求出与动力自由度相对应的动力刚度矩阵。

结构本身为杆系模型，以结构的构件为基本分析单元，将梁、柱构件简化为以中性轴表示的无质量杆，将质量集中于各节点，通过一定假设进行自由度凝聚，降低动力自由度，用层间模型进行时域动力分析计算。例如，在分析水平地震作用下结构地震反应时，假设楼板的平面内刚度为无穷大，则每一楼层在水平面内仅有三个自由度：两个平动和一个转动自由度；如果再忽略杆系中各节点的转动惯量，同时不考虑竖向惯性力的影响（与水平地震作用相比，竖向地震作用往往较小），则另外两个转动方向和竖向的动力自由度将不存在。经静力凝聚后，每层结构的动力自由度仅为三个，动力分析模型变成等效的层间模型，可使动力计算工作量大为节省。

杆系-层间模型的动力弹塑性时程分析采用以下循环步骤：

（1）用杆系模型计算每一时间步结构的刚度，输入层间模型中。

（2）用层间模型计算地震作用下结构的动力反应，得到结构的位移。

（3）根据计算得到的结构的位移，再用杆系模型计算构件的内力、变形等。循环以上计算步骤可以完成结构的弹塑性时程分析。

结构分析设计软件 TBSA 采用了空间薄壁结构假设模拟结构总体动力反应，属于杆系-层间模型。

6.2　构件刚度模型

当结构处于弹性阶段时，结构的刚度矩阵系数是不随时间变化的，但是在进入非弹性阶段，个别杆件进入弹塑性工作阶段后，单元刚度矩阵必然发生变化。因此，杆件的刚度随结构破坏状态的改变而改变，计算时需不断修改刚度矩阵。

结构弹塑性分析时要建立两种数学模型：刚度沿杆件分布的模型和往复荷载下力-变形关系模型，即恢复力模型。

采用杆系模型或建立层间模型时，都需要建立构件（梁、柱、墙、节点）的刚度模型。目前常用的构件的非线性模型主要有单分量模型、多分量模型、离散单元模型、多轴弹簧模型、墙模型、纤维模型等。

1. 单分量模型

单分量模型在杆端及杆的若干部位设置刚塑性或弹塑性铰来刻画杆件的弹塑性性能，构件两端的弹塑性特征参数被假定为相互独立的，一旦杆端截面弯矩达到屈服值时即形成塑性铰，所有塑性变形均集中在理想的塑性铰上。此模型采用了集中塑性假定：单元的塑性变形集中发生在两端截面；图 6.3 给出了基于截面理想弹塑性弯矩-曲率关系，水平荷载作用下典型框架弯矩图和塑性铰位置。

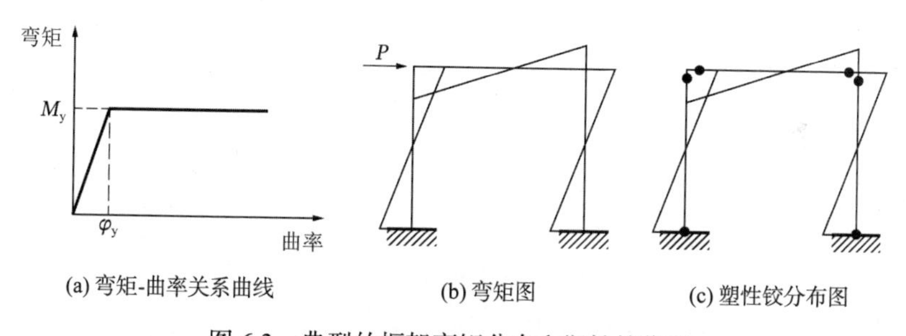

(a) 弯矩-曲率关系曲线　　(b) 弯矩图　　(c) 塑性铰分布图

图 6.3　典型的框架弯矩分布和塑性铰位置

单分量模型的优点：杆端弹塑性变形仅取决于本杆端弯矩，这样杆端弹簧可以采用任何弯矩-转角（或曲率）滞回关系，计算量亦较小。但由于杆端的弯矩-转角关系与曲率沿杆长分布有关，一端的弯矩-转角关系实际取决于两端的弯矩值（更直观地说是取决于反弯点的位置）。因此，为建立弯矩-转角关系，一般假设反弯点在杆的中间点，即变形和弯矩反对称。

单分量模型的不足：假设塑性变形集中于杆端与实际情况不符，同时假设杆件反对称变形也限制了单分量模型的适用范围。该模型的适用范围为低层框架结构，此类结构中柱的反弯点居中，较为符合单分量模型的假设。

2. 多分量模型

1）双分量模型

双分量模型最早是由 Clough 提出的，该模型用两根平行杆模拟构件，一根表示屈服特性的理想弹塑性杆，一根表示硬化特性的完全弹性杆，非弹性变形集中在杆端的集中塑性铰处。两个杆件共同工作，当单元一端弯矩等于或大于屈服弯矩M，且处于加载状态时，该端理想弹塑性杆形成塑性铰；卸载过程中，杆端弯矩小于屈服弯矩时塑性铰消失。与单分量模型相同，杆端弯矩-转角关系取决于两端弯矩。由于两个假想杆件共同受力，则梁单元的刚度矩阵可由两个假想杆件刚度矩阵组合而成，如图 6.4 所示。弹性杆用以反映杆端进入塑性变形后的应变硬化性能。弹塑性杆决定了杆端的屈服，而弹性杆模拟了强化规律。

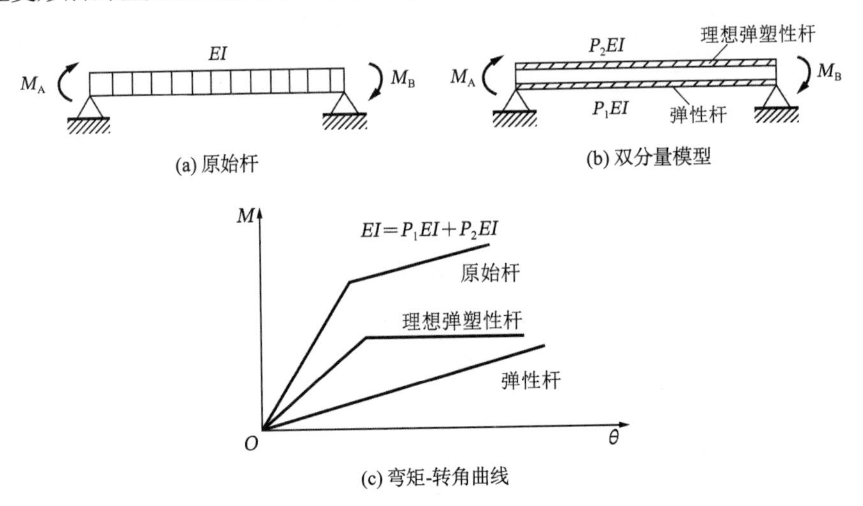

图 6.4　双分量模型及其双线型恢复力骨架曲线

该模型具有清晰的力学概念，能反映不同变形机理对构件滞回性能的影响，还能考虑两个杆端塑性区域间的耦合关系，但是由于它采用的是双线型恢复力模型，因而在结构的非线性分析中受到限制，无法模拟连续变化的刚度和刚度退化。

2）三分量模型

在双分量模型的基础上，综合考虑混凝土开裂非线性的影响，提出了三分量模型。假设杆件由三根不同性质的分杆组成，其中一分杆是弹性分杆，表述杆件的弹性变形性质；另二分杆是弹塑性分杆，一分杆表述混凝土的开裂性质，另一分杆表述钢筋的屈服。

三分量模型可以反映杆端的弯曲开裂、屈服弯矩、屈服后应变硬化特征，为三线型恢复力模型。图 6.5 给出了三分量模型及三线型恢复力骨架曲线。由于采用了反弯点位于杆中间点的假设，三分量模型要求杆件两端屈服弯矩相同。

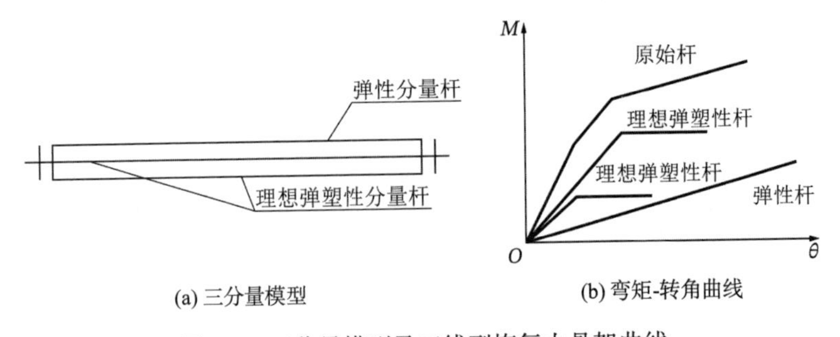

图 6.5　三分量模型及三线型恢复力骨架曲线

3）四分量模型

四分量模型用四根平行杆模拟实际的杆：弹性杆 + 两端铰的塑性杆 + 左（上）端铰的

塑性杆 + 右（下）端铰的塑性杆，如图 6.6 所示。四分量模型和三分量模型一样，为三线性恢复力模型，可以考虑混凝土梁、柱构件的开裂、屈服和强化。与三分量模型不同的是四分量模型的两端可以规定不同的屈服弯矩。

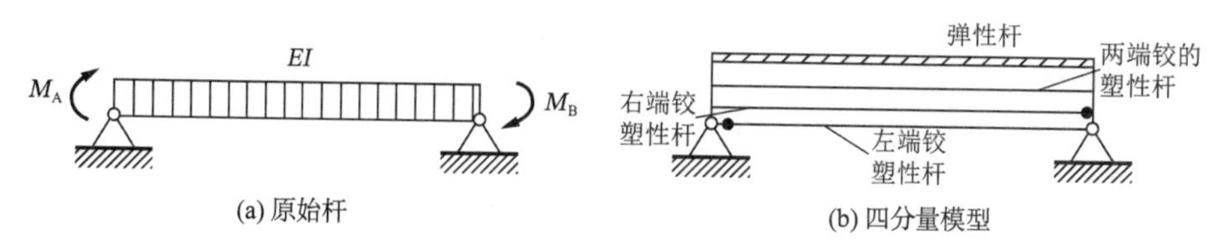

(a) 原始杆　　(b) 四分量模型

图 6.6　四分量模型

3. 离散单元模型

杆件的刚度沿杆轴的分布是不同的，可以沿长度将杆件分段，在每一微元段中刚度是均匀的，不同微元段可以赋予不同的非线性滞回特性。

离散单元模型可以用来模拟杆件中实际存在的塑性区。弹塑性区的长度和刚度可以根据截面当前的内力状态和弯矩-曲率恢复力模型来确定。离散单元模型中的每一微元段一般是采用有限元法中的梁单元模型模拟；也可以采用另外一种离散方法——刚体离散元进行分析，这一模型同样将杆件沿长度分段，但每一微元段均为不会发生形变的刚性杆，两刚性杆之间用弹塑性弹簧相连，连续杆的变形和弹塑性状态用一系列弹塑性弹簧反映，如图 6.7 所示。

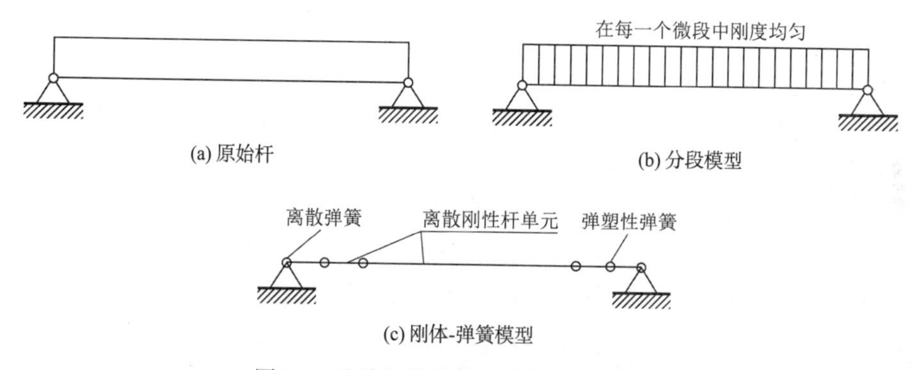

(c) 刚体-弹簧模型

图 6.7　连续杆件及其两种离散单元模型

离散单元模型可实现对结构更精确的模拟和分析，但用于实际结构分析时存在的主要问题是离散化后的计算模型自由度多，导致数据的存储量和分析的计算量过大。另外，对于承重柱模拟时，如何处理双向弯矩相互影响的弯矩和轴力的*M-N*相互作用关系也是需认真考虑的内容。

4. 多轴弹簧模型

1）多轴弹簧模型（MS 模型）

多轴弹簧模型由两个多轴弹簧构件（简称 MS 构件）和一个弹性构件组成，如图 6.8 所示。多轴弹簧模型是一种比较精细的计算模型，由 1 组表达钢筋材料或混凝土材料刚度的轴向弹簧组成，可以考虑结构中每个构件的力和变形关系，找出比较准确的薄弱部位，得到每个构件的反应结果。该模型用于考虑钢筋混凝土构件双向弯曲和轴向力之间的相互作用。

图 6.8 中的弹塑性柱可以看成由 1 个线弹性梁单元（位于中部）与 2 个多轴弹簧单元（位于两端）共同组成。而多轴弹簧构件可以看成是由 5 个混凝土弹簧与 4 个纵筋弹簧构成。其中，混凝土和纵筋弹簧均沿杆的轴向布设，5 个混凝土弹簧中，一个位于杆横截面的中心，用以描述核心约束混凝土，其余 4 个布设于横截面边缘靠角点处，用以描述其余的混凝土的影响；4 个纵筋弹簧布设位置与 4 个边缘混凝土弹簧位置重合或相近，以描述纵向钢筋的影响。

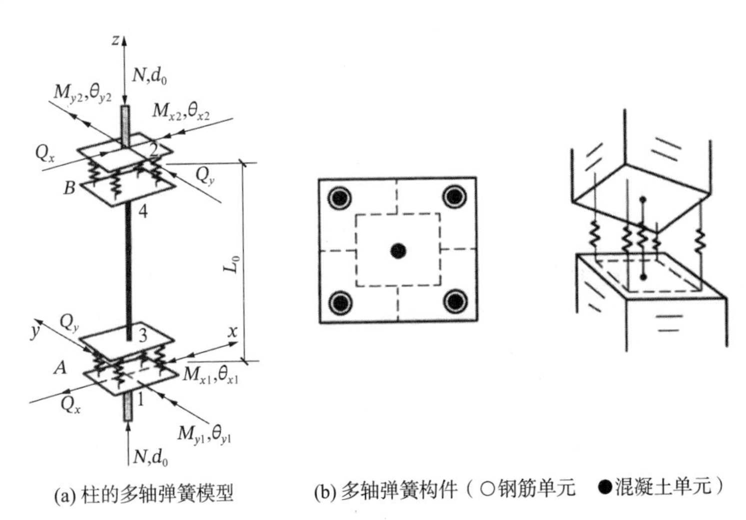

(a) 柱的多轴弹簧模型　　(b) 多轴弹簧构件（○钢筋单元　●混凝土单元）

图 6.8　多轴弹簧模型示意图

该模型比较适用于塑性区集中在构件两端的情况，实际柱构件在较大侧向荷载作用下两端的弯矩大多接近反对称分布，此时构件中间段弯矩较小可认为处于弹性变形阶段，因此用这种模型来模拟柱在大多数情况下是合理的。

以上为早期常用的集中塑性铰多轴弹簧模型，它不考虑塑性区段的剪切变形，认为弹簧塑性区域的长度为零。后经改进，考虑剪切弹性变形影响的塑性区段的多轴弹簧模型被提出并应用。但在实际情况中，弹塑性单元模型里每个弹簧区域同时受轴力和剪力，在材料线性阶段，这两者之间的应力-应变关系相互独立，进入非线性阶段后，弹塑性的轴向变形和剪切变形之间会有相互耦合影响。针对这一问题，方明霁和李国强等提出了考虑剪切变形对弹塑性刚度影响的多轴弹簧模型的空间梁柱单元。

早期多轴弹簧模型仅采用较少的弹簧来表达钢筋混凝土构件，这主要是因为受到当时计算机性能的限制。近年来，通过增加更多的混凝土弹簧模拟塑性区混凝土的力学和几何性质，有将混凝土部分进一步细化的趋势，相应的钢筋弹簧的个数也可根据需要增加，使该模型得到了改进。

2）共轴多弹簧模型

所谓共轴（或称同轴）是指多弹簧单元中的多个弹簧布设在同一轴线上。这一多弹簧模型的优点是很容易与梁单元实现连接，而不需要额外的考虑。

非线性共轴多弹簧单元由 6 个弹簧构成，模拟 6 个变形自由度，即单元两节点(i, j)之间的 1 个轴向、1 个扭转、2 个剪切和 2 个弯曲变形。图 6.9 为较具代表性且已实用化共轴多弹簧单元的双向视图，6 个弹簧实际处于同一轴线。

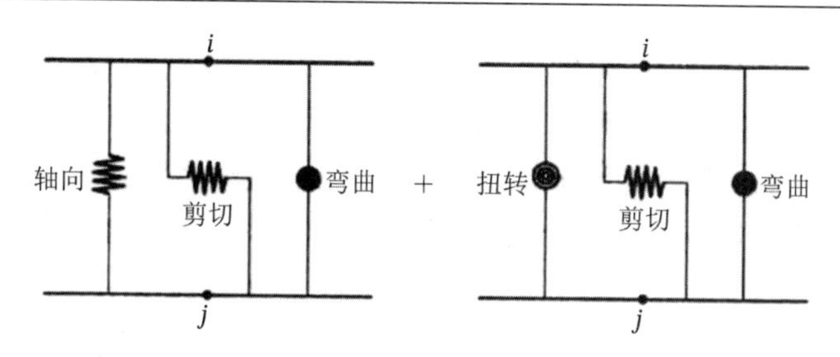

图 6.9　共轴多弹簧模型

由 6 个弹簧构成的共轴多弹簧模型中的每一个弹簧都可以是非线性的，所以两节点 6 弹簧单元可以模拟单元轴向、双向弯矩（曲）、剪切和扭转（矩）变形的非线性关系。

非线性共轴 6 弹簧单元可用于模拟塑性区，当然也可以模拟塑性铰。这一模型目前已在结构软件 SAP2000 中实现。在 SAP2000 中每一个弹簧的弹塑性性质可用内时模型模拟。

5. 墙模型

剪力墙非线性分析的模型可分为两大类，一类为基于固体力学的微观模型。微观单元模型要求将结构划分为足够小的单元，因此计算量较大，只适用于构件或较小规模结构的非线性分析，对于大型结构的非线性分析，微观单元模型是不适用的。另一类为以一个构件为一个单元的宏观模型，这类模型是通过简化处理将剪力墙化为一个非线性单元，这种模型存在一定的局限性，一般只有在满足其简化假设的条件下，才能较好地模拟结构的真实形态。由于宏观模型相对简单，从实际结构分析考虑，仍是目前钢筋混凝土剪力墙研究和使用中最主要的模型。下面讨论常用的剪力墙宏观模型。

1）柱模型

如图 6.10 所示，剪力墙柱模型对矩形剪力墙的上下两对节点分别用刚性梁连接，在两刚性梁中点的连线（轴线）上串联布设转动弹簧、轴向弹簧和剪切弹簧，可以反映剪力墙的弯曲变形、剪切变形和竖向变形。

2）斜撑模型

斜撑模型中，剪力墙的上下两对节点仍然分别用刚性梁连接，在剪力墙的四个节点之间分别布设两竖向（轴向）杆和两交叉的斜撑杆，如图 6.11 所示。弯曲变形由轴向变形代表，剪切变形由斜撑变形代表。斜撑模型对于以剪切变形为主的剪力墙比较有效。

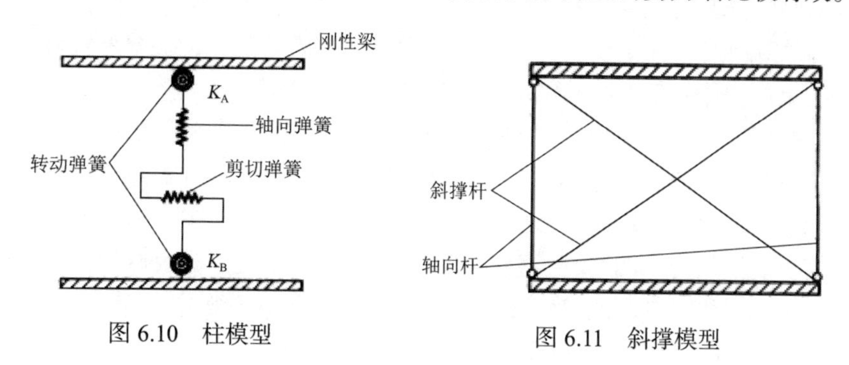

图 6.10　柱模型　　图 6.11　斜撑模型

3）三垂直杆单元模型（TVLEM）

Kabeyasawa 等在 1984 年提出了宏观三垂直杆单元模型，如图 6.12 所示。三个垂直杆单元由位于楼层上下楼板位置处的无限刚性梁连接。其外侧的两个杆单元代表了墙的两边柱的轴向刚度，中间的单元由垂直、水平和弯曲弹簧组成，各代表了中间墙板的轴向、剪切和弯曲刚度，墙体滞回特性由这三个杆单元分别模拟。这个模型的主要优点是克服了等效梁模型的缺点，能模拟墙横截面中性轴的移动，而且物理意义清晰，但弯曲弹簧刚度的确定存在一定的困难，弯曲弹簧的变形也很难与边柱的变形协调。

Milev 对三垂直杆单元模型进行了改进，用二维平面单元来代替原模型的中心杆单元，用非线性有限元分析的方法得到模型中部二维平面单元的非线性滞回特性。Vulcano 和 Bertero 对三垂直杆模型作了进一步的简化，去掉了三元件中滞回特性比较难确定的拉压杆弹簧，将其刚度以及滞回特性包括在弯曲弹簧中，从而形成一个两元件模型。孙景江等推导了二元件模型墙单元的刚度矩阵，并对剪切弹簧和弯曲弹簧恢复力骨架曲线的取值给出了简单实用的算法，具有较高的精度。

4）多垂直杆单元模型

为解决三垂直杆单元模型中弯曲弹簧和两边柱杆元相协调的问题，Vulcano 和 Bertero 提出了一个修正模型，即多垂直杆模型。在多垂直杆模型中，用几个垂直弹簧来替代弯曲弹簧，剪力墙的弯曲刚度和轴向刚度由这些垂直弹簧代表，剪切刚度由一个水平弹簧代表，如图 6.13 所示。这样，只需给出单根杆件的拉压或剪切滞回关系，而避免了弯曲弹簧滞回关系难以确定的问题，同时还可以考虑中性轴的移动。模型中剪切弹簧距离底部刚性梁的距离h_c代表了弯曲中心的位置，应该根据层间曲率分布加以确定。但在实际应用中存在很多困难，不同学者给出了不同取值方法，一般在 0.33～0.5 倍层高之间。多垂直杆元模型是目前使用最广的非线性剪力墙模型。

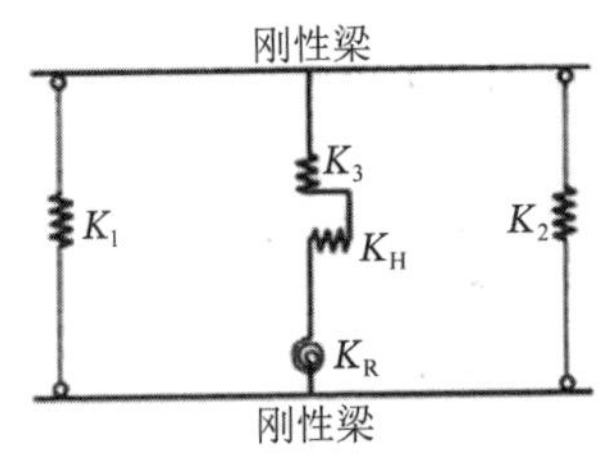

图 6.12　三垂直杆单元模型

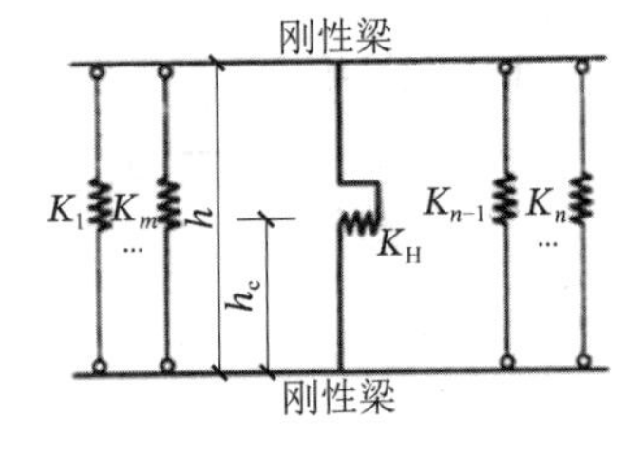

图 6.13　多垂直杆单元模型

5）四弹簧模型

1994 年，瑞士学者 Linda 等在三垂直杆单元模型的基础上，根据悬臂墙的弹性理论和有代表性的单片墙体的动力试验结果，提出了四弹簧模型。与三垂直杆单元模型相比，四弹簧模型忽略了三垂直杆单元模型的中心弹簧组件中的弯曲弹簧，墙的抗弯能力由单元两侧受力的两根非线性弹簧K_1、K_2来代替；墙的抗剪能力由中心弹簧组件中的水平非线性弹簧K代表；墙的轴向刚度则由单元两侧的非线性弹簧K_1、K_2和中心弹簧中的竖向线性弹簧K_3共同代表。研究认为，四弹簧模型比带刚域的柱模型能更好地反映剪力墙弯曲受力时左右墙的不对称性，适合在框架-剪力墙结构弹塑性地震反应分析中应用。

6）CANNY 多轴弹簧单元和纤维墙模型

基于柱的多轴弹簧单元，CANNY 中给出了剪力墙的多轴弹簧单元模型，如图 6.14 所示。纤维墙模型用纵向纤维束表达钢筋或混凝土材料的刚度，模拟柱或剪力墙单元某一个截面的弯矩-曲率关系和轴力-轴向应变关系以及两者之间的相互作用。纤维墙单元是指将墙板和边缘柱或翼墙离散为纤维束，每个纤维基于材料的应力-应变关系，纤维束通过平截面假定建立联系，考虑墙体弯矩和轴力间的相互作用以及分布非线性；墙板、边缘柱或翼墙的剪切变形分别用剪切弹簧表示，如图 6.15 所示。程序中为了简便，这种关系只建立在杆端两个截面上，通过假定柔度沿杆轴方向线性分布或抛物线分布，求得杆端变形。

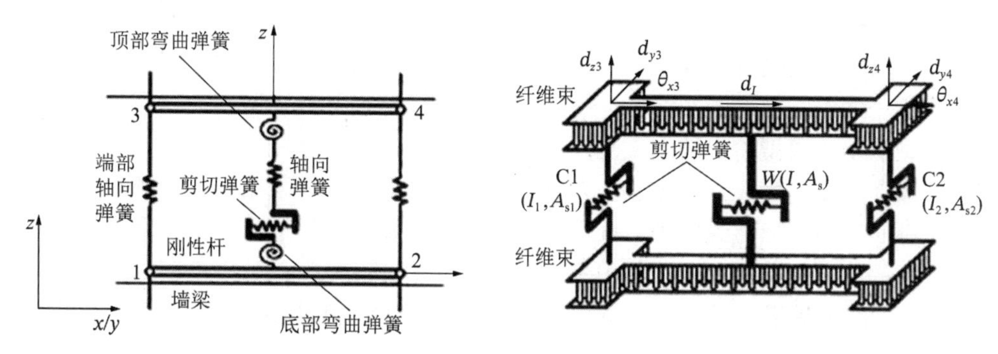

图 6.14　剪力墙多轴弹簧单元模型　　图 6.15　纤维墙模型

7）有限元宏模型

有限元宏模型是先采用有限元法将剪力墙离散，然后采用平截面假设对单元位移进行约束，再利用静力凝聚法消去内部自由度，最后形成剪力墙单元。这一模型可以较好地模拟剪力墙中刚度的分布和变化，但相应地也增加了工作量。

6. 纤维模型

纤维模型就是将杆件截面划分成若干纤维，每个纤维均为单轴受力，并用材料单轴应力-应变关系来描述该纤维材料的受力特性，纤维间的变形协调则采用平截面假定。对于长细比较大的杆系结构，纤维模型具有以下优点：

（1）纤维模型将构件截面划分为若干混凝土纤维和钢筋纤维，通过用户自定义每根纤维的截面位置、面积和材料的单轴本构关系，可适用于各种截面形状。

（2）纤维模型可以准确考虑轴力（单向和双向）和弯矩的相互关系。

（3）由于纤维模型将截面分割，因而同一截面的不同纤维可以有不同的单轴本构关系，这样就可以采用更加符合构件受力状态的单轴本构关系，如可模拟构件截面不同部分受到侧向约束作用（如箍筋、钢管或外包碳纤维布）时的受力性能。

纤维模型目前应用较多：如清华大学土木工程系基于纤维模型原理，编制了 THUFIBER 程序，通过引入更加完善的钢筋和混凝土本构模型，并将所编制的材料本构模型嵌入通用商用程序 MSC.MARC 结构分析软件，用于复杂受力状态下混凝土杆系结构及构件受力的数值分析；该模型在 CANNY 中已有运用，但为了简化计算该程序作了较多假设，因此对计算精度有一定的影响；OPENSEES 中的梁柱纤维模型在算法上更接近实际，能很好地模拟实际构件的反应。与有限元模型相比，纤维模型不能反映剪切变形和粘结滑移等，但剪切变形和粘结滑移在细长构件中往往相对较小，因此这种模型是模拟梁、柱单元在轴力、双轴弯矩等任意广义应力历史作用下力学性能的有效方法。

以上介绍了常用的构件非线性模型，若要合理地应用，既需要考虑构件模型的性质，也需要了解或预估结构非线性反应的特点，对于结构非线性研究，经验和理论同样重要。

6.3 恢复力模型

恢复力模型是进行结构弹塑性地震反应分析的基础。恢复力模型是数学模型，用于描述结构或构件的抗力-变形关系，可以是任何加载作用下的力-变形关系，包括往复加载，可以反映结构或构件的刚度、承载力、耗能能力。恢复力的数学模型大致有两类：一类是用复杂的数学公式予以描述的曲线型，另一类是分段线性化的折线型。

曲线型恢复力模型给出的刚度是连续变化的，与工程实际较为接近，具有模拟精度高的优点，但在刚度确定和计算方法上存在不足，因而目前较少采用。分段线性化的折线型模型在对真实力与变形曲线模拟方面不如曲线模型精度高，但这种模型计算工作量小，因而得到广泛的应用。因此，国内外很多学者都在弹塑性恢复力的数学模型方面做了大量的工作，得到了许多适用于不同情况的双线型、三线型、四线型（带负刚度段）、退化双线型、退化三线型、指向原点型、滑移型等。

现有的钢筋混凝土结构非线性分析模型中所采用的广义本构模型关系归纳起来有五种：

（1）材料模型——材料的应力-应变关系（σ-ε）。

（2）截面模型——构件截面广义内力与广义变形的关系，一般研究弯矩-曲率（M-φ）。

（3）构件模型——构件杆端力与相应变形之间的关系，即弯矩-转角（M-θ）或力-位移（P-δ）。

（4）层间模型——层间位移与相应层剪力的关系（V-δ）。

（5）总体模型——结构的总体外荷载与总体变形之间的关系，一般为基底剪力-顶点位移（V-δ）。

恢复力模型是基于试验基础的理论化，模型的建立要符合实际，便于应用。由于地震作用过程中结构的变形速度不快，且是反复多次循环加载过程。因此，可以在结构恢复力特性的试验研究基础上，加以综合、理想化而形成特定的恢复力模型。

确定恢复力模型的试验方法主要有三种：往复静荷载试验法（拟静力试验）、周期循环动荷载试验法、振动台试验法。目前，多采用往复静荷载试验法确定恢复力曲线。

恢复力模型主要由两部分组成：一是骨架曲线；二是具有不同滞回规则的滞回曲线。恢复力特性曲线充分反映了结构或构件的强度、刚度、延性、耗能能力等力学性能，是分析结构抗震性能的重要依据。

1. 骨架曲线

骨架曲线即恢复力模型的包络线，更确切地讲，是各次滞回曲线峰值点的连线，它提供了力-变形关系的包络线（和一次性加载的曲线相接近）。如果从原点出发作滞回曲线第一圈的切线，它代表初始切线刚度，如果每一圈开始加载点都作切线，可以发现随着变形（曲率或位移）不断加大，切线的坡度将不断降低，切线刚度不断减小，这就是刚度退化现象。

骨架曲线的代表形式有：弯矩-曲率、弯矩-转角、剪力-剪切变形、钢筋粘结力-滑移等关系。骨架曲线通常由静力加载试验获得，也可以根据钢筋和混凝土的应力-应变关系，由构件截面计算获得。

由于采用计算模型完整反映所有构件特性是很困难的，因此，将模型理想化，确定了一些便于计算且能反映实际情况的恢复力模型。目前采用的骨架曲线主要有：双线型、三线型、四线型以及曲线型。一般情况下，钢结构采用双线型，对于钢筋混凝土结构，由于裂缝出现、塑性区域的逐步形成等，一般采用三线型。

1）双线型

双线型骨架曲线如图 6.16 所示，其中P_y代表屈服荷载（剪力或弯矩），δ_y代表屈服位移（线位移或转角位移）。双线型骨架曲线为骨架曲线中最简单的一种，采用这一骨架曲线仅需确定构件或截面的滑移屈服特征点和屈服后骨架曲线的斜率。可以模拟简单的弹塑性模型，起始斜率即表示初始刚度。

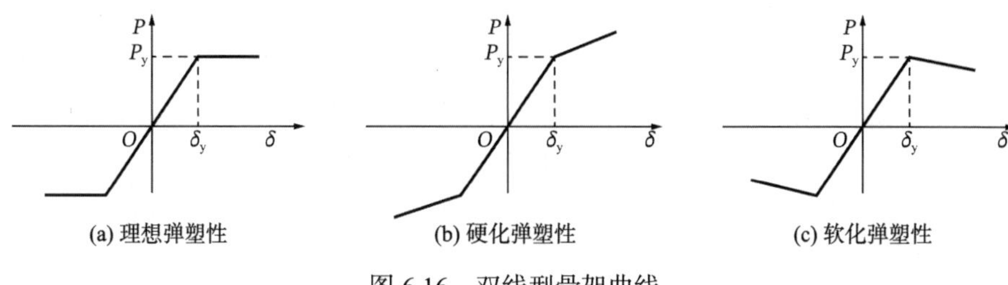

图 6.16　双线型骨架曲线

2）三线型

三线型骨架曲线如图 6.17 所示，是钢筋混凝土结构中较常用的一种，可以用于考虑构件的开裂点和屈服点，其中P_c和δ_c分别代表开裂荷载和开裂位移，P_y和δ_y分别代表屈服荷载和屈服位移。

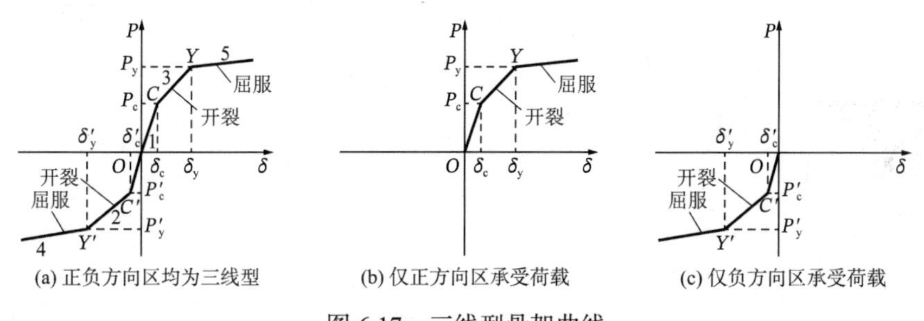

图 6.17　三线型骨架曲线

3）四线型

有时模型为了更好地模拟刚度变化趋势，也采用四线型骨架曲线。四线型骨架曲线可以用来考虑开裂点、屈服点和负刚度。负刚度是指屈服后增量刚度或切线刚度$\mathrm{d}K=\mathrm{d}P/\mathrm{d}\delta<0$的现象，如混凝土材料性能曲线，对于不具有负刚度材料性能的钢材来说，由于P-δ效应、支撑屈服等因素的影响，其滞回曲线也同样会出现负刚度现象，也就是考虑了刚度退化的情形。图 6.18 给出了常用的考虑刚度退化的四线型骨架曲线示意图。

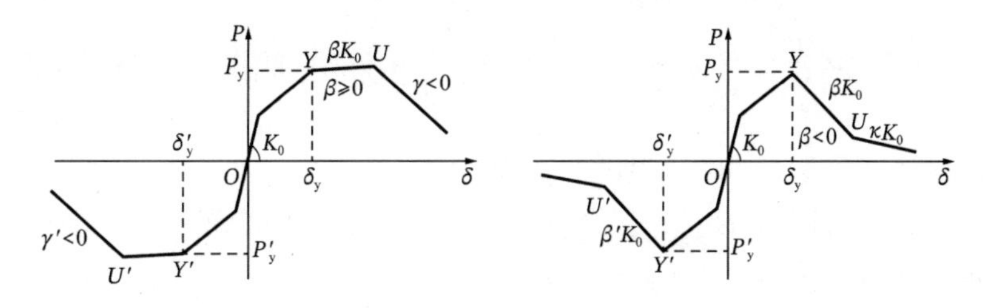

图 6.18　常用的考虑刚度退化的四线型骨架曲线示意图

4）曲线型

曲线型骨架曲线代表性的是 Ramberg-Osgood 模型和 Massing 模型，图 6.19 给出 Massing 模型骨架曲线示意图。曲线型的骨架曲线，可以较好地模拟实际构件的刚度变化形态。从试验数据中进行的模拟通常都是曲线形态，但是进行数值计算时，这种骨架曲线较难实现。

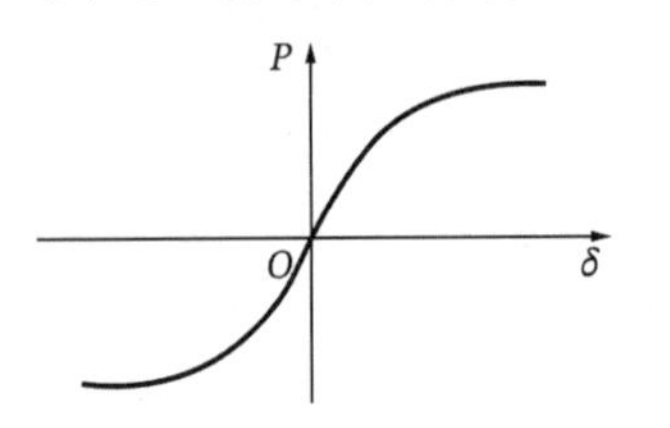

图 6.19　Massing 模型骨架曲线示意图

2. 滞回模型

滞回模型是描述反复加载下结构或构件某种作用力与变形间滞回关系的数学模型。构件或截面的力-变形的滞回过程中有几个关键的状态：加载→开裂→屈服→卸载→反向加载→屈服→卸载→再加载→……在确定滞回模型时，想要完整地反映实际的恢复力特性是极其困难的。因此，只能加以理想化，提出一些便于计算而又大体上能反映实际情况的滞回模型。下面介绍一些常用的滞回模型。

1）弯曲型滞回模型

这种模型适用于描述压弯构件，构件为非剪切破坏，无滑移、粘结破坏。

（1）非退化型。非退化型是滞回模型中最简单的一种。这一模型假设卸载刚度等于初始刚度，往复加载刚度无退化，再加载刚度等于初始刚度。常用的有：双线型模型和 Wen 模型，图 6.20 给出这两种滞回模型的示意图。

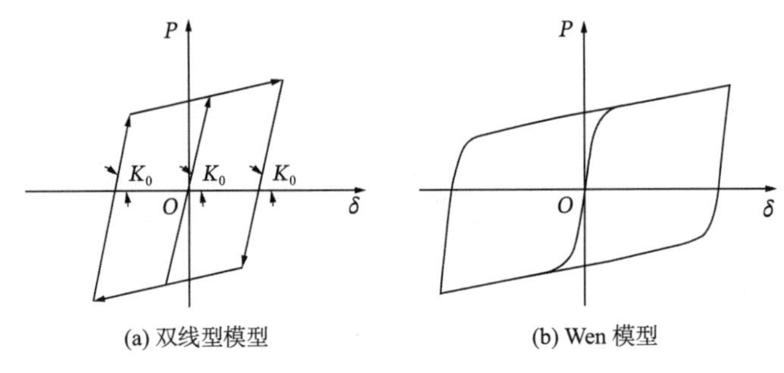

图 6.20　非退化型滞回曲线

非退化型滞回模型的曲线形状接近于梭形，在用于钢筋混凝土结构和钢结构时都存在不符的地方。例如，对于混凝土结构，屈服后卸载再加载刚度将发生退化，变形大则退化多；而对于钢结构，屈服后由于包辛格效应而发生软化。虽然存在不能较好描述结构滞回特性的缺点，但这是最简单的一种计算模型，因此也得到广泛的应用。主要适用于焊接钢结构构件，也能近似地适用于钢筋混凝土构件。

（2）Clough 双线型退化型。Clough 双线型模型是在非退化型基础上发展的，与非退化型相比，可以反映再加载刚度的退化，如图 6.21 所示。

Clough 模型简单，在具有梭形滞回曲线的受弯构件中应用广泛。Clough 模型中有两个关键部分：

①卸载刚度等于屈服（初始）刚度，即$K_r = K_y$。

②屈服后反向加载时，曲线指向反向位移最大点（若反向未屈服，则指向反向屈服点），这样即可以反映再加载刚度的退化。

Clough 退化型的骨架曲线可以是平顶或坡顶两种。该模型卸载刚度仍等于初始刚度，但再加载段考虑了刚度退化，对钢筋混凝土结构而言，该模型由于能反映材料的刚度退化因而具有较好的适应性。但模型对于压弯构件不够合理，且没有考虑材料屈服后卸载刚度的变化。

（3）改进的 Clough 模型。虽然 Clough 模型较好地反映了构件反复加载过程中的再加载刚度的退化，但还不能反映卸载刚度的退化。为此，对 Clough 模型进行了改进，以反映卸载刚度的退化。图 6.22 给出了改进的 Clough 模型滞回曲线，可以看出改进的 Clough 模型卸载刚度随变形增大不断降低。

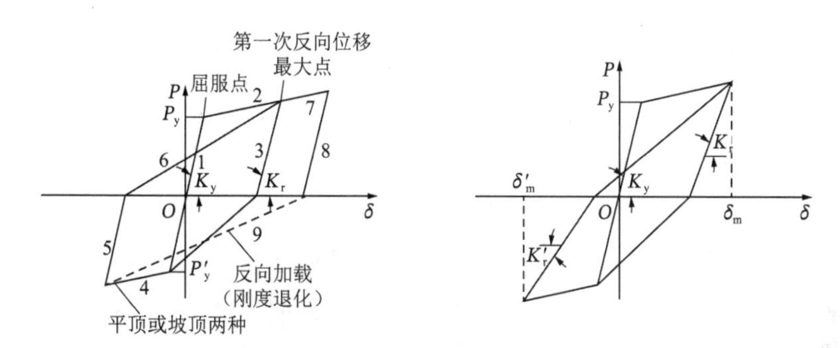

图 6.21　Clough 双线型退化型滞回曲线　图 6.22　改进的 Clough 模型滞回曲线

在改进的 Clough 模型中，卸载刚度由式(6.2)计算：

$$\begin{cases} K_{\mathrm{r}} = K_{\mathrm{y}}\left(\dfrac{\delta_{\mathrm{m}}}{\delta_{\mathrm{y}}}\right)^{-\alpha} \\ K_{\mathrm{r}}' = K_{\mathrm{y}}\left(\dfrac{\delta_{\mathrm{m}}'}{\delta_{\mathrm{y}}'}\right)^{-\alpha} \end{cases} \tag{6.2}$$

式中：K_{r}、K_{r}'——正向和负向卸载刚度；

δ_{m}、δ_{m}'——正向和负向曾达到的最大位移；

K_{y}——屈服刚度；

α——小于 1 的常数，对于钢筋混凝土构件$\alpha = 0.4 \sim 0.6$。

（4）Takeda 退化模型。Takeda 退化模型也称为武田三线型模型。它形式比较复杂，但更具有合理性，考虑刚度退化的三线型模型能较好地描述钢筋混凝土构件受力全过程的情况。该模型是在修正 Clough 模型基础上考虑了构件开裂对刚度的影响。与 Clough 模型相比，Takeda 模型有如下特点：

①考虑开裂所引起的构件刚度降低，骨架曲线为三折线。即开裂前直线用于线弹性阶段，混凝土受拉开裂后用第二段直线，纵向受拉钢筋屈服后用第三段直线。

②卸载退化刚度规律与 Clough 模型近似，即卸载刚度随变形增大而降低，具体形式为：

$$K_{\mathrm{r}} = \frac{P_{\mathrm{c}} + P_{\mathrm{y}}}{\delta_{\mathrm{c}} + \delta_{\mathrm{y}}}\left(\frac{\delta_{\mathrm{m}}}{\delta_{\mathrm{y}}}\right)^{-\alpha} \tag{6.3}$$

其中，$(P_{\mathrm{c}},\delta_{\mathrm{c}})$为开裂点，$(P_{\mathrm{y}},\delta_{\mathrm{y}})$为屈服点，$\delta$为屈服后曾达到的最大位移。

③采用了较为复杂的主、次滞回规律。其核心概括为：卸载刚度K_{r}按式(6.3)计算。主滞回反向加载按反向是否开裂、屈服分别考虑，次滞回反向加载指向外侧滞回的峰点。

武田模型共有 16 条加载规则，图 6.23 为武田模型的两种主要滞回状态。Takeda 模型能细致地刻画以受弯为主的混凝土构件非线性刚度退化的特点，故得到了广泛应用。

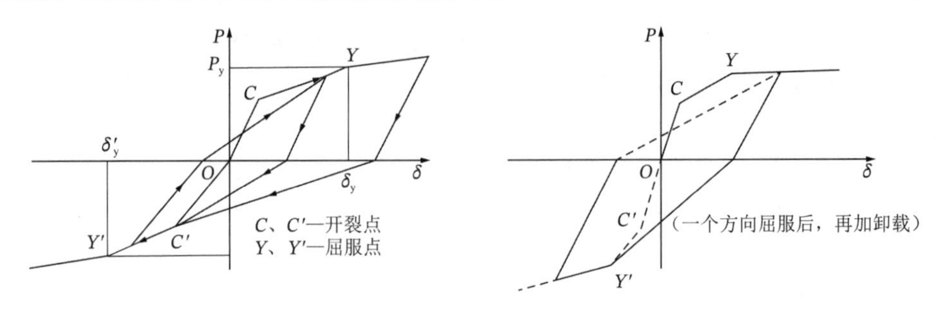

图 6.23 Takeda 模型滞回曲线

2）剪切型滞回模型

上述的几种模型均不考虑剪切破坏、粘结破坏，适用于受弯构件和压弯构件。但在地震作用下，某些构件的非弹性剪切变形是十分重要的，如在弯曲变形控制的构件塑性铰区，非弹性剪切变形可以达到塑性铰区变形的 50%。剪力墙中的非弹性剪切变形尤为突出，即使构件设计得有较高的受剪承载力，如超过相应于弯曲屈服时的受剪承载力，剪切屈服也可由弯曲屈服而诱发。因此对于剪力墙，即使具有较强的受剪承载力，也并不能保证构件仅具有弹性剪切性态。下面给出几种常用的剪切型滞回模型。

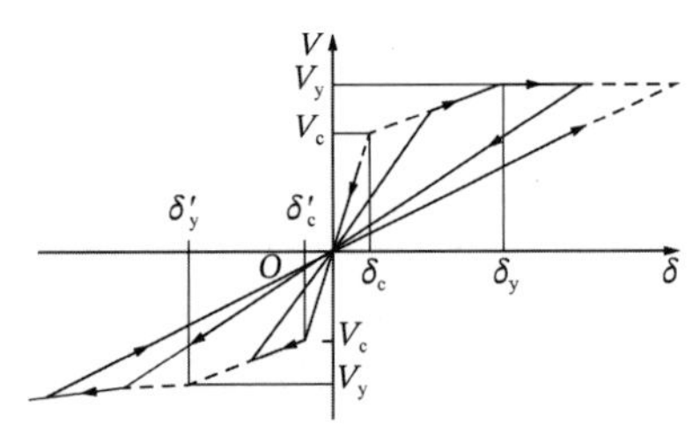

图 6.24 原点指向型滞回模型

（1）原点指向型滞回模型。原点指向型滞回模型是一种简单和常用的剪力墙滞回模型，如图 6.24 所示。该模型卸载和再加载过程中均指向原点。图中，纵坐标为剪力，横坐标为广义剪切变形。

研究指出，原点指向型滞回模型不适合描述剪力墙的剪切滞回性能，特别是在高剪应力时，该模型的误差较大。

（2）改进的原点指向型滞回模型。武藤清对原点指向型滞回模型进行了改进，即在中、低剪应力阶段为典型的原点指向型滞回模型，在高剪应力阶段遵循 Clough 双线型滞回模型，如图 6.25 所示。即剪切屈服后，变形沿着第三坡度增大，返回坡度平行于原点与屈服点连线的屈服点刚度，再加载，则其坡度指向与最大点相对称的点，构成了随变形的增大刚度逐渐降低的 Clough 双直线型。应用该模型来描述多竖线剪力墙单元模型中的水平弹簧的剪切滞回特性，能较好地反映墙单元的实际非线性状态。

（3）Takeda 滑移模型（修正 Takeda 模型）。带捏缩的修正 Takeda 模型能较好地反映剪切滞回性态的主要特性，并且使用简便，是较为理想的剪切滞回模型。如图 6.26 所示，该模型采用的是双折线骨架曲线，其初始刚度K_e和屈服后刚度K_p分别表示为：

$$K_e = V_y/\delta_y \tag{6.4}$$

$$K_p = \alpha K_s \tag{6.5}$$

式中：V_y、δ_y——屈服剪力和屈服位移；

α——屈服后刚度与初始刚度的比。

图 6.26 中V_m、δ_m分别表示极限剪力和极限位移。由于张开的剪裂缝在重新加载下趋于闭合，引起刚度的显著增大，导致滞回曲线呈“剪缩”形状。(δ_p,V_p)为反向加载的一个剪缩点。

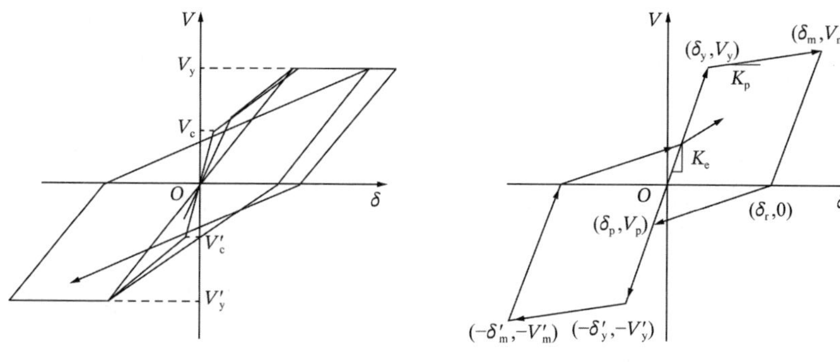

图 6.25　Takeda 改进的原点指向型滞回模型　　图 6.26　Takeda 滑移模型滞回曲线

（4）轴向滞回模型。剪力墙三垂直杆单元模型、多垂直杆单元模型等以及钢支撑构件等都需要给出轴向滞回模型。相对于剪切滞回模型，已有的轴向受力杆的试验研究很少，对其在轴向反复荷载作用下的试验研究更少。主要有：Kabeyasawa 在三垂直杆单元模型中对表征剪力墙轴向刚度的两边桁架和中央竖向杆单元建议了一个轴向刚度滞回模型，但该模型带有较多的经验假设，而且过于复杂并与试验结果相差较大。Fajfar、Fischinger 和孙景江分别对该模型进行了修正，提出了修正模型。江近仁等为了合理地描述多竖杆剪力墙分析模型中竖向单元的轴向刚度滞回特性，进行了 5 个钢筋混凝土柱试件的轴向拉压试验，测得了试件在轴向反复循环荷载作用下的滞回特性，并由此给出了一个轴向刚度滞回模型，此模型目前应用较多。图 6.27 分别给出了这四种模型的示意图。

图中(D_{yt},F_y)和(D_m,F_m)分别表示受拉垂直杆的屈服点和最大点。$(D_{yc},-F_y)$表示受压垂直杆的屈服点。

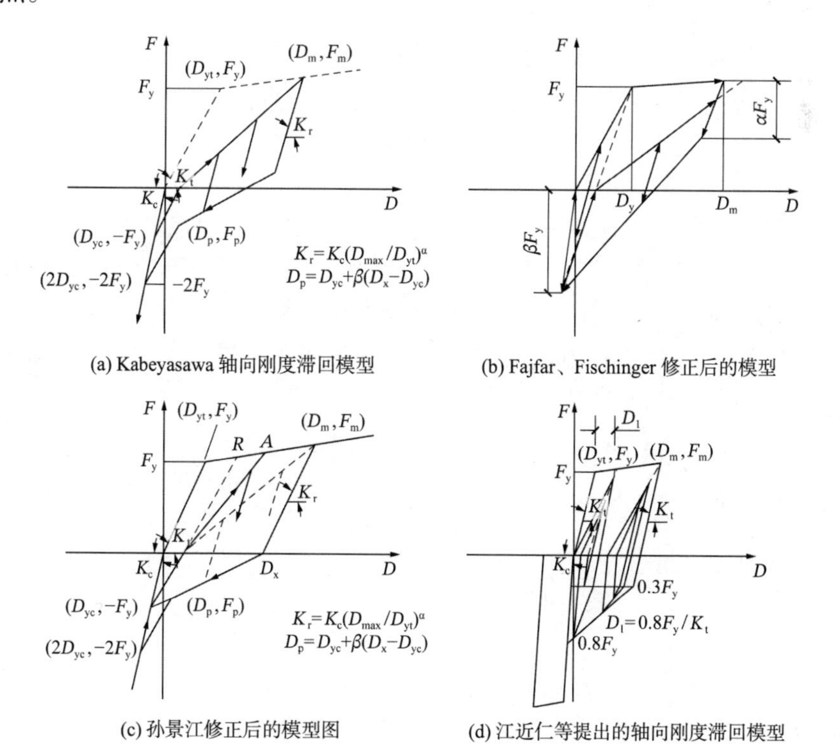

(a) Kabeyasawa 轴向刚度滞回模型　(b) Fajfar、Fischinger 修正后的模型

(c) 孙景江修正后的模型图　(d) 江近仁等提出的轴向刚度滞回模型

图 6.27　轴向刚度滞回模型

6.4 恢复力特性计算

在进行结构非线性时程分析时，首先需要确定构件的实际恢复力特性。一般来说，恢复力特性的计算主要是确定恢复力模型的骨架曲线，而滞回规则由模型确定。骨架曲线仅需要确定骨架曲线上的控制点，或控制参数。

对于不同的结构力学模型，恢复力特性有所不同。例如，对于杆系模型，需要确定截面的弯矩-曲率（M-φ）或构件的弯矩-转角（M-θ）关系；对于层间剪切模型，需要确定层间剪力-层间位移（V-Δu）关系。

骨架曲线上的开裂点、屈服点、极限点等特征点的取值对于不同的模型及不同种类的构件是不同的。特征点的值一般可以通过以下两种方法获得：

（1）一般情况下通过对试验数据归纳所得的经验公式来计算。

（2）基于材料的应力-应变关系，采用条带法或者网格法求得。目前，已编制了截面分析软件，可实现这一计算。

对于常见的构件，例如钢筋混凝土梁、柱构件，很容易通过查阅相关的文献和专著得到特征点计算的经验公式，这里不再赘述；而对于一些截面比较复杂，没有经验公式可参考，或者经验公式较复杂的，不适应于应用的构件截面，就可以通过第二种方法求得这些特征点。

以钢筋混凝土矩形截面的弯矩-曲率骨架曲线（M-φ）为例，下面简要介绍第二种方法求得特征点的过程。因为往复荷载作用下的骨架曲线与单调加载时的M-φ曲线基本相同，因此实际计算的是单调递增荷载作用下的M-φ曲线。

计算截面M-φ曲线时的基本假设如下：

（1）平截面假设，即构件弯曲变形后截面应变分布保持直线。

（2）材料（包括钢筋和钢筋混凝土）的应力-应变关系已知。

（3）忽略混凝土受拉作用（或开裂后忽略）。

（4）截面的内力与外力平衡。

在全部计算过程中轴力保持不变，假设截面曲率φ已知，可以计算对应的弯矩M,由此可以计算一系列（φ, M）值，最后得到M-φ全曲线。需要注意，因为截面的中和轴位置未知，因此要迭代计算。计算时需要对构件的横截面进行划分，采用的方法可以是条带法或网格法。图 6.28 给出了构件横截面计算网格划分及应力和内力分布。图 6.29 给出了钢筋和混凝土材料的应力-应变关系曲线。

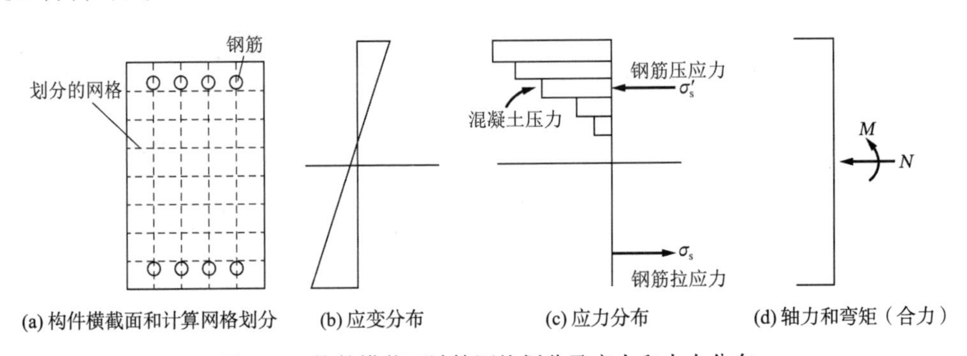

图 6.28　构件横截面计算网格划分及应力和内力分布

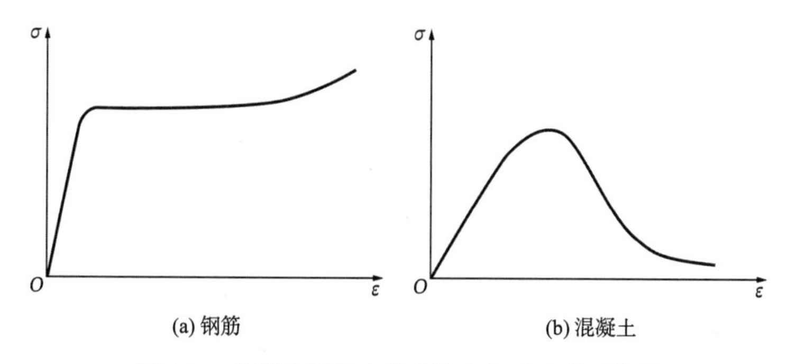

图 6.29　钢筋和混凝土材料的应力-应变关系曲线

图 6.30 所示为采用 BIAX 软件计算得到的钢筋混凝土圆柱截面的弯矩-曲率关系（图中实线），图中虚线为等效得到的三线型骨架曲线。如果要知道构件端点的弯矩-转角（M-θ）关系，可由杆件的曲率分布，沿杆长积分得到转角θ。具体计算时，还需要已知构件中反弯点位置。

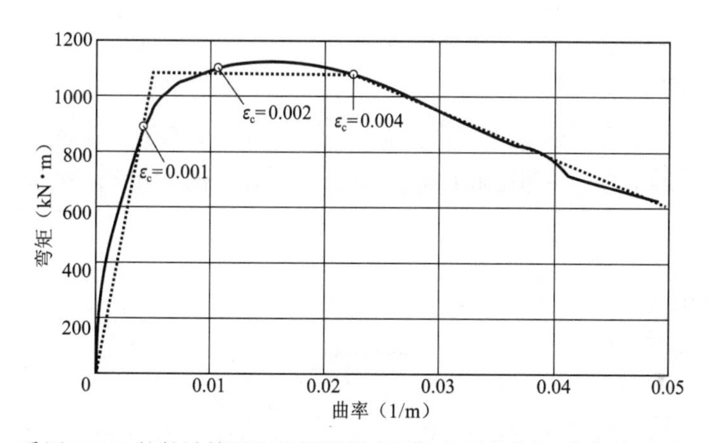

图 6.30　采用 BIAX 软件计算得到的钢混凝土圆柱截面的弯矩-曲率关系（图中实线）

若钢筋、混凝土的应力-应变关系为往复荷载作用下的，则可以得到往复荷载作用下截面的M-φ滞回曲线。

现在已有商品化或免费的构件截面非线性弯矩-曲率分析软件可用，例如美国的 BIAX、Response2000、XTRACT 软件等。

6.5　时域逐步积分法

在弹塑性反应分析时，系统的弹塑性恢复力用数学模型表示出来后需要用其他适当的方法进行反应分析。其中最常用的方法就是时域逐步积分法，时域逐步积分法研究的是离散时间点上的值，例如位移$u_i = u(t_i)$，速度$(\dot{u}_i) = \dot{u}(t_i)$，$i = 0,1,2\cdots$而这种离散化正符合计算机存储的特点。一般情况下采用等步长离散，$t_i = i\Delta t$，Δt为时间离散步长。与运动变量的离散化相对应，体系的运动微分方程也不一定要求在全部时间上都满足，而仅要求在离散时间点上满足。时域逐步积分法是结构动力问题中一个得到广泛研究的课题。它适用于任何线性和非线性的结构分析。

按是否需要联立求解耦联方程组，时域逐步积分法又可分为两大类：

（1）显式方法。逐步积分计算公式是解耦的方程组，无需联立求解。显式方法的计算工作量小，增加的工作量与自由度呈线性关系，如中心差分方法。

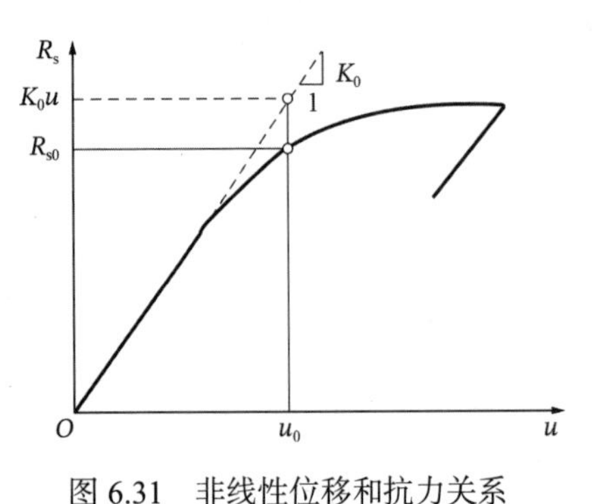

图 6.31　非线性位移和抗力关系

（2）隐式方法。逐步积分计算公式是耦联的方程组，需联立求解。隐式方法的计算工作量大，增加的工作量至少与自由度的平方成正比，例如 Newmark-β法、Wilson-θ法。

在强荷载，例如强地震作用下，结构可能发生较大的变形，构件将出现弹塑性变形，结构反应进入弹塑性，主要表现是结构的弹性恢复力（此时也称为抗力）与结构的位移或变形不再保持为线性关系，如图 6.31 所示，即：

$$R_s \neq K_0 u \tag{6.6}$$

而是位移的函数$R_s = R_s(u)$。

6.5.1　中心差分法

中心差分法可以给出显式算法格式，为有条件稳定的计算方法。该方法基于用有限差分代替位移对时间的求导（即速度和加速度）。如果采用等时间步长，则速度和加速度的中心差分近似为：

$$\dot{u}_i = \frac{u_{i+1} - u_{i-1}}{2\Delta t} \tag{6.7}$$

$$\ddot{u}_i = \frac{u_{i+1} - 2u_i + u_{i-1}}{\Delta t^2} \tag{6.8}$$

其中，Δt为离散时间步长；$u_i = u(t_i)$，$\dot{u}_i = \dot{u}(t_i)$，$\ddot{u}_i = \ddot{u}(t_i)$，$i = 0,1,2,\cdots$

体系的运动方程为：

$$M\ddot{u}(t) + C\dot{u}(t) + Ku(t) = P(t) \tag{6.9}$$

式中：M、C、K——体系的质量、阻尼和刚度矩阵；

$\ddot{u}(t)$、$\dot{u}(t)$、$u(t)$——结构的加速度、速度、位移矢量。

将速度和加速度的差分近似公式［式(6.7)和式(6.8)］代入由式(6.9)给出的在t_i时刻的运动方程可以得到：

$$M\frac{u_{i+1} - 2u_i + u_{i-1}}{\Delta t^2} + C\frac{u_{i+1} - u_{i-1}}{2\Delta t} + R_{si} = P_i \tag{6.10}$$

式中：R_{si}——t_i时刻结构的恢复力；

P_i——t_i时刻外荷载矢量。

在式(6.10)中，假设u_i和u_{i-1}是已知的，即t_i及t_i以前时刻的运动已知，则可以把已知项移到方程的右边，整理得：

$$\left(\frac{1}{\Delta t^2}M + \frac{1}{2\Delta t}C\right)u_{i+1} = P_i - R_{si} + \frac{2}{\Delta t^2}Mu_i - \left(\frac{1}{\Delta t^2}M - \frac{1}{2\Delta t}C\right)u_{i-1} \tag{6.11}$$

由式(6.11)就可以根据t_i及t_i以前时刻的运动，求得t_{i+1}时刻的运动。如果需要，利用式(6.7)和式(6.8)可以求得体系的速度和加速度值。式(6.11)即为结构动力反应分析的中心差分法逐步计算公式。

6.5.2 Newmark-β法

1. 增量动力方程的建立

若采用 Newmark-β法进行结构非线性动力计算，采用增量平衡方程较合适。所谓“增量”是与以前的“全量”相比而言，可以分别给出t_i时刻运动方程：

$$M\ddot{u}(t_i) + C\dot{u}(t_i) + K(t_i)u(t_i) = P(t_i) \tag{6.12}$$

$t_{i+1} = t_i + \Delta t$时刻运动方程：

$$M\ddot{u}(t_i + \Delta t) + C\dot{u}(t_i + \Delta t) + K(t_i + \Delta t)u(t_i + \Delta t) = P(t_i + \Delta t) \tag{6.13}$$

由t_{i+1}减去t_i时刻的运动方程得运动的增量平衡方程：

$$M\Delta\ddot{u}_i + C\Delta\dot{u}_i + \Delta R_{si} = \Delta P_i \tag{6.14}$$

式中：

$$\Delta u_i = u(t_i + \Delta t) - u(t_i)$$
$$\Delta\dot{u}_i = \dot{u}(t_i + \Delta t) - \dot{u}(t_i)$$
$$\Delta\ddot{u}_i = \ddot{u}(t_i + \Delta t) - \ddot{u}(t_i)$$
$$\Delta P_i = P(t_i + \Delta t) - P(t_i)$$
$$\Delta R_{si} = K(t_i + \Delta t)u(t_i + \Delta t) - K(t_i)u(t_i)$$

假设结构本构关系在一个微小的时间步距内是线性的，相当于用分段直线来逼近实际的曲线。虽然结构反应进入非线性，但只要时间步长Δt足够小，可以认为在$[t_i, t_{i+1}]$区间内结构的本构关系是线性的，则：

$$\Delta R_{si} = K_i^{s}\Delta u_i \tag{6.15}$$

其中，K_i^s为i和$i+1$之间结构的割线刚度阵，图 6.32 为以单自由度体系为例给出的示意图。

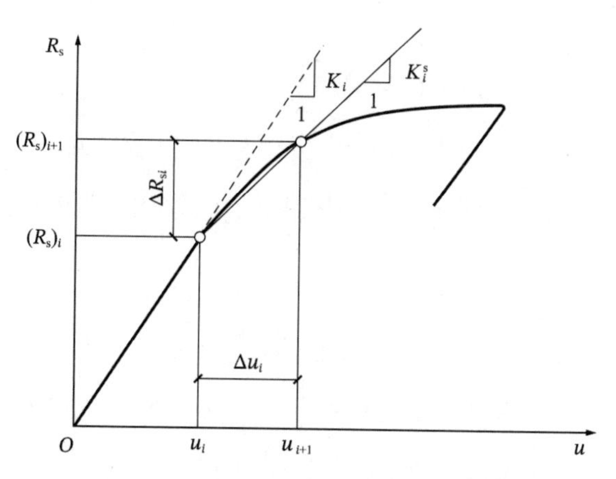

图 6.32　$[t_i, t_{i+1}]$区间内结构的本构关系

由于u_{i+1}未知，因此K_i^s不能预先准确估计，这时可以采用i点的切线刚度K_i代替K_i^s，则$\Delta R_{si} \approx K_i\Delta u_i$，对于多自由度体系则有：

$$\Delta R_{si} = K_i\Delta u_i \tag{6.16}$$

式中：K_i——t_i时刻结构的切线刚度阵，$K_i = K(t_i)$。

将式(6.16)代入式(6.14)得到结构的增量平衡方程为：

$$M\Delta\ddot{u}_i + C\Delta\dot{u}_i + K_i\Delta u_i = \Delta P_i \tag{6.17}$$

式(6.17)中，系数矩阵M、C、K_i和外荷载ΔP_i，均为已知。

2. Newmark-β法

Newmark-β法同样将时间离散化，运动方程仅要求在离散的时间点上满足。假设在t_i时刻运动的u_i、$\dot{u}_i$、$\ddot{u}_i$均已求得，然后计算t_{i+1}时刻的运动。与中心差分法不同的是它不是用差分对t_i时刻的运动方程展开，得到外推计算u_{i+1}的公式，而是通过对$[t_i,t_{i+1}]$时段内加速度变化规律的假设，以t_i时刻的运动量为初始值，通过积分方法得到计算t_{i+1}时刻的运动公式。

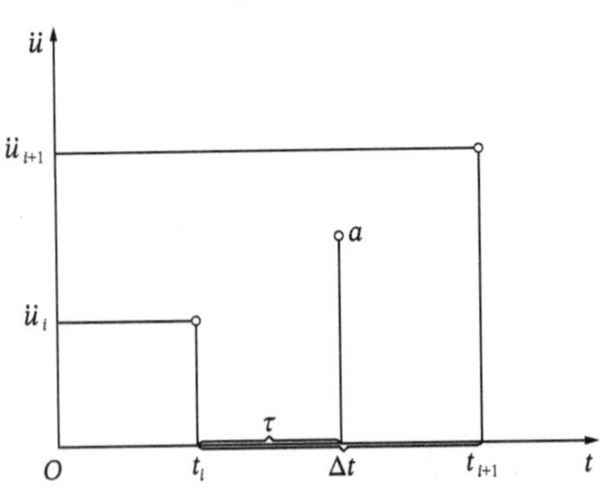

图 6.33　Newmark-β法离散时间点及加速度假设

离散时间点t_i和t_{i+1}时刻的加速度值为$\ddot{u}_i$和$\ddot{u}_{i+1}$，Newmark-β法假设在$[t_i,t_{i+1}]$之间的加速度值是介于$[\ddot{u}_i,\ddot{u}_{i+1}]$之间的某一常量，记为$a$，图 6.33 为其中一个自由度的示意图。

根据 Newmark-β法的基本假设，有：

$$a = (1-\gamma)\ddot{u}_i + \gamma\ddot{u}_{i+1}，0 \leqslant \gamma \leqslant 1 \tag{6.18}$$

为得到稳定和高精度的算法，a也用另一控制参数β表示。

$$a = (1-2\beta)\ddot{u}_i + 2\beta\ddot{u}_{i+1}，0 \leqslant \beta \leqslant 1/2 \tag{6.19}$$

通过在$[t_i,t_{i+1}]$时间段上对加速度a积分，可得t_{i+1}时刻的速度和位移：

$$\dot{u}_{i+1} = \dot{u}_i + \Delta t a \tag{6.20}$$

$$u_{i+1} = u_i + \Delta t\dot{u}_i + \frac{1}{2}\Delta t^2 a \tag{6.21}$$

分别将式(6.18)代入式(6.20)，式(6.19)代入式(6.21)得：

$$\begin{cases} \dot{u}_{i+1} = \dot{u}_i + (1-\gamma)\Delta t\ddot{u}_i + \gamma\Delta t\ddot{u}_{i+1} \\ u_{i+1} = u_i + \Delta t\dot{u}_i + \left(\dfrac{1}{2}-\beta\right)\Delta t^2\ddot{u}_i + \beta\Delta t^2\ddot{u}_{i+1} \end{cases} \tag{6.22}$$

式(6.22)是 Newmark-β法的两个基本递推公式，由式(6.22)可解得t_{i+1}时刻的速度和加速度的计算公式：

$$\begin{cases} \ddot{u}_{i+1} = \dfrac{1}{\beta\Delta t^2}(u_{i+1}-u_i) - \dfrac{1}{\beta\Delta t}\dot{u}_i - \left(\dfrac{1}{2\beta}-1\right)\ddot{u}_i \\ \dot{u}_{i+1} = \dfrac{\gamma}{\beta\Delta t}(u_{i+1}-u_i) + \left(1-\dfrac{\gamma}{\beta}\right)\dot{u}_i + \left(1-\dfrac{\gamma}{2\beta}\right)\ddot{u}_i\Delta t \end{cases} \tag{6.23}$$

将式(6.23)改写成增量的形式：

$$\begin{cases} \Delta\ddot{u}_i = \dfrac{1}{\beta\Delta t^2}\Delta u_i - \dfrac{1}{\beta\Delta t}\dot{u}_i - \dfrac{1}{2\beta}\ddot{u}_i \\ \Delta\dot{u}_i = \dfrac{\gamma}{\beta\Delta t}\Delta u_i - \dfrac{\gamma}{\beta}\dot{u}_i + \left(1-\dfrac{\gamma}{2\beta}\right)\ddot{u}_i\Delta t \end{cases} \tag{6.24}$$

将式(6.24)代入式(6.17)，得到计算Δu_i的方程为：

$$\begin{cases} \widehat{K}_i \Delta u_i = \Delta \widehat{P}_i \\ \widehat{K}_i = K_i + \dfrac{1}{\beta \Delta t^2} M + \dfrac{\gamma}{\beta \Delta t} C \\ \Delta \widehat{P}_i = \Delta P_i + M\left(\dfrac{1}{\beta \Delta t}\dot{u}_i + \dfrac{1}{2\beta}\ddot{u}_i\right) + C\left[\dfrac{\gamma}{\beta}\dot{u}_i + \dfrac{\Delta t}{2}\left(\dfrac{\gamma}{\beta} - 2\right)\ddot{u}_i\right] \end{cases} \tag{6.25}$$

用式(6.25)求得Δu_i后，则可以计算t_{i+1}时刻的总位移：

$$u_{i+1} = u_i + \Delta u_i \tag{6.26}$$

将Δu_i代入式(6.23)，可以得到：

$$\begin{cases} \ddot{u}_{i+1} = \dfrac{1}{\beta \Delta t^2}\Delta u_i - \dfrac{1}{\beta \Delta t}\dot{u}_i - \left(\dfrac{1}{2\beta} - 1\right)\ddot{u}_i \\ \dot{u}_{i+1} = \dfrac{\gamma}{\beta \Delta t}\Delta u_i + \left(1 - \dfrac{\gamma}{\beta}\right)\dot{u}_i + \left(1 - \dfrac{\gamma}{2\beta}\right)\ddot{u}_i \Delta t \end{cases} \tag{6.27}$$

这样，t_{i+1}时刻的运动全部求得。

在时域逐步积分计算方法研究中，发展了一批计算方法，例如平均常加速度方法、线性加速度方法等。Newmark-β法中控制参数β取不同的值，可以得到相应的计算方法。表 6.1 给出了参数β取不同值时 Newmark-β法所对应的逐步积分法，分别为平均常加速度法、线性加速度法和中心差分法。图 6.34 给出平均常加速度法和线性加速度法在$[t_i,t_{i+1}]$时间段内假设的加速度变化规律。Newmark-β法仅当参数γ取 1/2 时才为二阶精度。

参数取不同β值时 Newmark-β法所对应的逐步积分法　　　　**表 6.1**

参数取值	对应的逐步积分法	稳定性条件
$\gamma = \frac{1}{2}$，$\beta = \frac{1}{4}$	平均常加速度法	无条件稳定
$\gamma = \frac{1}{2}$，$\beta = \frac{1}{6}$	线性加速度法	$\Delta t \leqslant \frac{\sqrt{3}}{\pi} T_n = 0.551 T_n$
$\gamma = \frac{1}{2}$，$\beta = 0$	中心差分法	$\Delta t \leqslant \frac{1}{\pi} T_n$

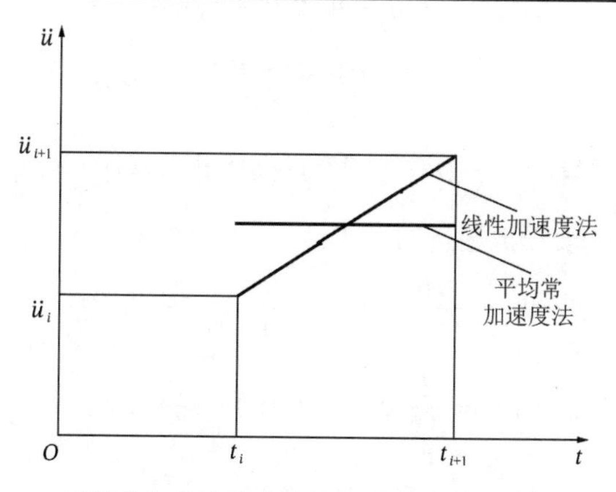

图 6.34　平均常加速度法和线性加速度法的加速度变化规律

Newmark-β法在结构动力反应问题研究中得到广泛应用，特别是对于强非线性问题，Newmark-β法具有较好的稳定性和精度。

3. Wilson-θ法

Wilson-θ法是在线性加速度法的基础上发展的一种数值积分方法。图 6.35 给出 Wilson-θ

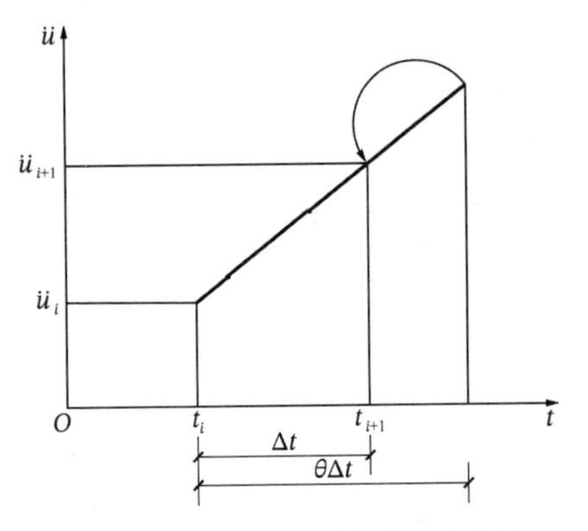

图 6.35　Wilson-θ法的原理示意图

法的基本思路和实现方法，这一方法假设加速度在时间段$[t, t+\theta\Delta t]$内线性变化，首先采用线性加速度法计算体系在$t_i+\theta\Delta t$时刻的运动，其中参数$\theta \geqslant 1$，然后采用内插计算公式得到体系在$t_i+\Delta t$时刻的运动。由于内插计算可以抑制高频振动分量，有助于提高算法的稳定性，因此当θ足够大时，将给出稳定性良好的积分方法，可以证明当$\theta > 1.37$时，Wilson-θ法是无条件稳定的。

下面推导 Wilson-θ法的逐步积分公式。根据线性加速度假设，加速度a在区间$[t, t+\theta\Delta t]$上可表示为：

$$a(\tau) = \ddot{u}(t_i) + \frac{\tau}{\theta\Delta t}[\ddot{u}(t_i+\theta\Delta t) - \ddot{u}(t_i)] \tag{6.28}$$

式中：τ——局部时间坐标，$0 \leqslant \tau \leqslant \theta\Delta t$，坐标原点位于$t_i$。

对式(6.28)进行积分，得到速度和位移为：

$$\dot{u}(t_i+\tau) = \dot{u}(t_i) + \tau\ddot{u}(t_i) + \frac{\tau^2}{2\theta\Delta t}[\ddot{u}(t_i+\theta\Delta t) - \ddot{u}(t_i)] \tag{6.29}$$

$$u(t_i+\tau) = u(t_i) + \tau\dot{u}(t_i) + \frac{\tau^2}{2}\ddot{u}(t_i) + \frac{\tau^3}{6\theta\Delta t}[\ddot{u}(t_i+\theta\Delta t) - \ddot{u}(t_i)] \tag{6.30}$$

当$\tau = \theta\Delta t$时，由式(6.29)和式(6.30)得到：

$$\dot{u}(t_i+\theta\Delta t) = \dot{u}(t_i) + \theta\Delta t\ddot{u}(t_i) + \frac{\theta\Delta t}{2}[\ddot{u}(t_i+\theta\Delta t) - \ddot{u}(t_i)] \tag{6.31}$$

$$u(t_i+\theta\Delta t) = u(t_i) + \theta\Delta t\dot{u}(t_i) + \frac{(\theta\Delta t)^2}{6}[\ddot{u}(t_i+\theta\Delta t) + 2\ddot{u}(t_i)] \tag{6.32}$$

由式(6.31)和式(6.32)可解得用$u(t_i+\theta\Delta t)$表示的$\ddot{u}(t_i+\theta\Delta t)$和$\dot{u}(t_i+\theta\Delta t)$：

$$\ddot{u}(t_i+\theta\Delta t) = \frac{6}{(\theta\Delta t)^2}[u(t_i+\theta\Delta t) - u(t_i)] - \frac{6}{\theta\Delta t}\dot{u}(t_i) - 2\ddot{u}(t_i) \tag{6.33}$$

$$\dot{u}(t_i+\theta\Delta t) = \frac{3}{\theta\Delta t}[u(t_i+\theta\Delta t) - u(t_i)] - 2\dot{u}(t_i) - \frac{\theta\Delta t}{2}\ddot{u}(t_i) \tag{6.34}$$

将式(6.33)和式(6.34)改写成增量的形式：

$$\Delta\ddot{u}_i = \frac{6}{(\theta\Delta t)^2}\Delta u_i - \frac{6}{\theta\Delta t}\dot{u}(t_i) - 3\ddot{u}(t_i) \tag{6.35}$$

$$\Delta\dot{u}_i = \frac{3}{\theta\Delta t}\Delta u_i - 3\dot{u}(t_i) - \frac{\theta\Delta t}{2}\ddot{u}(t_i) \tag{6.36}$$

令

$$\begin{aligned} \Delta u_i &= u(t_i+\theta\Delta t) - u(t_i) \\ \Delta\dot{u}_i &= \dot{u}(t_i+\theta\Delta t) - \dot{u}(t_i) \\ \Delta\ddot{u}_i &= \ddot{u}(t_i+\theta\Delta t) - \ddot{u}(t_i) \\ \Delta P_i &= P(t_i+\theta\Delta t) - P(t_i) \end{aligned}$$

将式(6.35)和式(6.36)代入增量动力方程［式(6.17)］，得：

$$
\begin{cases}
\widehat{K}\,\Delta u_i = \Delta \widehat{P}_i \\
\widehat{K} = K_i + \dfrac{6}{(\theta\Delta t)^2}M + \dfrac{3}{\theta\Delta t}C \\
\Delta\widehat{P}_i = \Delta P_i + M\left(\dfrac{6}{\theta\Delta t}\dot{u}_i + 3\ddot{u}_i\right) + C\left[3\dot{u}_i + \dfrac{\theta\Delta t}{2}\ddot{u}_i\right]
\end{cases}
\tag{6.37}
$$

用式(6.37)求得Δu_i后，代入式(6.33)则可得：

$$
\ddot{u}(t_i + \theta\Delta t) = \frac{6}{(\theta\Delta t)^2}\Delta u_i - \frac{6}{\theta\Delta t}\dot{u}(t_i) - 2\ddot{u}(t_i) \tag{6.38}
$$

将式(6.38)代入式(6.28)，并令$\tau = \Delta t$，得：

$$
\ddot{u}_{i+1} = \ddot{u}(t + \Delta t) = \frac{6}{\theta^3\Delta t^2}\Delta u_i - \frac{6}{\theta^2\Delta t}\dot{u}_i + \left(1 - \frac{3}{\theta}\right)\ddot{u}_i \tag{6.39}
$$

将式(6.39)分别代入式(6.29)和式(6.30)，并取$\tau = \Delta t$，可得t_{i+1}时刻的速度和位移为：

$$
\dot{u}_{i+1} = \dot{u}_i + \frac{\Delta t}{2}(\ddot{u}_{i+1} + \ddot{u}_i) \tag{6.40}
$$

$$
u_{i+1} = u_i + \Delta t\dot{u}_i + \frac{\Delta t^2}{6}(\ddot{u}_{i+1} + 2\ddot{u}_i) \tag{6.41}
$$

因此当t_i时刻的$\ddot{u}_i$、$\dot{u}_i$、u_i已知，根据式(6.37)求得Δu_i后，再按式(6.39)～式(6.41)可得到t_{i+1}时刻的$\ddot{u}_{i+1}$、$\dot{u}_{i+1}$、u_{i+1}。

当$\theta = 1$时，Wilson-θ法即退化为线性加速度法。在时域逐步积分法发展的早期，Wilson-θ法曾得到广泛应用。粗略分析，Wilson-θ法采用了线性加速度假设，比无条件稳定的 Newmark-β法（即平均常加速度法）更精确，而且也是无条件稳定的，应是一种优秀的逐步积分法。但随着对数值算法特性研究的深入，发现 Wilson-θ法存在一系列弊病。目前Newmark-β法，特别是$\beta = 1/4$格式得到广泛应用。此外，中心差分法虽然算法的稳定性略差，但因其简单、高效的特点也得到一系列的应用，对于一些特殊的问题，计算精度的要求有时与稳定性条件的要求相近，这时采用中心差分法的优势更明显。

6.6　结构静力弹塑性（Pushover）分析方法

结构静力弹塑性分析方法，又称为 Pushover 分析（推覆分析），是一种等效非线性的弹塑性静力分析方法，产生于二十世纪五十年代。它是在结构分析模型上施加按某种方式模拟地震水平惯性力作用的侧向力，并逐渐单调增大，使结构从弹性阶段开始，经历开裂、屈服，直至达到某一破坏标志为止。通过这种方法可以了解结构的承载力、变形特征、塑性铰出现顺序及位置、结构薄弱层和结构破坏机制。

目前，各国规范的发展趋势是引入基于性能的结构设计方法（Performance-based design method），要求对结构在大震作用下的弹塑性地震反应进行分析，在弹塑性动力时程分析尚无法广泛应用到实际结构设计中的情况下，Pushover 分析是一种应用前景很大的结构弹塑性分析方法，已经被一些规范采用。Pushover 分析可以有效地对结构承载力、刚度的不连续及薄弱层等进行预测。在一定条件下，Pushover 分析和弹塑性动力时程分析的结果相当。与弹塑性动力时程分析相比，Pushover 分析具有计算简单、计算结果简明易懂的优点，因此在工程界比较实用。

6.6.1 基本原理

Pushover 方法本质是一种静力非线性分析方法，其应用范围主要集中于对现有结构或设计方案进行抗侧能力的计算，从而得到其抗震能力的估计。通过对结构施加沿高度呈一定分布的水平单调递增荷载，将结构推到一个预计的目标位移或者结构破坏，此时对结构进行评估，判断结构是否能够满足未来地震的要求。如果不满足，则需要对结构进行加固或者改变设计。因此，要求抗震设计应满足：抗震能力（Seismic capacity）大于地震需求（Seismic demand）。其中：抗震能力即结构抗御地震作用的能力；地震需求为地震作用下结构的反应。该方法弥补了传统静力线性分析方法（如底部剪力法和振型分解反应谱法等）的不足，克服了动力时程分析方法的困难。与以往的抗震静力计算方法不同之处主要在于引入了设计反应谱作为结果评价的尺度。

Pushover 分析方法主要包含两部分的内容：

（1）对结构进行推覆分析，求得结构的能力曲线（即建立侧向荷载作用下结构的荷载-位移曲线）。

（2）根据结构推覆分析的结果进行结构的抗震能力评估。

第一部分内容的中心问题是静力非线性分析中采用的结构模型和加载方式；第二部分内容的中心问题则是如何确定结构在预定水平荷载作用下的反应。

6.6.2 结构能力曲线

Pushover 分析可以采用空间协同平面结构模型或三维空间模型；在每个构件上施加某种分布的楼层水平荷载，逐级增大；随着荷载逐步增大，某些杆端屈服，出现塑性铰，直至将结构推至某一预定的目标位移或者使结构成为机构后，计算结束。由 Pushover 分析，可以了解结构中每个构件的内力和承载力的关系以及各构件之间的相互关系，检查是否符合强柱弱梁（或强剪弱弯）的设计要求，并可发现设计结构的薄弱部位，还可得到不同受力阶段的侧移变形，给出底部剪力-顶点侧移关系曲线以及层剪力-层间变形关系曲线等，即结构的能力曲线。后者即可作为各楼层的层剪力-层间位移骨架线，它是进行层模型弹塑性时程分析所必需的参数。只要结构一定（尺寸、配筋、材料），其结果不受地震波的影响，而与初始楼层水平荷载的分布有关。此方法在现阶段比较现实，也易于为工程设计人员所掌握。这种方法可以从细观上（构件内力与变形）和宏观上（结构承载力和变形）了解结构弹塑性性能，既可得到有用的静力分析结果，又很方便地进行动力时程分析。

1. 结构能力曲线确定的一般步骤

（1）建立结构计算模型，考虑构件截面屈服后性能。

（2）求得结构在竖向荷载作用下的内力，以便和水平荷载作用下的内力进行组合。

（3）施加沿高度呈一定分布的水平荷载；水平荷载值的选取应使结构在该水平荷载增量作用下结构的内力和竖向作用下的结构以及前面所有的n步结构的累计内力相叠加以后，刚好使一个或者一批构件进入屈服状态。

（4）修改模型中已屈服构件的刚度，以反映其屈服后的特性；对修改后的模型增加侧向力（荷载控制方法）或增加侧向位移（位移控制方法），这时可采用与刚才相同的侧向力分布，或根据振型改变更新后的侧向力分布。

（5）重复前面的过程一直到结构的侧向位移达到预定的目标位移，或使结构变成机构；累计每一步施加的荷载和位移值（顶点位移和层间位移）。

（6）整理计算结果，给出结构的承载能力曲线：基底剪力-顶点位移曲线和层剪力-层位移曲线。同时获得不同荷载水平下，结构的塑性铰分布。

图 6.36 给出了理想的结构承载能力曲线。如图 6.36 所示，在侧向荷载作用下，结构变形经历了弹性变形阶段*OA*、稳定非线性阶段*ABC*、失稳直至倒塌阶段*CDE*。从结构承载力能力曲线上可以得到结构初始刚度、屈服点、极限承载力等。结构薄弱层的位移可以通过层剪力-层间位移曲线得到。

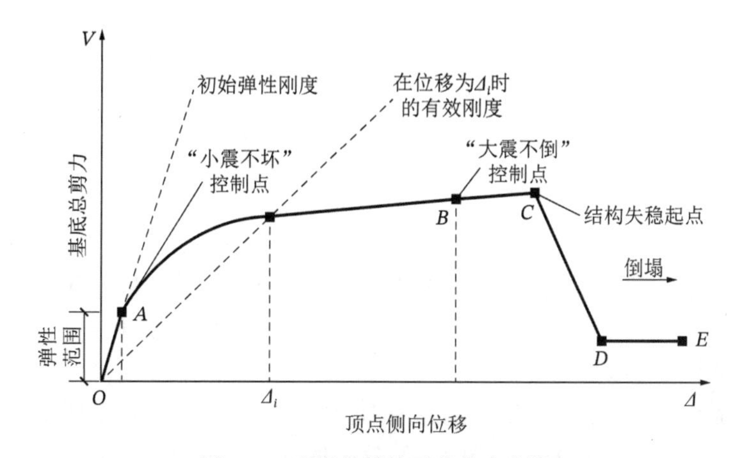

图 6.36 理想的结构承载能力曲线

2. 侧向力分布形式

Pushover 分析的结果在很大程度上与所选的侧向荷载分布模式有关，因此所选用的侧向荷载分布形式应能比较合理地反映出地震作用下结构各层惯性力的分布特征，又应该使所求得的位移能大体上反映地震作用下结构的位移状况。侧向力分布应为引起结构最大反应的水平惯性力分布。侧向力分布形式与以下因素有关：地震大小、结构动力特性以及地面运动频率成分。惯性力的分布随着地震动的强度变化而变化，而且随地震的时刻变化、结构进入非线性程度的变化而变化。根据侧向力分布形式在计算中是否变化可以分为两大类：固定侧向力分布形式和非固定侧向力分布形式。

1）固定侧向力分布形式

侧向力分布形式在计算中保持不变，常见的分布形式有：顶点集中力分布、均匀分布、倒三角分布、抛物线分布、基本振型比例、多振型分布等。图 6.37 给出了 Pushover 分析中几种常见的侧向力分布示意图。

实际应用中，对于高振型影响较大的结构，一般建议最少采用两种以上的侧向力分布方式进行 Pushover 分析。顶点集中力分布形式是在结构的顶部施加一个集中力，这种形式是最简单的一种侧向荷载分布方式，适用于质量主要集中在顶部的结构。均匀分布形式下结构每一层的侧向力都相同，这种分布方式通常使破坏集中在结构的底部，当对结构底部的受剪承载力要求严格时，宜使用这种侧向荷载分布方式。倒三角分布形式是将侧向荷载按倒三角分布作用在结构上，这种侧向荷载分布方式使用比较多，当结构层数较少、刚度和质量分布均匀时，结构的振动主要由第一振型控制，惯性力接近倒三角形分布。振型荷载分布方式在结构每一层施加的侧向力等于结构该层的等效质量和基本振型的乘积，当结构的质量和承载力分布比较均匀，刚度分布不均匀时，宜采用这种横向力分布方式。

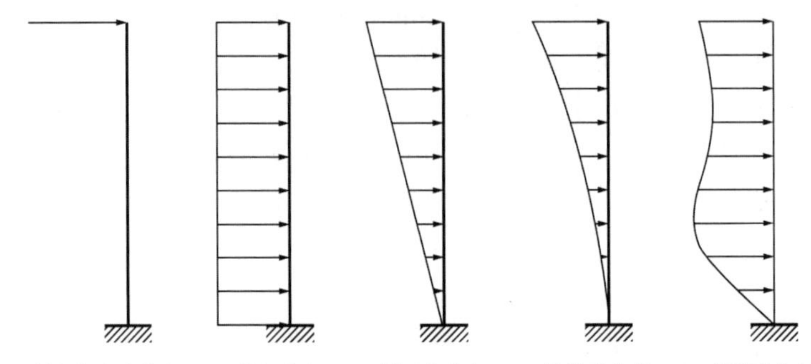

图 6.37 几种常见的侧向力分布示意图

2）非固定侧向力分布

非固定侧向力分布形式考虑了随着结构进入弹塑性，结构刚度不断改变，各层惯性力也随着改变。为了使侧向力的分布尽可能地接近破坏时结构的惯性力分布，常用的非固定侧向力分布形式主要有以下几种：

①在结构处于弹性状态时，结构的侧向力采用与基本振型和该层质量的乘积成比例的分布模式；当结构进入弹塑性时，侧向力的分布取变形后的形状，即变形大的层在后续加载过程中会受到更大的水平力作用。

②以变形后的割线刚度计算结构的振型，根据分步加载的当前振型确定侧向力的分布形式。

③与变形后的各层受剪承载力成比例，施加横向力。这种侧向力分布形式使加载后的结构破坏很严重，而且破坏比较均匀。

6.6.3 结构抗震能力的评估

通过 Pushover 分析得到结构的荷载-位移曲线后，还不能确定图上某一点的位移是否能代表结构抗震性能的“目标位移”与规范规定的容许变形限值来比较，以确定结构的抗震能力是否能达到要求。

目标位移是结构一定水平（大、中、小）地震作用下结构可能达到的最大位移，可以用结构顶点位移代表结构整体动力反应大小的总体评价。确定目标位移点（或结构抗震性能点）的方法通常有：弹性动力分析法、等效单自由度时程方法、能力谱方法等。

对于中、长周期规则结构，研究证明在一般情况下结构弹性分析和弹塑性分析得到的结构顶层位移相近。因此，可以用结构的弹性时程分析估计结构的顶点位移。下面主要介绍较常用的等效单自由度时程方法和能力谱方法。

1. 等效单自由度时程方法

等效单自由度时程方法采用动力弹塑性时程方法，对结构进行分析。包括以下三步：

（1）首先，将结构（一般为多自由度结构）等效为单自由度结构。

（2）对等效单自由度结构进行弹塑性动力时程分析或利用弹塑性反应谱直接求得位移。

（3）根据等效单自由度结构分析的结果换算给出结构顶点目标位移。

例如，可通过假设振动位移分布与第一阶自振振型一致进行等效，即为结构动力学中的广义坐标法，是仅取一个型函数的结果。而等效单自由度体系的非线性本构关系由静力推覆分析给定。

2. 能力谱方法

能力谱方法是非线性静力方法的基础，该法的本质是将多自由度体系转化成单自由度体系，通过单自由度体系的非线性反应反求多自由度体系的非线性反应。能力谱方法的核心思想是首先将静力推覆分析得到的反映结构自身受力性能的能力曲线经过变换，得到谱加速度和谱位移表示的“能力谱”。然后将得到的“能力谱”与“需求谱（可以是弹性反应谱也可以是弹塑性反应谱）”放在同一坐标系内，最后确定目标位移。下面详细介绍能力谱方法的各关键计算步骤。

1）能力谱转化

将推覆分析得到的能力曲线（Pushover Curve）从力-位移坐标系转换成谱加速度-谱位移坐标系的能力谱形式。每个点都需要转换，从能力谱曲线转换到能力谱，可采用以下的公式：

$$S_{\mathrm{a}} = \frac{V}{M_1{}^*}, \quad S_{\mathrm{a}} = \Delta/\gamma_1\phi_{N1} \tag{6.42}$$

式中：V——基底剪力；

Δ——结构顶点位移；

$M_1{}^*$——相对于基本振型的有效质量；

γ_1——基本振型参与系数；

ϕ_{N1}——基本振型在结构顶点的振幅值。

$$M_1{}^* = \frac{\left(\sum\limits_{i=1}^{N} m_i\phi_{i1}\right)^2}{\sum\limits_{i=1}^{N} m_i\phi_{i1}^2}, \quad \gamma_1 = \frac{\sum\limits_{i=1}^{N} m_i\phi_{i1}}{\sum\limits_{i=1}^{N} m_i\phi_{i1}^2} \tag{6.43}$$

式中：m_i——楼层的质量；

ϕ_{i1}——基本振型在i楼层的振幅值；

N——楼层数。

通过公式的变换，可以将结构简化为单质点体系。

能力曲线转化为能力谱如图 6.38 所示。

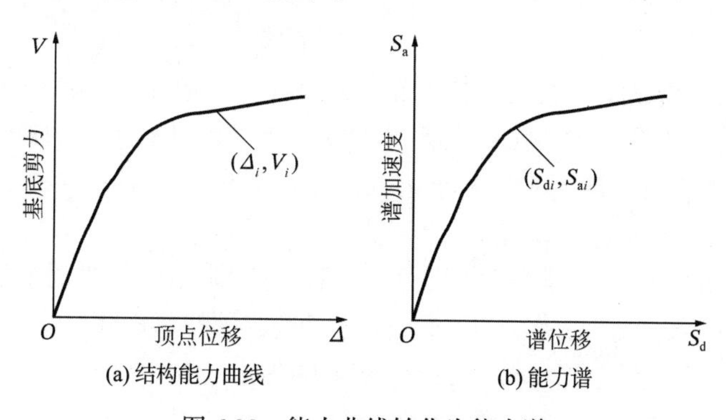

图 6.38　能力曲线转化为能力谱

2）弹性需求谱（ADRS）的建立

由标准的加速度反应谱（S_a-T谱）转化为S_a-S_d谱（谱加速度为纵坐标，谱位移为横坐标），便是需求谱（ADRS）。需求谱曲线分为弹性和非弹性两种，弹性需求谱是将弹性加速度反应谱曲线由加速度-周期坐标系换算为谱加速度-谱位移坐标系，称为弹性需求谱曲线。对于反应谱曲线上的每一点，谱加速度S_a、谱速度S_v，谱位移S_d和周期T有确定的关系，要从标准模式的加速度反应谱（S_a-T谱）模式转换为 ADRS 模式，必须确定曲线上每一点相应于S_a、T以及S_d的值。根据单自由度体系在地震作用下的运动方程，可知其关系由式(6.44)表达：

$$S_d = \frac{T^2}{2\pi^2} S_a g \tag{6.44}$$

标准模式的需求反应谱包含一组常量的谱加速度S_a和另一组常量的谱速度S_v；在周期T处的谱加速度和谱位移有如下的关系（第 2 段为常速度）：

$$S_a g = \frac{2\pi}{T} S_v，\ S_d = \frac{T}{2\pi} S_v \tag{6.45}$$

标准模式的反应谱与需求谱（ADRS）的转换，如图 6.39 所示。

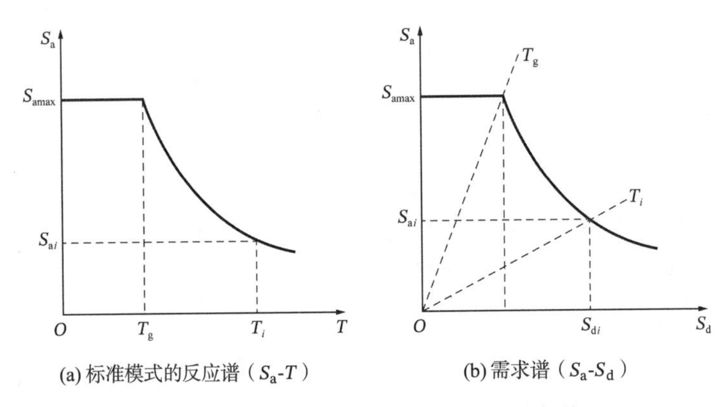

(a) 标准模式的反应谱（S_a-T）　　(b) 需求谱（S_a-S_d）

图 6.39　标准模式的反应谱转换为需求谱

3）弹塑性需求谱的建立

对弹塑性结构，必须考虑结构非线性耗能性质对地震需求的折减。目前可以用两种方法建立弹塑性需求谱曲线：

①由地震危险性分析确定建筑结构所在场地的地震地面运动，统计大量非线性地震反应计算结果，得到弹塑性需求谱。

②用折减系数对已有的弹性需求谱曲线进行折减。

前一种方法能够得到比较符合结构所在场地的地震特性的谱曲线，但是计算工作量庞大。因此一般都是采用后一种方法，在典型弹性需求谱的基础上，通过考虑等效阻尼比ξ_e或延性比μ两种方法得到折减的弹性需求谱或弹塑性需求谱。ATC-40 采用的是考虑等效阻尼比ξ_e的方法。

当地震作用下的结构达到非线性状态时，结构等效阻尼包括黏滞阻尼和滞回阻尼两部分，通常假定混凝土结构黏滞阻尼为常数 0.05。等效黏滞阻尼比ξ_{eq}可以用式(6.46)表示：

$$\xi_{eq} = \xi_0 + 0.05 \tag{6.46}$$

式中：ξ_0——滞回阻尼比，可按式(6.47)计算。

$$\xi_0 = \frac{E_D}{4\pi E_s} \tag{6.47}$$

$$E_D = 4(a_y d_{pi} - d_y a_{pi});\ E_s = a_{pi} d_{pi}/2 \tag{6.48}$$

式中：E_D——结构单周期运动滞回阻尼耗能，等于滞回环包围的面积，即平行四边形的面积；

E_s——最大应变能，等于图 6.40 中阴影斜线部分的三角形面积；

d_{pi}——等效单自由度体系的最大位移。

为确定ξ_0，需要先假定a_{pi}和d_{pi}，通过对弹性需求谱的折减，即可得到弹塑性需求谱。这一点是决定等效阻尼比大小和地震需求曲线位置的一个坐标点，是结构抗震性能的试设点。

图 6.40 为韧性结构的滞回环（结构耗能能力良好），但是对于耗能能力差的结构，滞回曲线会有捏拢现象，因此在滞回阻尼比ξ_0中引入阻尼修正系数κ来体现这个问题，将ξ_{eq}换为等效阻尼比ξ_e：

$$\xi_e = \kappa\xi_0 + 5 = \left[\frac{63.7\kappa(a_y d_{pi} - d_y a_{pi})}{a_{pi} d_{pi}} + 5\right] \times 100\% \tag{6.49}$$

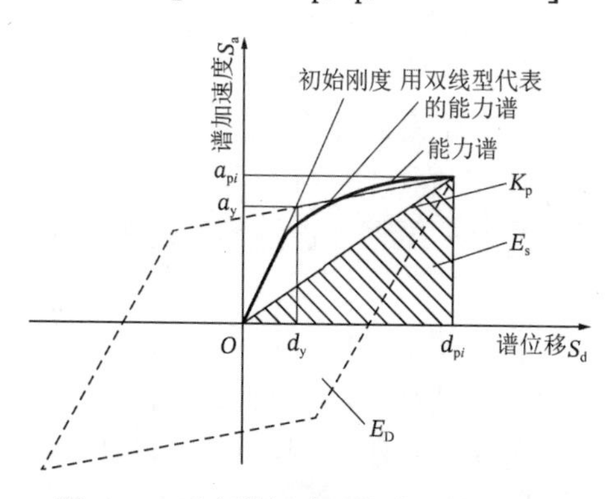

图 6.40　反应谱折减用的滞回阻尼转化

表 6.2 和表 6.3 分别给出不同结构根据地震持续时间长短将结构行为分为三类和阻尼修正系数κ的取值。

结构行为类型　　**表 6.2**

震持时	新建筑	平均现存建筑	现存老建筑
短	Type A	Type B	Type C
长	Type B	Type C	Type C

阻尼修正系数κ取值　　**表 6.3**

结构行为类型	ξ_0（%）	κ
Type A	≤ 16.25 > 16.25	1.0 $1.13 \sim 0.51(a_y d_{pi} - d_y a_{pi})/a_{pi} d_{pi}$
Type B	≤ 25 > 25	0.67 $0.845 \sim 0.446(a_y d_{pi} - d_y a_{pi})/a_{pi} d_{pi}$
Type C	任意值	0.33

规范反应谱的阻尼比为 5%，当结构的系统阻尼比大于 5%时，对 5%阻尼比的弹性反应谱折减得到需求谱。具体公式如下：

$$SR_a = \frac{3.21 - 0.68 \ln \xi_e}{2.12} \tag{6.50}$$

$$SR_v = \frac{2.31 - 0.41 \ln \xi_e}{1.65} \tag{6.51}$$

式中：SR_a、SR_v——代表弹性反应谱常数加速度区和常数速度区的折减系数，均不小于表 6.4 中给出的允许值。

SR_a和SR_v最小允许值 **表 6.4**

结构行为类型	SR_a	SR_v
Type A	0.33	0.5
Type B	0.44	0.56
Type C	0.56	0.67

4）目标位移点（性能点）的确定

将能力谱与需求谱放在同一需求谱图上，如图 6.41 所示。两组曲线有个交汇点，如果这个交点与(a_{pi}, d_{pi})点相接近，此点可视为“性能点”，或称“目标位移点”，如果此点远离(a_{pi}, d_{pi})则计算过程必须重复进行，直至达到满意为止。

3. 能力谱方法确定目标位移点（性能点）的具体步骤

ACT-40 采用能力谱方法确定性能点时，定义了三种方法。在原理上，这三种方法是一致的，但具体操作有所不同。其中，方法 A 被推荐为最理想的方法，下面给出采用方法 A 确定性能点的具体步骤：

（1）使用式(6.44)建立结构 5%阻尼比的设计反应谱并转换为需求谱。

（2）使用式(6.42)将非线性能力曲线转化为能力谱。

（3）选择一个性能点(a_{pi}, d_{pi})可以用等位移近似，如图 6.41 所示，或者基于工程经验。

（4）使用式(6.49)将能力谱等效为二折线，用二折线能力谱曲线计算等效阻尼。计算要求能力谱下面积和双线型能力谱表示面积相等，如图 6.42 所示。

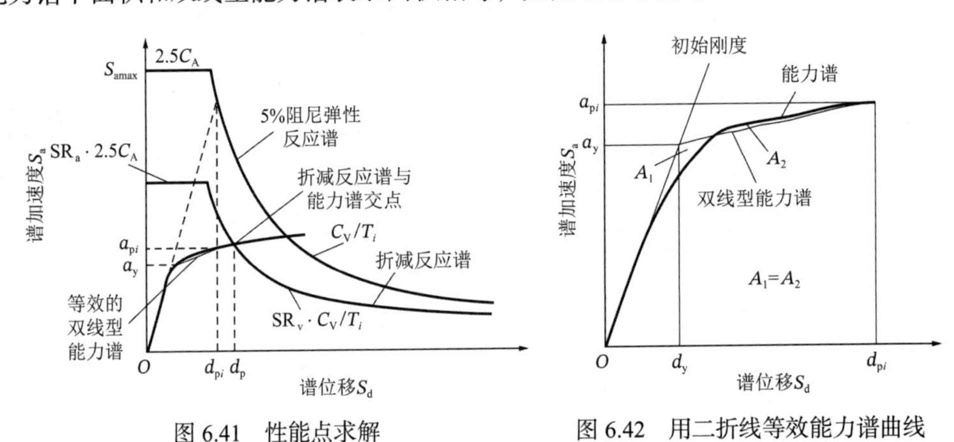

图 6.41 性能点求解　　图 6.42 用二折线等效能力谱曲线

（5）使用式(6.50)和式(6.51)计算折减系数，折减后的需求谱和能力谱画在一起。

（6）如果折减需求谱与能力谱相交于(a_{pi}, d_{pi})或相交于d_{pi}的 5%的范围内，相交点表示性能点。

（7）如果相交点不在允许范围（5%的d_{pi}）内，选择另外一个点重复步骤（4）～（7），步骤（6）的交点可以作为下一次迭代的起点。

4. 我国《抗震规范》反应谱与美国 ATC-40 反应谱参数转换

上述能力谱方法中，需求谱的确定都是基于美国 ATC-40 中定义的反应谱，对我国《抗震规范》的反应谱，可以通过对美国 ATC-40 反应谱乘以相应的系数进行转化。图 6.43 和图 6.44 分别给出了我国《抗震规范》反应谱与美国 ATC-40 定义反应谱。

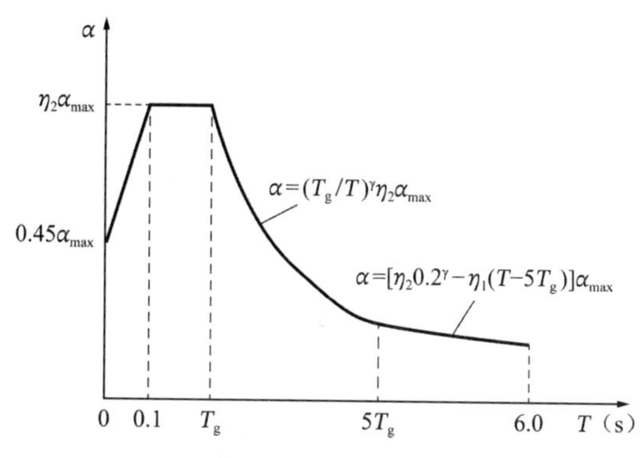

图 6.43 我国《抗震规范》反应谱中的地震影响系数曲线

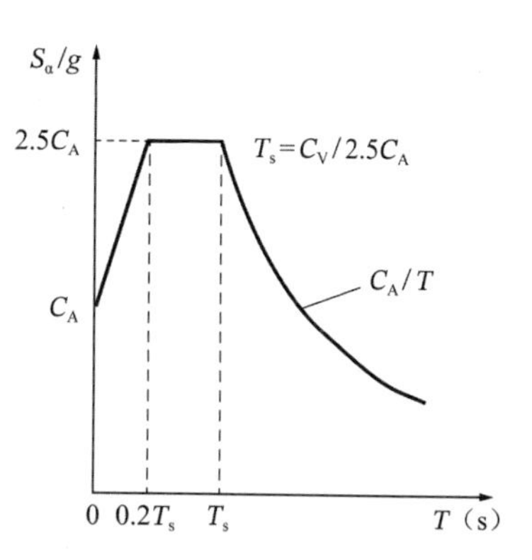

图 6.44 美国 ACT-40 定义反应谱

通过对比可以得到：

$$\eta_2\alpha_{max}=2.5C_A \tag{6.52}$$

$$T_g=T_s=C_V/2.5C_A \tag{6.53}$$

从式中可以看出，若已知抗震设防烈度、反应谱特征周期和结构阻尼比，即可求出 ATC-40 中对应的参数C_A和C_V。

5. 采用 Pushover 方法对结构抗震性能进行评估

使用 Pushover 静力非线性方法进行结构安全性评价的方式有几种，其中最简单的方法是直接应用得到的目标位移点（性能点）与结构的能力曲线。得到结构的性能点后，经转化可以得到能力曲线上相对应的点，能力曲线上的每一个点都对应着结构的一个变形状态，图 6.45 给出了由目标位移和能力曲线确定结构的破坏状态的示意图。根据性能点对应的变形，可以对结构进行以下方面的评价：顶点侧移和层间位移角是否满足《抗震规范》规定的位移限值；构件的局部变形（指梁、柱等构件塑性铰的变形），检验它是否超过建筑某一性能水准下的允许变形；结构构件的塑性铰分布是否构成倒塌机构等。

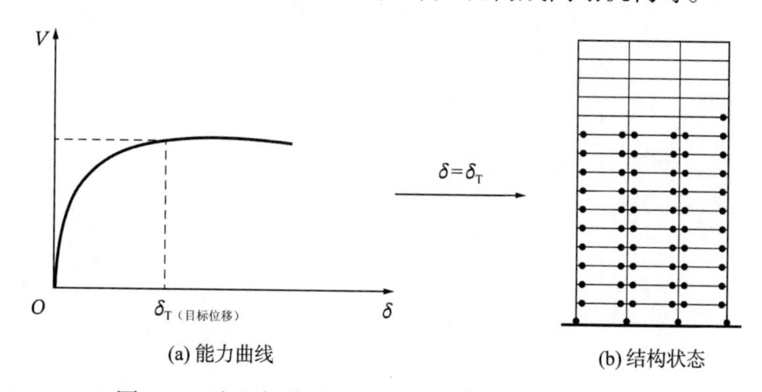

图 6.45 由目标位移和能力曲线确定结构的破坏状态

使用 Pushover 分析对于楼层数不太多或基本周期不太长的结构，可以较好地评估结构的抗震性能。但对于高层结构，有很多方面还待完善。目前，已开发了许多可用于对结构进行 Pushover 分析的商业软件，用于二维平面分析的有 DRAIN-2DX、IDARC 等，用于三维空间分析的有 SAP2000 等。

第7章 地震作用计算和结构抗震验算

进行结构抗震设计之前，首先需要进行地震作用的计算。地震作用并不是直接作用在结构上的荷载，而是地面运动引起结构的惯性力，其作用的方向是任意的，并且对于承重构件，如剪力墙、框架等，也不一定是正交的。在抗震计算中，对于对称结构，主要考虑水平地震作用；质量和刚度不均匀的结构以及一些特殊的对称结构，还需考虑水平地震引起的扭转影响；对于设防烈度8度和9度地区的大跨、长悬臂、高耸结构及设防烈度9度地区的高层建筑，还需要考虑竖向地震作用。

确定结构地震作用效应后，为了在设计基准期内能够经济有效地抵御地震，必须对结构进行相应的验算以满足“三水准设防”要求，即“小震不坏，中震可修，大震不倒”。

（1）结构在小震作用出现的情况下应无任何损坏。为了防止只能承受有限变形的非结构构件的破坏，必须限制结构在小震下的弹性变形。

（2）遭遇不常发生的中震时，允许非结构构件受到破坏，但必须保证主要结构构件不受明显损坏，结构稍加修缮后仍能继续工作。

（3）当遇到十分罕遇的大震时，结构应不倒塌。经受这样的地震，允许结构有很大的损坏，但必须保证结构能继续存在，以防止造成重大的人身伤亡。这就要求必须控制构件在大震下的弹塑性变形。

下面介绍在结构抗震设计中进行地震作用分析和结构抗震验算的一些主要方法，通过算例介绍结构分析和验算方法的使用。为了便于对规范的理解，本章中的符号大部分采用了与《抗震规范》相同的表示形式。

7.1 水平地震作用计算

现行的抗震计算主要有三种方法：底部剪力法、基于反应谱理论的振型分解法以及时程分析方法。《抗震规范》规定，对于特别不规则建筑、甲类建筑和超高层建筑需要采用动力时程分析或者静力弹塑性方法进行补充计算。

7.1.1 底部剪力法

1. 适用范围

《抗震规范》规定在高度不超过40m、以剪切变形为主且质量和刚度沿高度分布比较均匀的结构，以及近似于单质点体系的结构，可采用底部剪力法等简化方法进行分析。例如，一般的多层砌体房屋、底层框剪砖房、多层内框架结构和框架-剪力墙结构，均可采用底部剪力法进行水平地震作用计算。同时，单层厂房的横向水平地震作用计算，也可以采用该方法。

底部剪力法是常用的简化方法，此法的基本思路是：结构底部的剪力等于其总水平地震作用由反应谱得到，而地震作用沿高度的分布则根据近似的结构侧移假定得到。它实质上是相对于振型分解反应谱法的一种简化，将多点结构视为等效单质点结构。对以剪切变形为主的结构，取第一振型；振型曲线取斜直线，进行各质点（楼层）间水平地震作用的分配，同时取总水平地震的微小部分附加到顶部质点（屋面），以弥补简化后的不足。底部剪力法推导中结构一阶振型曲线及地震作用计算简图如图 7.1 所示，图 7.1（a）中X_{i1}为假设的结构一阶振型第i楼层的分量。

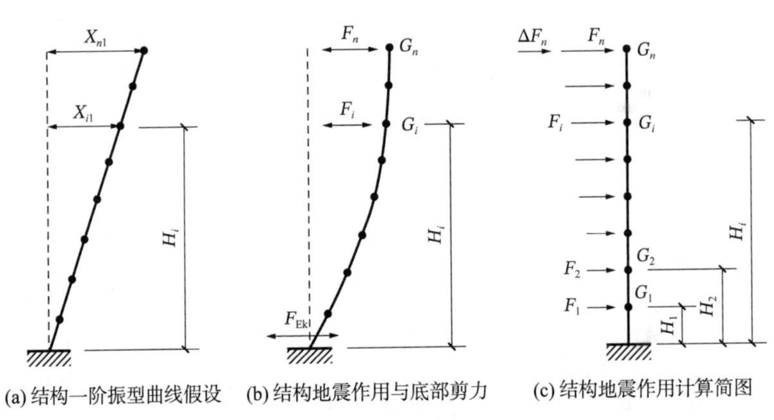

图 7.1　结构一阶振型曲线及地震作用计算简图

2. 地震作用的计算

对于建筑的基本周期，可以用一些常用的工程算法计算，如等效单质点方法、能量法、顶点位移法或经验公式等。水平地震作用沿高度通常按倒三角形分布，对一些周期较长的结构，其顶部误差可达 25%。因此，引入依赖于结构基本自振周期和反应谱特征周期的顶点附加集中地震作用予以调整，结构可仅采用一个自由度进行计算。图 7.1（b）和图 7.1（c）为底部剪力法中结构底部剪力，即总水平地震作用和各质点水平地震作用示意图。

结构的总水平地震作用为：

$$F_{\mathrm{Ek}} = \alpha_1 G_{\mathrm{eq}} \tag{7.1}$$

结构质点i的水平地震作用为：

$$F_i = \frac{G_i H_i}{\sum_{j=1}^{n} G_j H_j} F_{\mathrm{Ek}}(1 - \delta_n),\quad i = 1,2,\cdots,n \tag{7.2}$$

结构顶层屋面处总水平地震作用为：

$$F_n + \Delta F_n = \frac{G_n H_n}{\sum_{j=1}^{n} G_j H_j} F_{\mathrm{Ek}}(1 - \delta_n) + \Delta F_n \tag{7.3}$$

其中

$$\Delta F_n = \delta_n F_{\mathrm{Ek}} \tag{7.4}$$

式中：F_{Ek}——结构总水平地震作用标准值；
α_1——相应于结构基本自振周期的水平地震影响系数值；
G_{eq}——结构等效总重力荷载，单质点应取总重力荷载代表值，多质点可取总重力荷载代表值的 85%；不等高单层厂房可取重力荷载代表值的 90%～95%；
F_i——质点i的水平地震作用标准值；
G_i、G_j——集中质点i、j的重力荷载代表值；
H_i、H_j——质点i、j的计算高度；
δ_n——顶部附加地震作用系数，可按表 7.1 取值；表中T_1为结构基本自振周期；T_g为反应谱特征周期；
ΔF_n——顶部附加水平地震作用；
n——结构质点（楼层）总数。

顶层（部）附加地震作用系数δ_n　　**表 7.1**

T_g（s）	$T_1 > 1.4T_g$	$T_1 \leqslant 1.4T_g$
$\leqslant 0.35$	$0.08T_1 + 0.07$	0.0
0.35～0.55	$0.08T_1 + 0.01$	
> 0.55	$0.08T_1 - 0.02$	

3. 带屋面突出物的高层建筑水平地震作用计算

高层建筑一般带有屋面突出物，对于突出物水平地震作用的简化计算，可按底部剪力法求得地震作用后再乘以放大系数。如突出屋面的屋顶间、女儿墙、烟囱等的地震作用效应，宜乘以增大系数，一般取 3，此增大部分不应往下传递，但与该突出部分相连的构件应予以计入。

此外，可以采用以下方法进行计算。

假设质点s的地震影响系数为：

$$\alpha_s = k\beta \tag{7.5}$$

式中：k——主结构屋面处的加速度系数；
β——动力系数。

突出物结构屋面处的加速度系数k用式(7.6)计算。

$$k = \alpha_1 \frac{G_{eq}H_n}{\sum_{j=1}^{n} G_j H_j}[1 + 0.5(n-1)\delta_n] \tag{7.6}$$

动力系数β值与主结构基本自振周期以及突出物和主结构的质量及刚度等因素有关，对于一般高层建筑，突出屋面的楼梯间、电梯间和水箱间等的质量和刚度变化相对较小，而主结构却因使用情况不同，其质量和刚度变化较大。因此，在确定β值时，主要考虑主结构的质量和刚度的影响，经过分析计算，并与振型分解法和直接动力法的计算进行比较，可得：

$$\beta = 2.25 + 0.8(T_1 - 0.5) \qquad (0.5 \leqslant T_1 < 1.5) \tag{7.7}$$

式中：T_1——结构基本自振周期，当$T_1 < 0.5$s 时，取$T_1 = 0.5$s；当$T_1 > 1.5$s 时，式(7.7)将不适用。

突出物的水平地震作用为：

$$F_{\mathrm{Eks}} = \alpha_{\mathrm{s}} G_{\mathrm{eqs}} \tag{7.8}$$

式中：G_{eqs}——突出物的等效总重力荷载，对多质点结构取 $0.85G_{\mathrm{Es}}$；

G_{Es}——突出物的总重力荷载代表值。

作用于突出物质点i的水平地震作用为：

$$F_{\mathrm{s}i} = 0.85kG_{\mathrm{s}i}\left[1 + \frac{G_{\mathrm{E}i}h_i}{\sum\limits_{j=1}^{m} G_{\mathrm{s}j}h_j}(\beta - 1)\right] \tag{7.9}$$

式中：$G_{\mathrm{s}i}$、$G_{\mathrm{s}j}$——突出物第i、j质点的重力荷载代表值；

h_i、h_j——突出物第i、j质点至主结构屋面的距离；

m——突出物的质点数。

【**算例 7.1**】采用底部剪力法计算结构地震剪力。

四层钢筋混凝土框架结构，结构 1 层层高 4.0m，2～4 层层高均为 3.6m。结构重力荷载代表值：1～3 层均为 1000kN，4 层为 800kN。结构建造于基本烈度 8 度区，水平地震影响系数最大值$\alpha_{\max} = 0.16$，反应谱特征周期T_{g}为 0.3s，考虑填充墙刚度影响的结构基本自振周期T_1为 0.5s，求各层地震剪力的标准值。

【**解**】结构总水平地震作用标准值为：

$$\alpha_1 = \left(\frac{T_{\mathrm{g}}}{T_1}\right)^{0.9}\alpha_{\max} = \left(\frac{0.3}{0.5}\right)^{0.9} \times 0.16 = 0.10103$$

$$F_{\mathrm{Ek}} = \alpha_1 G_{\mathrm{eq}} = 0.10103 \times 0.85 \times (1000 \times 3 + 800) = 326.33\mathrm{kN}$$

由于$T_1 = 0.5\mathrm{s} > 1.4T_{\mathrm{g}} = 1.4 \times 0.3 = 0.42\mathrm{s}$，所以应考虑顶部附加水平地震作用，$\delta_n$和$\Delta F_n$为：

$$\delta_n = 0.08T_1 + 0.07 = 0.08 \times 0.5 + 0.07 = 0.11$$

$$\Delta F_n = \delta_n F_{\mathrm{Ek}} = 0.11 \times 326.33 = 35.90\mathrm{kN}$$

各层水平地震作用F_i和各层地震剪力标准值$V_{i\mathrm{k}}$分别用下式计算：

$$F_i = \frac{G_iH_i}{\sum\limits_{j=1}^{n} G_jH_j}(1 - \delta_n)F_{\mathrm{Ek}}$$

$$V_{i\mathrm{k}} = \sum_{j=i}^{n} F_j + \Delta F_n = \sum_{j=i}^{n} \frac{G_jH_j}{\sum\limits_{j=1}^{n} G_jH_j}(1 - \delta_n)F_{\mathrm{Ek}} + \Delta F_n$$

各层地震剪力的计算结果列于表 7.2。如果给定各楼层的层间刚度，又可以计算结构的层间位移值，并进行结构的抗震验算。

各层地震剪力的计算结果 **表 7.2**

层	G_i（kN）	H_i（m）	G_iH_i（kN·m）	$F_i = \frac{G_iH_i}{\sum_{j=1}^{n} G_jH_j}(1 - \delta_n)F_{\mathrm{Ek}}$	ΔF_n（kN）	$V_{i\mathrm{k}} = \sum_{j=i}^{n} F_j + \Delta F_n$（kN）
4	800	14.8	11840	99.27	35.90	135.17
3	1000	11.2	11200	93.90		229.07

续表

层	G_i（kN）	H_i（m）	G_iH_i（kN·m）	$F_i=\frac{G_iH_i}{\sum_{j=1}^{n}G_jH_j}(1-\delta_n)F_{Ek}$	ΔF_n（kN）	$V_{ik}=\sum_{j=i}^{n}F_j+\Delta F_n$（kN）
2	1000	7.6	7600	63.72	35.90	292.79
1	1000	4	4000	33.54		326.33
Σ	3800	—	34640	290.43		—

【**算例 7.2**】带屋面突出物的高层建筑水平地震作用计算。

建筑物为 8 层现浇钢筋混凝土框架结构，机房和水箱间局部突出屋面，如图 7.2 所示。设防烈度 8 度，水平地震影响系数最大值$\alpha_{max}=0.16$，Ⅰ类场地，设计地震分组为第二组。混凝土强度等级：梁 C20，柱 C25。柱截面尺寸：1～4 层 550mm × 550mm，5～8 层 450mm × 450mm；梁截面尺寸：边跨 240mm × 650mm，中间跨 240mm × 400mm。各层重力荷载代表值：$G_1=10360$kN，G_2～$G_7=9330$kN，$G_8=6130$kN，$G_9=1100$kN，$G_{10}=820$kN。建筑物的平面及剖面简图如图 7.2 所示要求计算横向地震作用。

【**解**】主结构顶部的折算重力荷载为：

$$G_e=1100\times\left(1+\frac{3}{2}\times\frac{3.6}{29.2}\right)+820\times\left(1+\frac{3}{2}\times\frac{3.6+3.6}{29.2}\right)=2426.71\text{kN}$$

主结构屋面处的重力荷载为：

$$G_8'=6130+2426.71=8556.71\text{kN}$$

首先计算主结构的基本自振周期为$T_1=0.76$s。

反应谱特征周期T_g为 0.3s，相应的地震影响系数$\alpha_1=(0.3/0.76)^{0.9}\times0.16=0.069$。主结构顶部附加地震作用系数为$\delta_n=0.08\times0.76+0.01=0.071$。

总水平地震作用为：

$$F_{Ek}=0.85\times0.069\times(10360+9330\times6+8556.71)=4392.69\text{kN}$$

顶部附加水平地震作用为：

$$\Delta F_8=0.071\times4392.69=311.88\text{kN}$$

各质点的水平地震作用按式(7.2)计算。

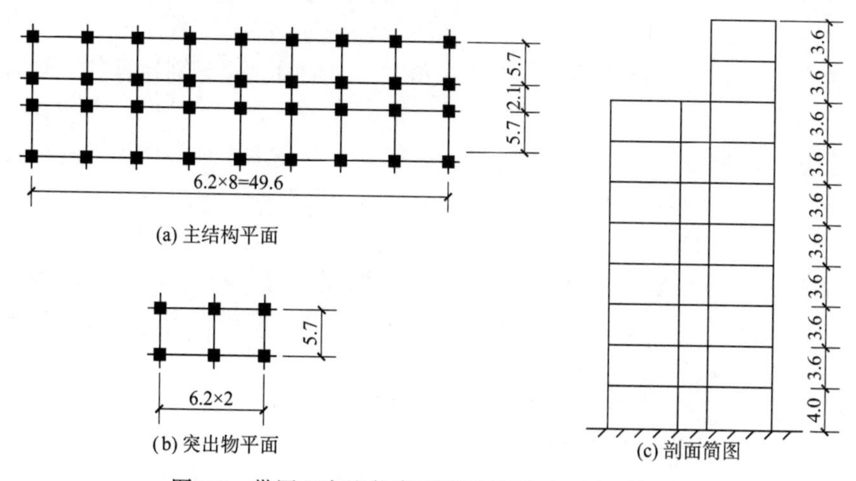

(a) 主结构平面

(b) 突出物平面

(c) 剖面简图

图 7.2　带屋面突出物高层建筑的平面、剖面简图

经计算

$$\sum_{j=1}^{n}G_jH_j = 1220572\text{kN}\cdot\text{m}$$

将有关数据代入式(7.6)得：

$$k = 0.069\times\frac{0.85\times74897\times29.2}{1220572}\times[1+0.5\times(8-1)\times0.071] = 0.131$$

由式(7.7)得：

$$\beta = 2.25+0.8\times(0.76-0.5) = 2.458$$

由式(7.8)得突出物的总水平地震作用：

$$F_{\text{Eks}} = 0.85\times0.131\times2.458\times(1100+820) = 525.50\text{kN}$$

突出物各质点的水平地震作用按式(7.9)计算：

$$F_{\text{s1}} = 0.85\times0.131\times1100\times\left[1+\frac{1920\times3.6}{9864}\times(2.458-1)\right] = 247.62\text{kN}$$

$$F_{\text{s2}} = 0.85\times0.131\times820\times\left[1+\frac{1920\times7.2}{9864}\times(2.458-1)\right] = 277.88\text{kN}$$

F_{s1}、F_{s2}不向下传给主结构。相应的层间剪力为：$V_{\text{s1}} = 525.50\text{kN}$，$V_{\text{s2}} = 277.88\text{kN}$。主结构顶部两层的层间剪力分别为：$V_7 = 1948.29\text{kN}$，$V_8 = 1148.45\text{kN}$。

如果不考虑顶部附加水平地震作用，由此得到的突出物和主结构顶部两层的水平地震作用需乘以不同的放大系数。对本算例来说，刚度比和质量比分别为$K_{\text{s}}/K_{\text{m}} = 0.125$和$m_{\text{s}}/m_{\text{m}} = 0.026$。根据基本周期$T_1 = 0.76\text{s}$及刚度比和质量比，可得出突出物的放大系数$\beta_1 = \beta_2 = 2.2$，相应的层间剪力为$V_{\text{s2}} = 239.95\text{kN}$，$V_{\text{s1}} = 527.91\text{kN}$，主结构顶部两层的放大系数$\beta_7 = 1.1$，$\beta_8 = 1.3$，层间剪力为$V_8 = 1145.72\text{kN}$，$V_7 = 1901.11\text{kN}$。

7.1.2 振型分解反应谱法

1. 适用范围

适用于沿两个主轴分别计算的一般结构，其变形可以是剪切型、弯曲型或剪弯型。

对于这类建筑结构需要考虑的地震作用有：

（1）在建（构）筑物结构的两个主轴方向分别计算水平地震作用，各方向的水平地震作用全部由该方向抗侧力构件承担。

（2）有斜交抗侧力构件的结构，当相交角大于 15°时，应分别计算各抗侧力构件方向的水平地震作用。

（3）质量、刚度分布明显不对称的结构，应计入双向水平地震作用下的扭转影响；其他情况，应允许采用调整地震作用效应的方法计入扭转影响。

地震是一个复杂的随机过程，任一时刻，地面震动有六个分量，其中有两个水平分量。《抗震规范》提出对扭转耦联结构应考虑双向水平地震作用下的扭转影响。地震动有两个水平分量是客观存在的，不仅扭转耦联结构应考虑双向水平地震作用，正交、对称结构也应该考虑双向水平地震作用下的抗震验算。

2. 水平地震反应谱分析

1）单向水平地震作用下的结构反应

所谓结构反应一般指结构构件的内力及结构节点的位移。每楼层用有两个正交的水平位移和一个转角以研究地震作用下的结构反应。按弹性理论计算结构的地震反应时，结构反应与地震作用成正比。

计算地震作用和结构反应，当不考虑扭转耦联时，结构j振型i质点的水平地震作用标准值，应按式(7.10)确定：

$$F_{ji} = \alpha_j \gamma_j X_{ji} G_i \qquad (i = 1,2,\cdots,n;\ j = 1,2,\cdots,m) \tag{7.10}$$

$$\gamma_j = \sum_{i=1}^{n} X_{ji} G_i / \sum_{i=1}^{n} X_{ji}^2 G_i \tag{7.11}$$

式中：F_{ji}——第j振型i质点的水平地震作用标准值；

α_j——相应于j振型自振周期的地震影响系数；

X_{ji}——第j振型i质点的水平相对位移；

γ_j——第j振型的振型参与系数。

水平地震作用效应（弯矩、剪力、轴向力和变形），可按式(7.12)确定：

$$S_{\mathrm{Ek}} = \sqrt{\Sigma S_j^2} \tag{7.12}$$

式中：S_{Ek}——水平地震作用标准值的效应；

S_j——第j振型水平地震作用标准值的效应，可只取前 2～3 个振型，当基本周期大于 1.5s 或房屋高宽比大于 5 时，振型个数应适当增加。

2）双向水平地震作用下的结构效应

对于钢筋混凝土结构，在双向水平地震作用下结构的柱、墙为双向偏心受力，而且其轴力比按单向水平地震分别作用时要大，尤其是角柱，最大轴力可达单向水平地震作用时轴力的 1.4 倍。由此可见，按单向水平地震作用分别进行抗震验算不符合实际地震作用状况，不能正确反映柱、墙在地震作用时的受力状态，而且偏于不安全。因此所有结构，包括正交、对称结构均应按双向水平地震作用进行抗震验算。结构构件的最不利地震作用效应，可由x、y向单独地震作用下的效应计算得出，具有斜交抗侧力构件的结构，不需分别考虑各抗侧力构件方向的水平地震作用。

《抗震规范》增加考虑双向水平地震作用下的地震效应组合。根据地震观测记录的统计分析，两个方向水平地震加速度的最大值不相等，二者之比约为 1：0.85；并且两个方向的最大值不一定发生在同一时刻，因此采用平方和开方（SRSS）计算两个方向地震作用效应的组合。所谓地震作用效应，指两个正交方向地震作用在每个构件的同一局部坐标方向产生的效应，如：x方向地震作用下在局部坐标x_i向的弯矩M_{xx}和y方向地震作用下在局部坐标轴x_i向的弯矩M_{xy}，按不利情况考虑时，取上述组合的最大弯矩与对应的剪力；或上述组合的最大剪力与对应的弯矩；或上述组合的最大轴力与对应的弯矩等。

3）结构考虑水平地震的扭转耦联影响

由于地震波在传播过程中的折射、反射、散射造成的强震地面运动具有三向水平和三向转动共六个自由度，地震作用本身就存在扭转分量。如果结构平面布置不规则，在水平地震作用下，也会引起扭转效应，对结构产生严重的破坏作用。因此，由于地面的扭转运动，建筑物质量分布不均匀变化以及抗扭构件的非对称性破坏等引起的扭振效应，对于建筑结构来说是难以避免的。

下列情况均应考虑地震扭转耦联计算：对于不对称结构，当扭转振型为主振型；或抗扭刚度较小的对称结构，例如某些核心筒外稀柱框架或类似的结构，当第一振型抗扭周期为T_θ；或不为第一振型，但满足$T_\theta > 0.7s$（T_{x1}或T_{y1}）；对较高的高层建筑，当$T_\theta > 1.4s$（T_{x2}或T_{y2}）时。但如果考虑扭转影响的地震作用效应小于考虑偶然偏心引起的地震效应时，偏于安全，应取后者。但二者不叠加计算。

①按扭转耦联振型分解法计算时，各楼层可取两个正交的水平位移和一个转角共三个自由度，并应按下列公式计算结构的地震作用和作用效应：

$$F_{xji} = \alpha_j \gamma_{tj} X_{ji} G_i \tag{7.13}$$

$$F_{yji} = \alpha_j \gamma_{tj} Y_{ji} G_i \qquad (i = 1,2,\cdots,n;\ j = 1,2,\cdots,m) \tag{7.14}$$

$$F_{tji} = \alpha_j \gamma_{tj} r_i^2 \varphi_{ji} G_i \tag{7.15}$$

式中：F_{xji}、F_{yji}、F_{tji}——j振型i层的x方向、y方向和转角方向的地震作用标准值；

X_{ji}、Y_{ji}——j振型i层质心在x、y方向的水平相对位移；

φ_{ji}——j振型i层的相对扭转角；

r_i——i层转动半径，可取i层绕质心的转动惯量除以该层质量的商的正二次方根；

γ_{tj}——计入扭转的j振型的参与系数，可按下列公式确定：

取x方向地震作用时：

$$\gamma_{tj} = \sum_{i=1}^{n} X_{ji} G_i \Big/ \sum_{i=1}^{n} \left(X_{ji}^2 + Y_{ji}^2 + \varphi_{ji}^2 r_i^2\right) G_i \tag{7.16}$$

取y方向地震作用时：

$$\gamma_{tj} = \sum_{i=1}^{n} Y_{ji} G_i \Big/ \sum_{i=1}^{n} \left(X_{ji}^2 + Y_{ji}^2 + \varphi_{ji}^2 r_i^2\right) G_i \tag{7.17}$$

当取与x方向斜交的地震作用时：

$$\gamma_{tj} = \gamma_{xj} \cos\theta + \gamma_{yj} \sin\theta \tag{7.18}$$

式中：γ_{xj}、γ_{yj}——式(7.16)和式(7.17)求得的参与系数；

θ——地震作用方向与x方向的夹角。

②单向水平地震作用的扭转效应，可按下列公式确定：

$$S_{Ek} = \sqrt{\sum_{j=1}^{m} \sum_{k=1}^{m} \rho_{jk} S_j S_k} \tag{7.19}$$

$$\rho_{jk} = \frac{8\xi_j \xi_k (1 + \lambda_T) \lambda_T^{1.5}}{\left(1 - \lambda_T^2\right)^2 + 4\xi_j \xi_k (1 + \lambda_T)^2 \lambda_T} \tag{7.20}$$

式中：S_{Ek}——地震作用标准值的扭转效应；

S_j、S_k——第j、k振型地震作用标准值的效应，可取前 9～15 个振型；

ξ_j、ξ_k——第j、k振型的阻尼比；

ρ_{jk}——第j振型与k振型的耦联系数；

λ_T——第k振型与j振型的自振周期比。

③双向水平地震作用的扭转效应，可按下列公式中的较大值确定：

$$S_{Ek} = \sqrt{S_x^2 + \left(0.85 S_y\right)^2} \tag{7.21}$$

或

$$S_{\mathrm{Ek}}=\sqrt{S_y^2+(0.85S_x)^2} \tag{7.22}$$

式中：S_x、S_y——按式(7.19)计算的x方向和y方向单向水平地震作用扭转效应。

很多国家的抗震设计规范都规定，对于均匀对称结构可以使用一些简化计算方法，如扭转效应系数法和动力偏心矩法等。但这些方法只适用于一定范围内、确有依据时进行近似估计。

《抗震规范》中对于平面规则结构，考虑由于施工、使用等原因所产生的偶然偏心距引起的地震扭转效应及地面运动扭转分量的影响，规定：当不考虑扭转耦联计算时，采用增大边榀结构地震内力的简化处理方法。平行于地震作用方向的两个边榀，其地震作用效应应乘以增大系数。一般情况下，短边按 1.15 采用，长边可按 1.05 采用；当抗扭刚度较小时，宜按不小于 1.3 采用。

对于平面规则的建筑结构，国外的多数抗震设计规范也考虑由于施工、使用等原因所产生的偶然偏心引起的地震扭转效应及地面运动扭转分量的影响。

偶然偏心距e_0，为质心与刚度中心的偶然偏心距离，一般取$e_0=(0.05\sim0.1)l$，l为垂直于地震作用方向的建筑物的边长；对于不对称结构，按静力方法计算时，将计算的偏心距e_1乘以 1.0～1.7 的增大系数并加上偶然偏心距e_0，即设计偏心距$e=(1.0\sim1.7)e_1+(0.05\sim0.1)l$；对于不规则结构，当不考虑扭转耦联计算时，拟采用增大边榀结构地震内力的简化处理方法。

④最小水平地震作用的控制。由于地震影响系数在长周期段下降较快，对于基本周期大于 3s 的结构，由此计算所得的水平地震作用下的结构效应可能太小。而对于长周期结构，地震地面运动速度和位移可能对结构的破坏具有更大影响，因此，出于结构安全的考虑，增加了对各楼层水平地震剪力最小值的要求，规定了不同烈度下的剪力系数，结构水平地震作用效应应据此进行相应调整。

进行抗震验算时，结构任一楼层的水平地震剪力应符合式(7.23)要求：

$$V_{\mathrm{Ek}i}>\lambda\sum_{j=i}^{n}G_j \tag{7.23}$$

式中：$V_{\mathrm{Ek}i}$——第i层对应于水平地震作用标准值的楼层剪力；

λ——剪力系数；

G_j——第j层的重力荷载代表值。

剪力系数，不应小于表 7.3 规定的楼层最小地震剪力系数值，对竖向不规则结构的薄弱层，尚应乘以 1.15 的增大系数。对于基本周期介于 3.5s 和 5.0s 之间的结构，可按表 7.3 进行内插取值；表 7.3 括号内数值分别用于设计基本地震加速度为 0.15g和 0.30g的地区。

楼层地震最小地震剪力系数值　　**表 7.3**

类别	6 度	7 度	8 度	9 度
扭转效应明显或基本周期小于 3.5s 的结构	0.008	0.016（0.024）	0.032（0.048）	0.064
基本周期大于 5.0s 的结构	0.006	0.012（0.018）	0.024（0.036）	0.048

扭转效应可以先由考虑耦联的振型分解反应谱法分析结果判断，例如前三个振型中，

两个水平方向的振型参与系数为同一个量级，即存在明显的扭转效应。对于扭转效应明显或基本自振周期小于 3.5s 的结构，剪力系数取$0.2\alpha_{max}$，保证足够的抗震安全度。对于存在竖向不规则刚度突变的结构，在较弱的楼层，尚应再乘以 1.15 的系数。

在进行钢筋混凝土和钢结构的抗震验算时，一般运用结构底部总剪力与结构总质量之比，即底部剪力系数（剪质比）来判断计算结果正确与否。不同的结构类型，其剪质比有所差别，一般来说，结构的总体刚度越大，剪质比越大，但均应为$0.2\alpha_{max}$左右。对于楼层的水平地震剪力最小值，也参照剪质比的概念控制，但此时所取的是该楼层的剪力和该楼层以上的结构重量之比。

7.1.3 时程分析方法

《抗震规范》规定，对于特别不规则的建筑、甲类建筑和表 7.4 所列高度范围的高层建筑，应采用时程分析方法对结构进行地震反应分析。水平地震作用下结构动力反应分析，对于小震作用下，可以采用振型叠加法、时域逐步积分法等进行分析计算；对于罕遇地震（大震）作用时，可以采用时域逐步积分法进行结构弹塑性分析计算。

采用时程分析的房屋高度范围　　表 7.4

烈度、场地类别	房屋高度范围（m）
8 度Ⅰ、Ⅱ类场地和 7 度	＞100
8 度Ⅲ、Ⅳ类场地	＞80
9 度	＞60

7.2 竖向地震作用计算

近三十五年来的几次地震，如 1989 年的美国 Loma Prieta 地震，1994 年的美国 Northridge 地震，1999 年的我国台湾省集集地震和土耳其地震，2001 年的我国施甸地震和 2008 年的我国汶川地震等，在近震中或发震断层附近产生了较强的竖向地震动，其中有一些竖向加速度峰值超过了水平向加速度峰值。近场地震动的这一特征引起了国内外许多学者的极大关注，并对其进行了深入研究。

对于大跨及超高层工程结构来说，在其抗震设计中将考虑竖向地震动的影响，而这一影响又常常是按水平地震动某一比例规定的。在一般情况下，公认的结果是竖向加速度绝对值峰值约为水平向加速度绝对值峰值的 1/2～2/3。《抗震规范》中规定竖向设计反应谱峰值取为水平向的 65%，对于设防烈度为 8 度和 9 度地区的大跨结构、长悬臂结构以及设防烈度 9 度地区的高层建筑，应考虑竖向地震作用。

对于竖向地震作用的计算，各国抗震规范对此有不同规定，归纳起来大致可以分为两种：

（1）静力法。取结构或构件重量的一定百分比作为竖向地震作用。

（2）按水平地震作用相同的计算方法。《抗震规范》按结构类型的不同给出了竖向地震作用的两种简化计算方法，其实质上是一种静力等效方法。竖向地震作用的计算时，除采用《抗震规范》给出的简化方法，也可以采用反应谱方法和时程分析方法。

7.2.1 《建筑抗震设计规范》GB 50011—2010（2016 年版）给出的计算方法

1. 高耸结构和高层建筑物的竖向地震作用

分析表明，高层建筑和高耸结构取第一振型竖向地震作用作为结构的竖向地震作用时，其误差不大，而第一振型接近于直线。此外，对一些建筑结构的强震观测发现，建筑结构竖向自振周期 T 一般小于反应谱曲线特征周期T_g，于是《抗震规范》中规定竖向地震作用标准值按式(7.24)、式(7.25)确定；楼层的竖向地震作用效应可按各构件承受的重力荷载代表值的比例分配，并宜乘以增大系数 1.5，计算简图如图 7.3 所示。图 7.3 中Y_{i1}为假设的结构竖向一阶振型第i层的分量：

$$F_{Evk}=\alpha_{max}G_{eq} \tag{7.24}$$

$$F_{vi}=\frac{G_iH_i}{\Sigma G_jH_j}F_{Evk} \tag{7.25}$$

式中：F_{Evk}——结构总竖向地震作用标准值；

F_{vi}——质点i的竖向地震作用标准值；

α_{max}——竖向地震影响系数的最大值，可取水平地震影响系数最大值的 65%；

G_{eq}——结构等效总重力荷载，可取其重力荷载代表值的 75%。

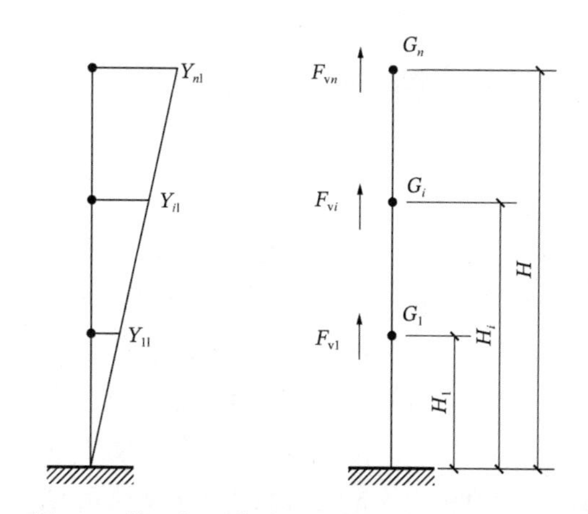

图 7.3　第一振型曲线及竖向地震作用计算简图

2. 平板型网架及类似屋盖的竖向地震作用效应

平板型网架、屋盖和跨度大于 24m 的屋架的竖向地震作用标准值，可取其重力荷载代表值和竖向地震作用系数的乘积，竖向地震作用系数可按表 7.5 采用。

竖向地震作用系数ζ_v　　　**表 7.5**

结构类别	烈度	场地类别		
		Ⅰ	Ⅱ	Ⅲ、Ⅳ
平板型网架钢屋架	8	可不计算（0.10）	0.08（0.12）	0.10（0.15）
	9	0.15	0.15	0.20
钢筋混凝土屋架	8	0.10（0.15）	0.13（0.19）	0.13（0.19）
	9	0.20	0.25	0.25

注：括号内的数值表示同一地区不同区域需要提高竖向地震作用系数。

3. 长悬臂和其他大跨度结构

长悬臂和其他大跨度结构的竖向地震作用标准值，设防烈度 8 度和 9 度地区可分别取该结构、构件重力荷载代表值的 10%和 20%，设计基本地震加速度为 0.30g时，可取该结构、构件重力荷载代表值的 15%。

7.2.2 反应谱法和时程分析方法

反应谱法是将结构物简化为多自由度结构，其地震反应可按振型分解为多个单自由度结构的组合，而每个单自由度结构的最大反应可用反应谱法求得，采用与水平地震作用相同的地震影响系数曲线，但$\alpha_{vmax}=0.65\alpha_{hmax}$，其中$\alpha_{vmax}$为竖向地震影响系数最大值，$\alpha_{hmax}$为水平地震影响系数最大值。

在高烈度区的重要工程或者复杂工程的抗震设计中，除应按《抗震规范》规定的静力方法计算竖向地震作用外，在有条件的情况下还应尽可能采用时程分析法进行计算。在进行动力分析时，一般应该选用地震部门提供的场地地震波作为地震输入，补充真实地震记录；没有场地地震波，则以强震记录为主，补充人工模拟地震波。对于 30 层以下的高层建筑，竖向地震作用仅需要考虑基本振型。对于竖向地震作用，因为竖向地震波通常衰减较快，远震可不考虑。

7.3 结构构件截面抗震验算

7.3.1 概述

地震发生的地点、时间、强度、频谱特性及持续的时间等都具有不确定性，结构的抗震性能，如强度、延性、耗能能力等也是不确定的，因而用概率方法进行结构抗震分析和设计是比较合理的方法。结构抗震的概率分析基本是沿着两条路线发展的，即以随机振动理论为基础的分析方法和以结构抗震规范为基础的可靠度分析方法。

以随机振动理论为基础的分析方法偏重于力学理论，由于这方面的研究尚有待深入，研究成果未能在结构抗震设计中得到应用。《抗震规范》采用的是以反应谱理论为基础的设计方法，在必要的情况下或重要的场合辅以弹塑性时程分析。以《抗震规范》的计算公式和方法为基础的可靠度分析，是面向设计的可靠度分析方法。在我国有关的研究成果已在《抗震规范》中得到应用。反应谱是考虑在多条地震波的作用下，通过对单自由度弹性结构反应的分析，并经规范化处理得到的结构反应与结构自振周期、场地条件关系的曲线。一些文献也在尝试建立强地震作用下结构的非线性反应谱。现在的反应谱实际上是结构弹性反应分析的结果，而进一步的分析，如底部剪力法、振型分解法，基本上是一个静力分析过程。所以以《抗震规范》为基础的可靠度分析方法，基本上也是一个拟静力可靠度分析方法。

7.3.2 基于可靠度的抗震分析

按照“小震不坏，中震可修，大震不倒”的设计原则，《抗震规范》采用了多遇地震作用下结构和构件的承载能力验算和结构弹性变形验算、罕遇地震下的弹塑性变形验算的两阶段设计法。以《抗震规范》为基础的可靠度分析，也是以这两种极限状态进行的。对于剪切型结构，按照底部剪力法进行分析时，底部剪力的不确定性包括地面加速度峰值的不确定性、将地面加速度峰值转化为单自由度反应谱的不确定性、结构重力荷载代表值（永久荷载和部分可变荷载之和）的不确定性和计算模型的不确定性。对于确定烈度下的底部剪力，计算模型的不确定性起控制作用，其概率分布符合极值Ⅰ型分布；考虑设计基准期为 50 年，底部剪力、地面加速度峰值的不确定性起控制作用，其概率分布符合极值Ⅱ型分布。根据结构底部剪力的统计特性，可得到构件剪力和弯矩的统计特性，构件承载力的统计特性与静力分析时相同，这样可用静力可靠度方法分析结构小震不坏的可靠度。《抗震规范》中构件承载力设计表达式的分项系数，就是以可靠度理论为基础确定的，下面介绍可靠度分析的内容。

1. 结构抗震设计标准

如能确定某地大于给定烈度i的 1 年内超越概率P_1（$I>i$），则可由式(7.26)得到该地任意T年内大于给定烈度i的超越概率：

$$P_T(I\geqslant i/T)=1-[1-P_1(I\geqslant i)]^T \tag{7.26}$$

式中：P_T（$I>i/T$）——T年内烈度I大于i的超越概率；

P_1（$I>i$）——1 年内超越概率。

在明确了各个水准地震的概率水平后，各水准地震所对应的烈度值将与结构的设计基准期有关，各种设计基准期的烈度超越概率曲线如图 7.4 所示。

根据结构的重要性，可将结构分为三大类：

（1）重要结构——结构如遭受破坏，会造成重大经济损失或严重的社会后果。

（2）次要结构——结构破坏，不易造成人员伤亡和较大的经济损失。

（3）一般结构——除以上结构外的大量普通结构。

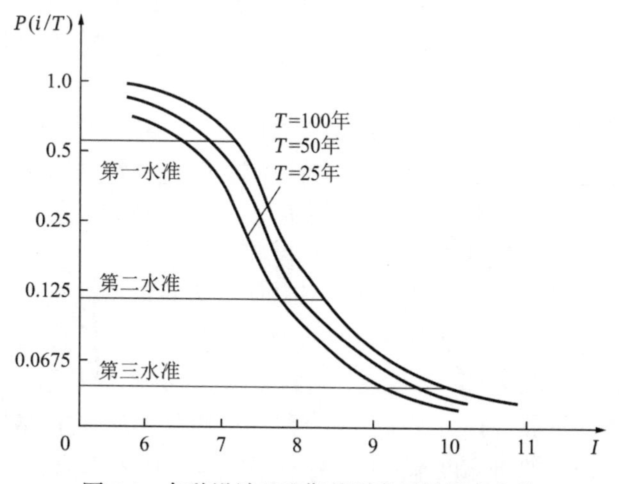

图 7.4 各种设计基准期的烈度超越概率曲线

一般结构的设计基准期通常为 50 年，而重要结构的设计基准期通常大于 50 年（例如为 100 年）。因此在同样的超越概率条件下，与重要结构设计基准期相应的各水准地震烈度比一般结构大，即重要结构应比一般结构抗震设防标准高。同样，次要结构的设计基准期通常小于 50 年（例如为 25 年），则在同样的超越概率水平下，与次要结构设计基准期相应的各水准地震烈度比一般结构小，即次要结构可比一般结构抗震设防标准低。不同重要程度的结构，采用不同的抗震设防标准，与结构抗震设计的总目标一致。

2. 可靠度指标计算

采用以概率理论为基础的极限状态设计方法时，设计表达式采用分项系数表达式，在制定过程中，对影响结构安全度的主要因素进行了大量调查、统计和分析，选出延性破坏时和脆性破坏时的可靠度指标β以及相应的分项系数。

可靠度大小用失效概率P_f来度量，可靠度指标β与失效概率在数值上相对应，β越大P_f就越小，即结构就越可靠。规定结构构件承载能力极限状态设计时采用的可靠度指标β值，在安全等级为一、二、三级时，延性破坏为 3.7、3.2、2.7；脆性破坏为 4.2、3.7、3.2。相当于失效概率分别约为1.1×10^{-4}、6.9×10^{-4}、3.5×10^{-3}和1.3×10^{-5}、1.1×10^{-4}、6.9×10^{-4}，这就是我国建筑结构设计中构件承载能力的可靠度水平。

3. 基于概率可靠度的结构抗震设计方法

我国现行的结构抗震方法基于“小震不坏，中震可修，大震不倒”的抗震设计思想，给出确定的烈度水准下的设计表达式或设计要求。按这一方法进行抗震设计存在如下问题：

（1）只能保证确定的小震烈度水准下结构不破坏的可靠度，而地震作用下结构设计基准期内的可靠度并不明确。

（2）由于大震烈度水准下结构不倒塌的设计要求是按少数几条地震记录进行时程分析来保证的，没有明确的概率可靠度意义。为解决上述问题，可直接采用结构极限状态方程进行抗震设计，即：

$$G = R - (S_D + S_L + S_E) \geqslant 0 \tag{7.27}$$

式中：S_D、S_L、S_E——恒荷载效应、活荷载效应和地震作用效应；

R——结构抗力。

根据结构抗震设计的总目标，定义两种结构极限状态：一种是结构不破坏极限状态；另一种是结构不倒塌极限状态。以此建立基于极限状态的概率可靠度设计方法，需解决以下问题：

（1）与结构不破坏极限状态相应的结构抗力R的统计参数和概率模型的确定。

（2）与结构不倒塌极限状态相应的结构抗力R的统计参数和概率模型的确定。

（3）满足结构不破坏极限状态的设计可靠度要求。

（4）满足结构不倒塌极限状态的设计可靠度要求。

《抗震规范》保证的各类结构在众值烈度作用下的可靠度指标在 1.0～2.0 之间，可靠度水平似乎偏低。对比非地震作用下我国建筑结构的可靠度设计要求，同时也考虑地震的偶发性，建议结构不破坏极限状态的抗震设计可靠度指标：延性结构取 2.7，脆性结构取 3.2；结构不倒塌极限状态的抗震设计可靠度指标：延性结构取 3.7，脆性结构取 4.2。

确定了结构抗震设计的可靠度水准后，结构抗震设计的要求为：

$$P(G \geqslant 0) \geqslant P_s \tag{7.28}$$

式中：P_s——与结构抗震可靠度指标相应的可靠度。

7.3.3 截面抗震验算

《抗震规范》规定，下列情况可不进行截面抗震验算，但仍应符合有关的构造措施：

（1）设防烈度 6 度地区的建筑（建造于Ⅳ类场地上较高的高层建筑除外）。

（2）简单结构，如生土房屋和木结构房屋等。

截面验算的多遇地震作用水准为 50 年一遇的地震烈度。因此，可以按照《建筑结构可靠性设计统一标准》GB 50068—2018 规定，采用以可靠度理论为基础的多系数表达式的截面设计方法。

根据第一阶段抗震设计的特点，结构构件的地震作用效应和其他荷载效应的基本组合，应按式(7.29)计算：

$$S = \gamma_G S_{GE} + \gamma_{Eh} S_{Ehk} + \gamma_{Ev} S_{Evk} + \psi_w \gamma_w S_{wk} \tag{7.29}$$

式中：S——结构构件内力（弯矩、轴力和剪力）组合的设计值；

γ_G——重力荷载分项系数，一般情况下采用 1.2，当重力荷载效应对构件承载能力有利时，不应大于 1.0；

γ_{Eh}、γ_{Ev}——水平、竖向地震作用分项系数，按表 7.6 采用；

γ_w——风荷载分项系数，应采用 1.4；

S_{GE}——重力荷载代表值的效应，有起重机时，尚应包括悬吊物重力标准值效应；

S_{Ehk}——水平地震作用标准值的效应，尚应乘以相应的增大系数或调整系数；

S_{Evk}——竖向地震作用标准值的效应，尚应乘以相应的增大系数或调整系数；

S_{wk}——风荷载标准值的效应；

ψ_w——风荷载组合值系数，一般结构取 0.0，风荷载起控制作用的高层建筑应采用 0.2。

地震作用分项系数　　**表 7.6**

地震作用	γ_{Eh}	γ_{Ev}
仅计算水平地震作用	1.3	0.0
仅计算竖向地震作用	0.0	1.3
同时计算水平和竖向地震作用（水平地震为主）	1.3	0.5
同时计算水平和竖向地震作用（竖向地震为主）	0.5	1.3

结构构件的截面抗震验算，应采用下列设计表达式：

$$S \leqslant R/\gamma_{RE} \tag{7.30}$$

式中：γ_{RE}——承载力抗震调整系数，除另有规定外，应按表 7.7 采用；

R——结构构件承载力设计值。

承载力抗震调整系数　　**表 7.7**

材料	结构构件	受力状态	γ_{RE}
钢	柱、梁、支撑、节点板件	强度稳定	0.75
	螺栓、焊接柱、支撑		0.80
砌体	两端均有结构柱、芯柱的抗震墙	受剪	0.9
	其他抗震墙	受剪	1.0
混凝土	梁	受弯	0.75

续表

材料	结构构件	受力状态	γ_{RE}
混凝土	轴压比小于0.15的柱	偏压	0.75
	轴压比不小于0.15的柱	偏压	0.80
	抗震墙	偏压	0.85
	各类构件	受剪、偏拉	0.85

（1）高层建筑各类构件，除考虑水平地震内力和重力荷载内力的组合外，还要考虑风荷载内力的组合，在设防烈度为9度的地区还要考虑竖向地震内力的组合，即：

在设防烈度为6度地区Ⅳ类场地和设防烈度为7、8度地区的高层建筑截面抗震验算表达式为：

$$\gamma_G S_{GE}+\gamma_{Eh}S_{Ehk}+\psi_w\gamma_w S_{wk}\leqslant R/\gamma_{RE} \tag{7.31}$$

在设防烈度为9度地区为：

$$\gamma_G S_{GE}+\gamma_{Eh}S_{Ehk}+\gamma_{Ev}S_{Evk}+\psi_w\gamma_w S_{wk}\leqslant R/\gamma_{RE} \tag{7.32}$$

（2）单层、多层钢筋混凝土结构和单层、多层钢结构的各类构件，只考虑水平地震内力和重力荷载内力的组合，即：

$$\gamma_G S_{GE}+\gamma_{Eh}S_{Ehk}\leqslant R/\gamma_{RE} \tag{7.33}$$

（3）大跨度屋盖系统和长悬臂结构，如网架屋盖、跨度大于24m的屋架及大的挑台、雨篷等，只考虑竖向地震内力和重力荷载内力的组合，即：

$$\gamma_G S_{GE}+\gamma_{Ev}S_{Evk}\leqslant R/\gamma_{RE} \tag{7.34}$$

其中，γ_{RE}取1.0。

（4）砌体结构的墙段，进行受剪承载力验算时，只进行受剪的抗震验算，并不考虑竖向地震作用对承载力的影响，即：

$$\gamma_{Ev}S_{Evk}\leqslant R/\gamma_{RE} \tag{7.35}$$

需要指出的是，关于γ_G取1.2和1.0的问题，在截面抗震验算中，有些在《抗震规范》中有具体规定，如多层砖房墙段的受剪承载力与墙段1/2高度处的平均压应力σ_0有关，σ_0越大则墙段受剪承载力越大，γ_G应取1.0；如在验算多层钢筋混凝土框架柱的轴压比时，其组合轴压力设计值中的γ_G应取1.2；而在大偏心受压柱正截面承载力验算中，计算的承载力设计值要用柱轴压力的组合值，则γ_G应取1.0等。

7.4 结构抗震变形验算

为满足前述结构抗震的三水准设防目标，完善的抗震设计应分别进行两个阶段的抗震验算：

第一阶段，对绝大多数结构进行多遇地震作用下的结构和构件承载力验算和弹性变形验算，对各类结构按《抗震规范》要求采取抗震措施。

第二阶段，对一些《抗震规范》规定的结构进行罕遇地震作用下的弹塑性变形验算。

自二十世纪八十年代以来，许多国家的抗震设计规范都规定了抗震变形验算的内容，并规定了相应的变形限值。对混凝土结构进行抗震设计时，我国的《抗震规范》采用的是

"两阶段设计法"，也规定了小震和大震作用下变形验算的限值，相对应的就是弹性和弹塑性层间位移限值。

7.4.1　弹性层间位移角限值

弹性层间位移角限值的控制目标是根据《抗震规范》规定的"小震"下的设防目标，层间侧移角限值的确定不应只考虑非结构构件可能受到的损坏程度，同时也应控制剪力墙、柱等重要抗侧力构件的开裂。通过对试验结果和计算结果所进行的分析，认为侧移角限值的依据应随结构类型的不同而改变。对于框架结构，由于填充墙比框架柱早开裂，以控制填充墙不出现严重开裂为小震下侧移控制的准则。而在以剪力墙为主要受力构件的结构（框架-抗震墙结构、抗震墙结构、框架-筒体结构等）中，由于"小震"作用下一般不允许作为主要抗侧力构件的剪力墙腹板出现明显斜裂缝。因此，这一类以剪力墙为主的结构体系应以控制剪力墙的开裂程度作为其位移角限值的取值依据。为了简化计算和便于操作，在抗震变形验算时以楼层内最大层间位移作为控制指标。

在钢筋混凝土结构的变形计算时，取不出现裂缝的短期刚度，即混凝土的弹性模量取 $0.85E_c$。另外，在变形计算时，对于一般建筑结构，不扣除由于结构平面不对称引起的扭转效应和重力 P-Δ 效应所产生的水平相对位移。由于建筑物室内的木装修和许多化学建材装修，都具有很好适应变形的能力。因此，在《抗震规范》中，认为没有必要对装修级别较高的建筑规定较小的层间位移角限值。

《抗震规范》规定，对表 7.8 所列结构应进行多遇地震作用下的抗震变形验算，其楼层内最大的弹性层间位移应符合下式要求：

$$\Delta u_e \leqslant [\theta_e]h \tag{7.36}$$

式中：Δu_e——多遇地震作用标准值产生的楼层内最大的弹性层间位移；计算时，除以弯曲变形为主的高层建筑外，可不扣除结构整体弯曲变形；应计入扭转变形，各作用分项系数均应采用 1.0，钢筋混凝土结构构件的截面刚度可采用弹性刚度；

h——计算楼层层高；

$[\theta_e]$——弹性层间位移角限值，按表 7.8 采用。

弹性层间位移角限值　　表 7.8

结构类型	$[\theta_e]$
钢筋混凝土框架	1/550
钢筋混凝土框架-抗震墙，板柱-抗震墙、框架-核心筒	1/800
钢筋混凝土抗震墙，筒中筒	1/1000
钢筋混凝土框支层	1/1000
多、高层钢结构	1/250

1. 框架结构的层间弹性位移角限值

框架结构的楼层都会存在一定数量的填充墙，根据计算分析可知，填充墙一般会先于框架柱开裂。因此，为了避免填充墙这一类非结构构件受到较大损坏，用于层间位移验算的层间位移角限值的取值应同时考虑允许的填充墙开裂程度、框架柱的开裂以及其他非结构构件可能遭受的损坏。图 7.5 为实际工程中框架结构的计算最大层间弹性位移角值的数据。

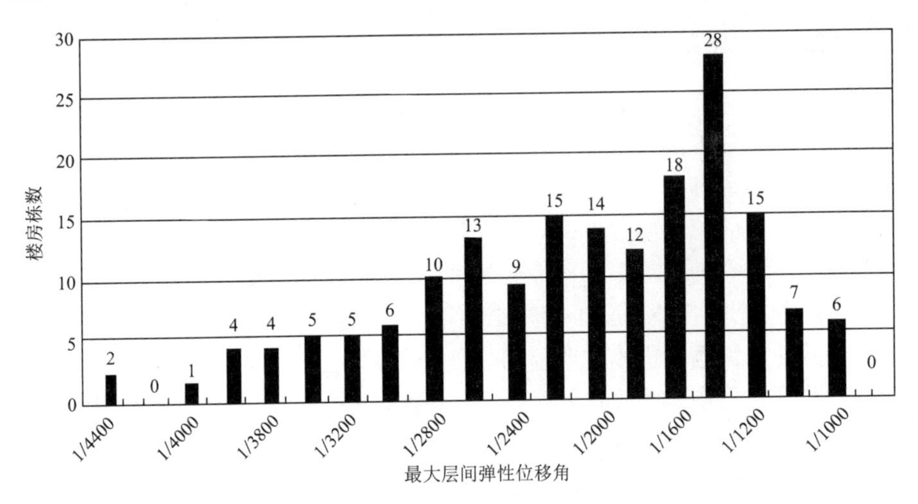

图 7.5 实际工程中框架结构的计算最大层间弹性位移角的数据

研究表明采用 1/550 作为钢筋混凝土框架结构正常使用的位移角限值，不仅可以在一定程度上避免填充墙出现连通斜裂缝，又可以控制框架柱的开裂，是比较合理的。

2. 以剪力墙为主要抗侧力构件的结构体系的位移角限值

虽然控制作为主要抗侧力构件的剪力墙开裂是确定位移角限值的主要依据，但同时还应考虑其他建筑性能需求、经济性、规范的可执行性等综合因素。因此，允许剪力墙在小震下有适度开裂，取接近于试验结果的上限值（1/1100），作为以剪力墙为主要抗侧力构件的结构体系的层间位移角限值比较合理。考虑到与其他规范的协调，在《抗震规范》中，在不区分装修标准后，以 1/1000 作为剪力墙结构和筒体结构的层间位移角限值。表 7.9 给出了与弹性层间侧移角限值有关的几组数据。

与弹性层间侧移角限值有关的几组数据 **表 7.9**

结构体系	计算值	试验值	实际工程值	原限值	建议值	备注
框架结构	1/2000，1/800	1/2500，1/926	95%小于 1/800	1/450（1/550）	1/550	填充墙适度开裂
剪力墙	1/2500～1/550	1/3333～1/1110	95%小于 1/1100	1/1100～1/650	1/1000	不出现明显的斜裂缝

3. 层间刚体转动位移

从总体上看，建筑结构中的层间刚体转动位移具有以下几点规律：

（1）结构整体弯曲对剪切型结构层间位移的影响较小，而对弯曲型结构的影响较大。

（2）楼层整体弯曲产生的层间刚体转动位移由结构底层逐步向上累积并在结构的顶层达到最大。

（3）层间刚体转动位移在总层间位移中所占的比例，将会随着结构高宽比的增大而增大。

在高层建筑结构中如何扣除层间刚体转动位移，目前还没有简便可行的办法。《抗震规范》中规定，在计算多遇地震作用下结构的弹性层间位移时，除以弯曲变形为主的高层建筑外，不应扣除结构整体弯曲变形和扭转变形的影响，但对于高度超过 150m 或$H/B > 6$的高层建筑，可以扣除结构整体弯曲变形所产生的楼层水平位移值。

4. 钢结构的层间位移角限值

钢结构在弹性阶段的层间位移角限值，日本《建筑法实施令》定为 1/200。参照美国加州规范（1988 年）对基本自振周期大于 0.75s 的结构的规定，我国《抗震规范》中取 1/250。

7.4.2　弹塑性层间位移角限值

《抗震规范》规定，下列结构需要进行弹塑性变形验算：

（1）8 度Ⅲ、Ⅳ类场地和 9 度时，高大单层钢筋混凝土柱厂房的横向排架。

（2）7～9 度时楼层屈服强度系数小于 0.5 的钢筋混凝土框架结构和框排架结构。

（3）高度大于 150m 的结构。

（4）甲类建筑和 9 度时乙类建筑中的钢筋混凝土结构和钢结构。

（5）采用隔震和消能减震设计的结构。

对于大震下结构层间的弹塑性变形，《抗震规范》是通过对大震下按弹性分析的层间位移，乘以一个与楼层屈服强度系数有关的弹塑性位移增大系数计算的，见表 5.12。

对于弹塑性变形的可靠度分析，一般是利用 Monte Carlo 方法，产生拟合于标准反应谱的人工地震波，输入计算机对结构进行弹塑性时程分析，通过对层间位移角进行统计，获得层间位移角的统计特性，结合《抗震规范》规定的层间位移角限值，得到相应的失效概率。

关于结构层间位移角的限值，可通过对结构模型试验结果进行统计分析得到。对结构在罕遇地震作用下的弹塑性变形验算，目前一般是简化为层间弹塑性变形验算，而《抗震规范》给出的允许变形值是层间弹塑性位移角限值。结构的整体倒塌或局部倒塌，往往是由于个别主要抗侧力构件在强烈地震下的最大变形超过其极限变形能力所造成的。因此，弹塑性变形验算的变形限值，除了层间位移角限值外，尚应规定那些弯曲起控制作用的构件的截面塑性铰转角限值，但是这方面的研究尚未完全成熟。

1. 框架结构的弹塑性位移角限值

在框架结构中，由于柱承受弯、剪、压的复合作用，其变形能力一般比梁差。因此，框架柱的塑性变形能力在很大程度上决定了框架结构的抗倒塌的层间位移角限值。框架柱的塑性变形能力受框架轴压比影响较大，大量的研究分析发现，框架塑性铰的极限转动能力随着框架轴压的变化呈一定分布规律，极限转动角的分布规律如图 7.6 所示。

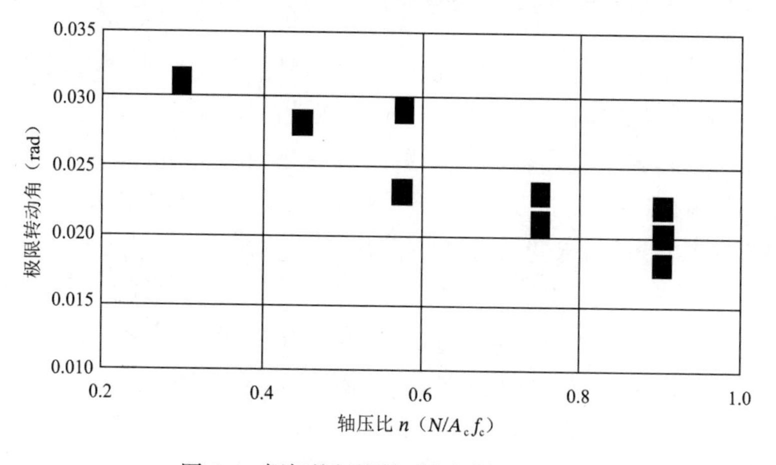

图 7.6　框架柱极限转动角与轴压比关系

综合试验研究及分析结果，并考虑一定的安全储备，建议取框架柱端及梁端的极限塑性铰转动限值见表 7.10。由于计算塑性铰转角尚未有成熟的方法，《抗震规范》并未列入此限值。

框架结构梁和柱的塑性铰转动角限值（rad） 表 7.10

框架柱				框架梁			
构造情况		性能水平		构造情况		性能水平	
N/A_cf_c	箍筋	可修	不倒塌	M/Vh_0	箍筋	可修	不倒塌
≤0.4	一般	0.010	0.020	2～3	一般	0.015	0.025
	特殊		0.025		特殊		0.030
0.8～0.9	一般		0.010	>4	一般		0.030
	特殊		0.015		特殊		0.035
>0.9	特殊	0.005	0.010	≤2	斜向	0.008	0.015

注：1. “一般”，对柱是指按规范构造，对梁是按抗震等级三、四级的构造。
2. “特殊”，对柱是指按规范上限且全长加密或采用螺旋钢筋等特殊措施。
3. 表中数据允许线性插值。N为混凝土构件轴力；A_c为混凝土构件截面面积；f_c为混凝土抗压强度设计值；M/Vh_0为剪跨比。

由于层间位移并不能完全反映一个楼层中所有构件的弹塑性变形状态，即使层间位移满足《抗震规范》限值要求，也可能因楼层中个别构件的变形能力不足而发生局部破坏。因此，罕遇地震作用下结构的抗震性能评价，不应仅仅局限于弹塑性层间位移角的验算，还应该对构件塑性铰的转动能力进行验算，以避免个别构件的塑性铰过大而引起结构局部倒塌的情况。在大型复杂结构中，对关键受力构件的局部变形能力验算尤为必要。

2. 框架-剪力墙、框架-筒体等结构的弹塑性位移角限值

在强地震作用下，特征刚度比较适中的框架-剪力墙结构，刚度大且变形能力相对较差的剪力墙单元，不仅会比框架结构先进入弹塑性状态，而且最终破坏也相对集中在剪力墙单元上。

框架-剪力墙结构的弹塑性位移角限值，主要应根据剪力墙单元的变形能力来确定。虽然框架-剪力墙结构中的整体剪力墙具有较大的剪跨比，但楼层单元的受力及破坏状态仍类似于带有周边框架的单层钢筋混凝土剪力墙单元。这主要是由于框架-剪力墙中较大的周边构件承担了大部分的整体弯矩，而墙板主要承担剪力，因而墙板一般发生剪切破坏。因此，钢筋混凝土框架-剪力墙的极限变形能力，可以通过对大量的带有边框柱（含暗柱）剪力墙的试验结果进行统计来确定。

图 7.7 为我国二十世纪八十年代以来剪力墙试验的结果，对《抗震规范》弹塑性位移角限值的确定有很大参考价值。因此，《抗震规范》中取图 7.7 中统计值的下限 1/20 作为剪力墙结构的极限位移角限值。实际结构中剪力墙各墙肢之间以及墙肢与连梁之间存在着内力重分布，其整体的变形能力和稳定性一般都比单片墙的好很多。因此，《抗震规范》的建

议值具有较高的保证率。

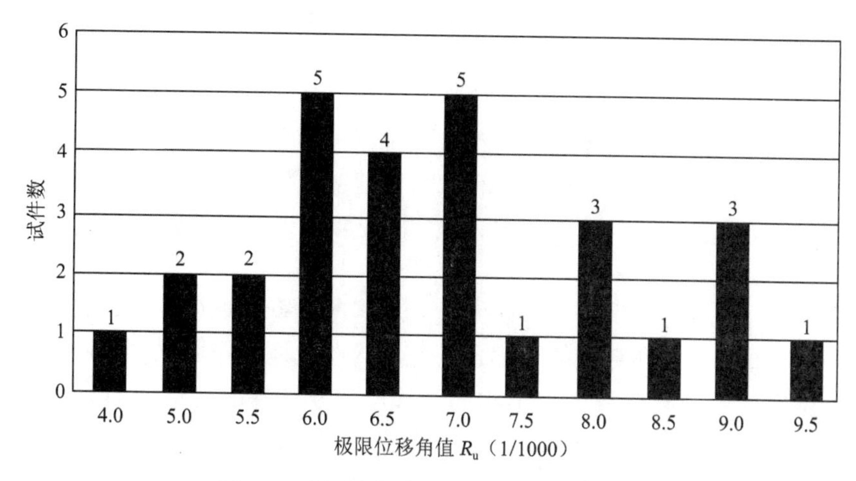

图 7.7　我国剪力墙试件极限位移角分布图

对于框架-剪力墙结构，由于存在框架结构作为第二道抗震防线和框架与剪力墙之间的内力重分布，首先进入弹塑性状态的剪力墙作为第一道抗震防线，可以允许其承载能力有较大的降低。因此，框架-剪力墙结构的层间弹塑性位移角限值，可以比纯剪力墙结构的限值有一定的提高。综上所述，《抗震规范》取 1/100 作为框架-剪力墙结构的层间弹塑性位移角限值。

《抗震规范》中各类钢筋混凝土结构的弹塑性位移角限值见表 7.11。

弹塑性层间位移角限值　　　　**表 7.11**

结构类型	$[\theta_p]$
单层钢筋混凝土柱排架	1/30
钢筋混凝土框架	1/50
底层框架砌体房屋中的框架-抗震墙	1/100
钢筋混凝土框架-抗震墙，板柱-抗震墙、框架-核心筒	1/100
钢筋混凝土抗震墙、筒中筒	1/120
多、高层钢结构	1/50

3. 钢结构的弹塑性层间位移角限值

高层钢结构具有较高的变形能力，美国 ATC-06 规定，Ⅱ类地区危险性建筑，层间最大位移角限值为 1/67；美国《钢结构建筑抗震规定》ANSI/AISC341-05 中规定，与小震相比，大震时的位移角放大系数，对双重抗侧力体系中的框架-中心支撑结构取 5，对框架-偏心支撑结构取 4。如果弹性位移角限值为 1/300，则对应的弹塑性位移角限值分别为 1/60 和 1/75。考虑到钢结构具有较好的延性并参照美国规范，我国《抗震规范》的弹塑性层间位移角限值适当放宽至 1/50。

7.5 基于 Pushover 分析方法的结构抗震验算

《抗震规范》对罕遇地震作用下的混凝土结构，实行的是基于结构总体抗震能力的概念设计方法。这种方法从总体上可对结构的抗震能力予以把握，以消除结构的抗震薄弱环节，因而有其合理性，目前仍是一种非常重要的抗震设计方法。然而，对于混凝土结构的延性，仅仅从整体上定性地把握，对结构在罕遇地震下实际的抗震能力无法准确预期。

近十几年来，世界各国发生了多次大震，对这些震害的观察以及试验研究和理论分析都表明，变形能力不足和耗能能力不足，是结构在大地震作用下倒塌的主要原因。结构构件在地震作用下的破坏程度与结构的位移反应及构件的变形能力有关，在提出了 PBSD 的思想后，即基于建筑物性能的抗震设计 PBSD（Performance Based Seismic Design），普遍认为用位移控制结构在大震作用下的行为更为合理，这就是基于位移的抗震设计，简称 DBSD（Displacement Based Seismic Design）方法。以此为基础，还能够针对建筑物的用途以及地震作用大小的不同，选择结构应当达到怎样的性能水准和损伤程度，以实现 PBSD 这种设计思想，这相对于我国现行的建筑抗震设计中第二阶段的概念设计方法。

在罕遇地震作用下，抗震结构都会部分进入塑性状态，为了满足大震作用下结构的性能要求，有必要研究和计算结构的弹塑性变形能力。当前国内外抗震设计的发展趋势，是根据对结构在不同超越概率水平的地震作用下的性能或变形要求进行设计，结构弹塑性分析将成为抗震设计的一个必要的组成部分。但是由于结构弹塑性分析的复杂性，各国对如何进行计算和如何设定具体要求的问题的规定并不相同。

《抗震规范》规定对建筑结构在罕遇地震作用下薄弱层的弹塑性变形计算，除 12 层以下且层刚度无突变的钢筋混凝土框架结构和填充墙框架结构、不超过 20 层且层刚度无突变的钢框架结构和支撑钢框架结构以及单层钢筋混凝土柱厂房可采用简化方法计算外，要求采用较为精确的结构弹塑性分析方法。

结构弹塑性分析可分为弹塑性动力分析（时程分析）和弹塑性静力分析（Pushover）两大类。

进行弹塑性时程分析，要求设计人员具有较高水平的专业知识，计算结果受地震波选取的影响较大，不存在唯一答案，有时难以做出判断，这方面的内容在前面章节中已进行了介绍。这里主要介绍近十几年发展起来的弹塑性静力分析方法，使用这种方法进行结构抗震计算，易于为工程设计人员所掌握。

根据不同的截面尺寸、配筋及材料，使用静力弹塑性方法对每个构件（梁、柱、墙），确定其弹塑性力-变形关系；在结构上施加某种分布的楼层水平荷载，逐级增大；随着荷载逐步增大，某些杆端屈服，出现塑性铰，直至塑性铰足够多或层间位移角足够大，达到某一限值后计算结束。

弹塑性静力分析，可以了解结构中每个构件的内力和承载力的关系以及各构件承载力之间的相互关系，检查是否符合强柱弱梁（或强剪弱弯），并可发现设计的薄弱部位，还可得到不同受力阶段的侧移变形，给出底部剪力-顶点侧移关系曲线以及层剪力-层间变形关系曲线等。后者即可作为各楼层的层剪力-层间位移骨架线，它是进行层模型弹塑性时程分析所必需的参数。只要结构一定（尺寸、配筋、材料），其结果不受地震波的影响，而与初始楼层水平荷载的分布有关。这种方法可以从细观上（构件内力与变形）和宏观上（结构承载力和变形）了解结构弹塑性性能，既可得到有用的静力分析结果，又可很方便地进行动力时程分析。

Pushover 方法在前面有了具体的介绍，这一节主要介绍基于这种方法发展起来的几种结构抗震验算方法，其中最常用的包括能力谱方法、位移延性系数方法以及位移影响系数法。

7.5.1　能力谱方法

所谓能力谱方法（Capacity Spectrum Method），实质上就是通过地震需求曲线和结构能力曲线的叠加来评估结构在给定地震作用下的反应特性。

为了合理地评估结构抗震能力，必须确定结构在罕遇地震作用下实际的屈服机制，各塑性铰的出现顺序，以及结构达到极限位移或形成机构破坏时各塑性铰的曲率延性要求。这些问题用传统的静力屈服机制或是动力时程分析解决起来都存在困难，能力谱方法是在 1975 年由美国的 Freeman 等人最早提出的。

根据 ATC-40，能力谱方法的基本分析方法如下：

（1）对结构进行非线性静力分析。也就是首先对结构模型施加竖向荷载并保持不变，然后施加某种分布的水平荷载（一般采用倒三角形分布、按一阶振型分布、均匀分布或随结构刚度的变化而不断调整的分布），随着水平荷载的单调增大，构件不断出现开裂及屈服，直到结构达到所规定的极限位移或形成机构破坏。通过这一步的分析，可以得到结构在该水平荷载分布下屈服机制、塑性铰出现顺序与塑性铰分布，并可以绘出结构的顶点位移-底部剪力曲线，由于它反映了结构的抗侧能力，所以又称为结构的能力曲线，它在某种意义上可以等同于结构的恢复力骨架曲线，如图 7.8（a）所示。

（2）分别计算结构顶层的振型参与系数与第一振型的有效振型质量，将结构的顶点位移与底部剪力分别除以上述两个数值，得到用谱加速度-谱位移表示的结构的能力谱曲线。这一步的实质是将结构由多自由度体系的地震反应转化成为一个等价的单自由度体系的地震反应，如图 7.8（b）所示。

（3）对等价的单自由度弹性结构，在给定的阻尼下（一般为 5%），输入给定的地震记录，得到该结构的最大反应，以此绘出结构的拟加速度谱；也可以采用《抗震规范》给出的设计反应谱，再将结构的自振周期T变换成位移反应，得到用谱加速度-谱位移表示的结构的需求谱曲线，如图 7.8（c）所示。

（4）将上面得到的需求谱曲线根据对结构的延性要求进行折减后，与能力谱曲线在同一坐标系中绘出，如果两者不相交，那么说明结构在给定的地震作用下抗震能力不足；如果相交，那么交点所在的位移就是结构在该地震下达到的最大位移反应，称为目标位移，如图 7.8（d）所示。

（5）最后将上一步所得到的单自由度结构的目标位移再反变换为实际的多自由度结

构的顶点位移，根据结构的能力曲线，得到此时结构的底部剪力，再根据 Pushover 各步的计算结果，进一步可以得到各出铰截面此时的塑性铰转角值。

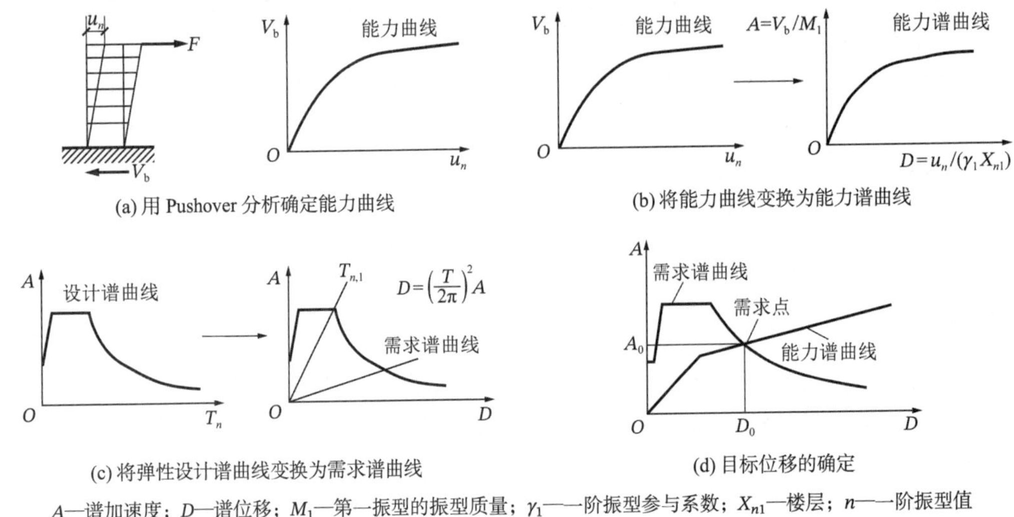

(a) 用 Pushover 分析确定能力曲线　(b) 将能力曲线变换为能力谱曲线

(c) 将弹性设计谱曲线变换为需求谱曲线　(d) 目标位移的确定

A—谱加速度；D—谱位移；M_1—第一振型的振型质量；γ_1——阶振型参与系数；X_{n1}—楼层；n——阶振型值

图 7.8　能力谱分析

研究表明，对于结构的地震反应主要由第一振型控制，基本自振周期在 2s 以内的结构，能力谱方法能够基本反映结构在弹塑性阶段的整体与构件的变形情况，体现结构屈服机制，能够反映结构的薄弱层，找出弹性阶段设计中存在的隐患，从而比较真实地反映结构的抗震能力。虽然这种方法本质上是静力分析方法，但它的需求谱中包含了动力分析的成分。

目前能力谱方法在结构抗震设计中已得到一定的应用，但还存在需要进一步完善之处。例如，如何更有效地考虑高振型的影响，如何适用于可能发生扭转变形的不规则结构，地震的往复作用所产生的刚度退化以及包辛格效应怎样予以考虑等。

7.5.2　位移延性系数法

控制结构位移延性的设计方法也称为能力设计方法（Capacity Design Method）。新西兰的 I.C.Armstrong 于 1972 年针对延性框架结构首先提出了这种方法，1975 年 R.Park 和 T.Pauly 对它进行了完善。这种方法主要针对主抗侧力体系，选择合理的耗能机制，并根据耗能机制选取一定数量的耗能构件，通过这些构件在大震下屈服来耗散输入到结构上的地震能量，体系的其他部分应具有充足的强度储备，并维持在弹性或准弹性阶段。一般所选择的耗能构件应是次要的结构构件或者是专门的耗能装置，这样对结构抗震延性的设计可以集中在这些耗能构件上，通过严格的计算与构造措施来满足这些耗能构件的延性要求。这种设计思路能够使设计者清楚地把握结构在弹塑性阶段的抗震能力，已经被包括新西兰、美国以及我国在内的多国广大学者所接受，并在相关的抗震规范中予以体现。目前这种方法已被写入美国应用技术委员会以及联邦紧急救援署的报告 ATC-40（1996 年）、FEMA-273（1996 年）、FEMA-274（1997 年）中，目前仍在不断完善与改进。

能力设计方法的位移延性系数包括结构的总体位移延性系数和构件临界截面的曲率延性系数。总体位移延性系数$\mu=\Delta_u/\Delta_y$，其中Δ_u为极限位移，一般用结构顶点水平位移或是层间水平位移来表示；Δ_y为屈服位移，延性结构的总体位移延性系数一般在 3～5 之间。构件临界截面的曲率延性系数$\mu = \varphi_u/\varphi_y$，其中$\varphi_u$为截面的极限曲率；$\varphi_y$为屈服曲率。

因为结构屈服后，变形主要集中在塑性铰区，所以构件的曲率延性要求一般比结构的总体延性要求来得大。虽然能力设计方法采用了总体延性系数和曲率延性系数，分别量化地考察结构的整体延性与构件延性，但是这些量化的指标是在假定屈服机制、全部塑性铰同时出现且在铰位置固定的前提下，对形成的机构进行静力分析与几何推导得到的，它对结构在地震下实际的屈服机制以及相应的构件的延性要求无从考察。因此，用这种静力屈服机制的分析方法所得到的结构延性的量化指标，仍然无法全面地反映出结构真实的抗震能力。

7.5.3　位移影响系数法

位移影响系数法是利用 Pushover 分析和修正的等位移近似法来确定结构的最大位移。FEMA-273（1996 年）推荐采用位移影响系数法来确定结构顶层的非线性最大期望位移，最大期望位移即定义为目标位移。多自由度结构的顶层位移可以由它的屈服位移乘以延性系数μ得到：

$$X_{t,max} = \mu X_{t,y} \tag{7.37}$$

式中：$X_{t,max}$——多自由度结构顶层最大位移；

$X_{t,y}$——多自由度结构顶层屈服位移。

假定多自由度结构和其等效单自由度结构的延性特性相同，即等效单自由度结构的延性系数也为μ。可以利用强度折减系数与延性系数的关系来计算单自由度结构的延性系数。强度折减系数R_μ定义为弹性强度需求$F_{e,eq}$与屈服强度需求$F_{y,eq}$之比。即：

$$R_\mu = \frac{F_{e,eq}}{F_{y,eq}} \tag{7.38}$$

式中：$F_{e,eq}$——给定地面运动下为避免系统屈服所要求的侧向屈服强度；

$F_{y,eq}$——系统承受给定地面运动时为保持位移延性系数μ小于或等于预定的目标延性系数要求的侧向屈服强度。

位移系数法的计算步骤如下：

（1）建立结构的计算模型，确定各单元的恢复力曲线。

（2）选择某一分布模式的侧向荷载，对结构进行静力弹塑性分析，得到结构的顶层位移-基底剪力关系曲线并转化成二折线形式，确定顶层屈服位移$X_{t,y}$。

（3）将结构等效为一单自由度结构，计算等效单自由度结构的延性系数μ。

（4）利用式(7.37)计算多层结构的顶层位移。

在结构实际设计过程中为了方便设计人员应用，位移系数法确定的目标位移通过下式计算：

$$\delta_t = C_0 C_1 C_2 C_3 S_a \frac{T_e^2}{4\pi^2} g \tag{7.39}$$

式中：C_0——等效单自由度结构的谱位移与结构顶点位移修正系数；

C_1——采用弹性位移估计弹塑性位移的修正系数；

C_2——滞回效应对最大位移反应的修正系数；

C_3——P-Δ效应对最大位移反应的修正系数；

S_a——考虑结构等效基本自振周期和阻尼比的谱加速度；

T_e——结构等效基本自振周期。

式(7.39)中各系数按下列各式计算。

结构等效基本自振周期T_e：

$$T_e = T\sqrt{\frac{K}{K_e}} \tag{7.40}$$

式中：T——弹性基本自振周期，用弹性动力分析确定；

K、K_e——结构弹性侧向刚度和结构有效侧向刚度。

等效单自由度结构的谱位移与结构顶点位移修正系数C_0，由如下三种方式确定：

（1）对基本振型标准化后，C_0可采用基本振型的振型参与系数值。

（2）由目标位移对应状态的结构变形矢量，计算出的振型参与系数值。

（3）根据表 7.12 确定。

修正系数C_0的取值 **表 7.12**

楼层数	修正系数
1	1.0
2	1.2
3	1.3
5	1.4
> 5	1.5

注：楼层数为表中中间值时，修正系数可采用线性插值确定。

为采用弹性位移估计弹塑性位移的修正系数C_1，按式(7.41)确定。

$$C_1 = \begin{cases} 1 & T_e \geqslant T_0 \\ [1.0 + (R-1)T_0/T_e]/R & T_e < T_0 \end{cases} \tag{7.41}$$

滞回效应对最大位移反应的修正系数C_2按表 7.13 取值。

C_2系数取值 **表 7.13**

地震作用水平	$T = 0.1\text{s}$		$T \geqslant T_g$	
	结构和构件承载力和刚度退化类型			
	Ⅰ①	Ⅱ②	Ⅰ①	Ⅱ②
50 年超越概率 50%	1.0	1.0	1.0	1.0
50 年超越概率 10%	1.3	1.0	1.1	1.0
50 年超越概率 2%	1.5	1.0	1.2	1.0

注：①任一层在设计地震下，30%以上的楼层剪力，有可能产生承载力或刚度退化的抗侧力结构或构件承担的结构；这些结构和构件包括：中心支撑框架、支撑只承担拉力的框架、非配筋砌体墙、受剪破坏为主的墙（或柱），或由以上结构组合成的结构类型。

②上述以外的各类结构类型。

P-Δ效应对最大位移反应的修正系数C_3，可根据式(7.42)确定。

$$C_3 = 1.0 + \frac{|\alpha|(R-1)^{3/2}}{T_e} \tag{7.42}$$

式中：α——结构屈服后刚度与等效弹性刚度之比。

虽然已发展了多种基于 Pushover 分析的结构抗震验算方法，并成功用于实际工程结构抗震分析，但在结构基于 Pushover 分析的抗震验算方法和基于位移的抗震设计研究领域仍存在系列问题有待解决和进一步完善。对钢筋混凝土等结构，为了实现基于位移的抗震能力设计，还需要进行一系列的试验与理论研究工作，以及对震害的观察与分析，需要解决的问题包括：

（1）完善能力谱方法，更合理地考虑高阶振型的影响。

（2）发展更简便、参数易于确定的弹塑性剪力墙等抗侧力单元，建立能有效反映材料界面粘结滑移效应和抗剪连接件影响的弹塑性组合构件单元，以保证对体形复杂及高层、超高层建筑结构抗震分析的适用性。

（3）定量研究各类构件的塑性铰长度，以准确地计算曲率延性要求。

（4）对约束混凝土的力学性能进一步研究，确定各因素与约束箍筋的量化关系。

（5）构造措施在多数情况下仍然是必要的，但针对不同的结构形式与构件种类，在不同抗震设防烈度下的划分应当更加具体。

【算例 7.3】高层大跨连接体结构基于能力谱法的抗震性能分析。

（1）工程概况

某综合性办公大厦，由两幢板式高层办公楼组成，地上 12 层，建筑高度 38m。在建筑布局上，考虑到方便通行和增加建筑面积，高层建筑之间考虑设置连接体结构。结构的两幢 12 层塔楼为钢筋混凝土结构（首层为局部结构夹层），8～12 层处由连接体结构（32m × 16m）分别连通东西两栋塔楼，结构立面、平面示意图如图 7.9 所示。钢筋混凝土结构采用全现浇，为减小层高，结构形式为板柱-剪力墙结构体系。连接体结构跨度较大，考虑施工因素和结构抗震性能，连接体底层为 4 榀钢桁架，上部 3 层为钢框架。结构的材料取为：梁、板混凝土强度等级采用 C40；首层至三层柱采用 C60，四层柱采用 C50，5～8 层柱采用 C40，8 层以上采用 C30；1～5 层剪力墙采用 C40，5 层以上采用 C30。计算模型中混凝土的泊松比$\upsilon = 0.2$，质量密度$\rho = 2.5\mathrm{t/m^3}$，C60 钢筋混凝土的弹性模量$E = 3.6 \times 10^7\mathrm{kN/m^2}$，C50 钢筋混凝土的弹性模量$E = 3.45 \times 10^7\mathrm{kN/m^2}$，C40 钢筋混凝土的弹性模量$E = 3.25 \times 10^7\mathrm{kN/m^2}$，C30 钢筋混凝土的弹性模量$E = 3.0 \times 10^7\mathrm{kN/m^2}$。钢材的泊松比$\upsilon = 0.3$，质量密度$\rho = 7.85\mathrm{t/m^3}$，弹性模量$E = 2.06 \times 10^8\mathrm{kN/m^2}$。采用能力谱法进行结构抗震分析。

（2）结构有限元模型

结构有限元模型如图 7.10～图 7.12 所示，由连接体和其连通的两侧主体结构组成。分析中采用的坐标系如图 7.10 所示，X轴沿结构长轴向；Y轴沿结构短轴向；Z轴为竖向。计算模型的基底取在水平地面上。在建立有限元模型时，结构的梁和柱采用梁单元模拟；楼板和剪力墙用板单元模拟。

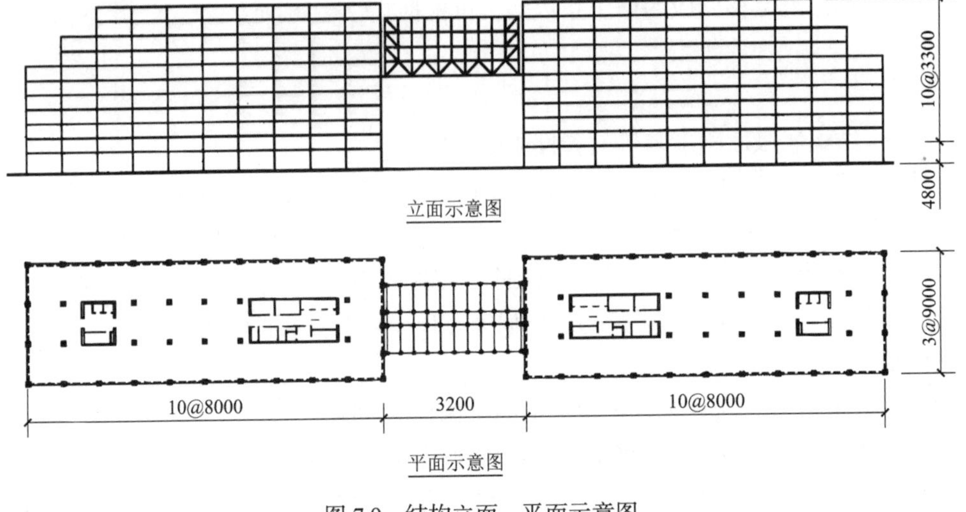

图 7.9 结构立面、平面示意图

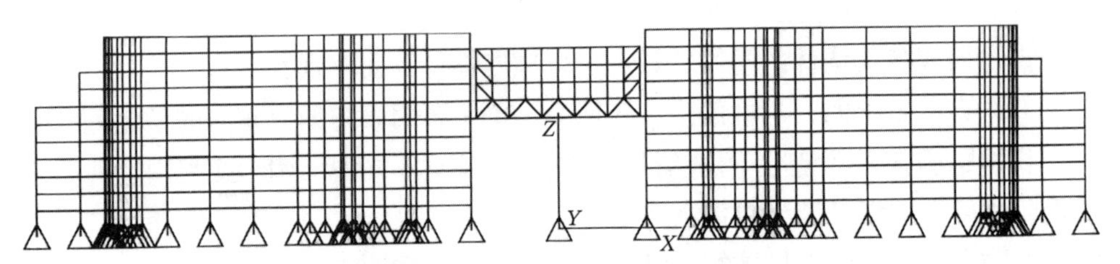

图 7.10 结构有限元模型（立面图）

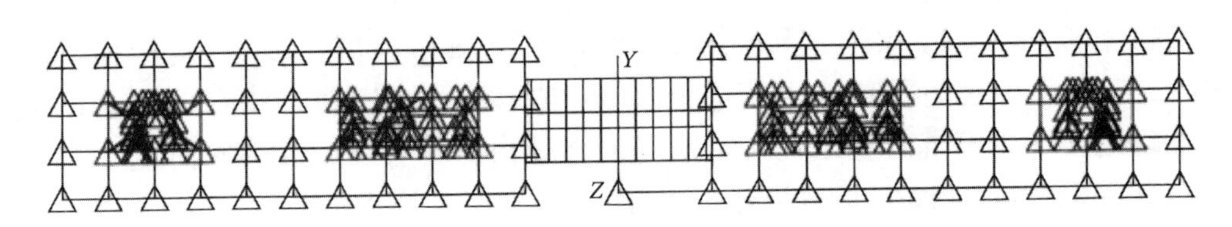

图 7.11 结构有限元模型（平面图）

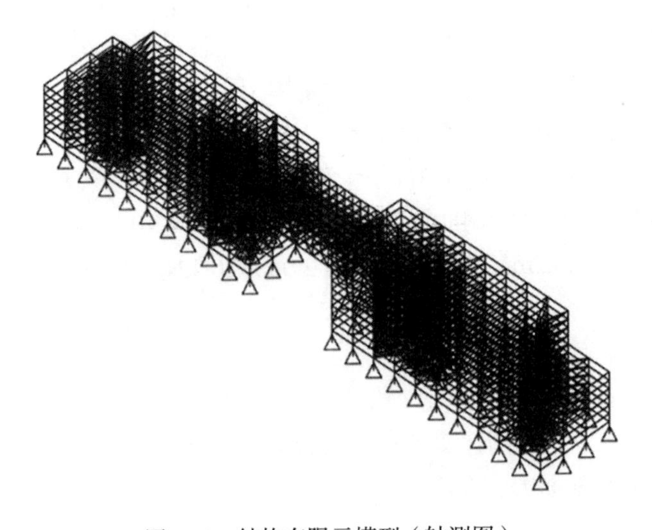

图 7.12 结构有限元模型（轴测图）

（3）侧向荷载分布方式

侧向荷载的分布方式应反映出地震作用下结构各层惯性力的分布特征，同时又使所求得的位移能较真实地反映地震作用下结构的位移状况。在大震作用下，结构进入弹塑性状态，结构的自振周期和惯性力及分布方式也会因之变化，楼层惯性力的分布不可能用一种方式来反映。本算例采用两种固定的侧向荷载分布方式——倒三角形分布方式和结构振型方式。

（4）结构能力谱曲线

在单调增加的水平荷载作用下，结构构件会逐步进入塑性，结合加载各步的基底剪力和顶点位移数据，可以得到结构的基底剪力-顶点位移曲线。对于本算例，地震反应以第一振型反应为主，可用等效单自由度结构代替原结构，将基底剪力V_{b}-顶点位移u_{n}曲线转换为谱加速度-谱位移曲线，即能力谱曲线。

将能力谱曲线、小震和大震的需求谱画在同一坐标系中（图 7.13～图 7.15），如果结构能力谱曲线与地震需求谱曲线相交，说明结构满足相应地震水平的抗震要求。反之，结构不能满足抗震要求，以此检验结构的抗震能力。图 7.13 和图 7.14 表示侧向荷载为倒三角形荷载分别沿X向和Y向加载时的情形，图 7.15 为按 1 阶振型Y向加载。采用控制位移加载方式，位移控制点在主体结构顶点，控制最大位移设为结构总高度的 4%。

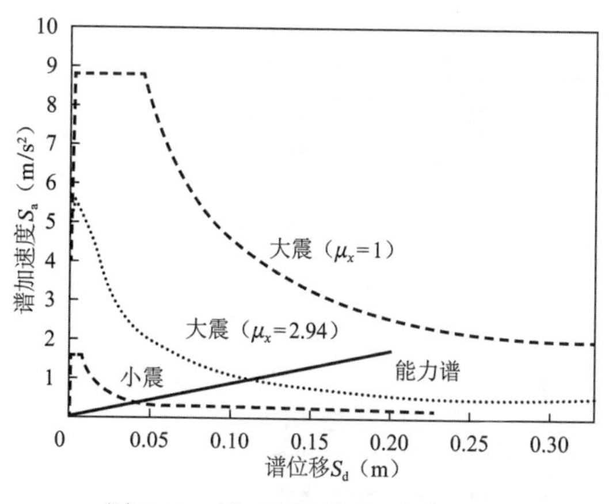

图 7.13　倒三角形荷载X向作用时结构能力谱曲线

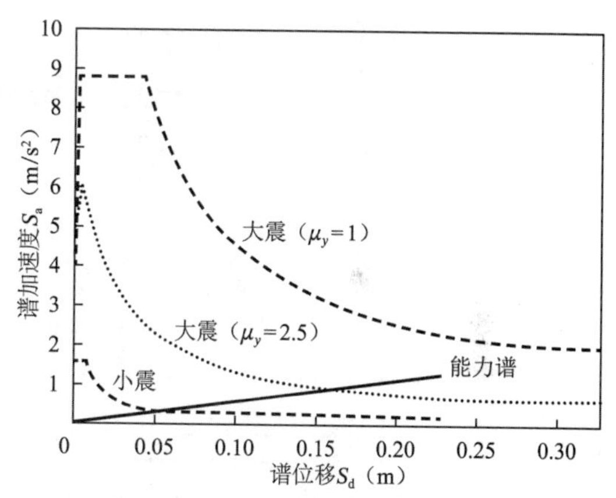

图 7.14　倒三角形荷载Y向作用时结构能力谱曲线

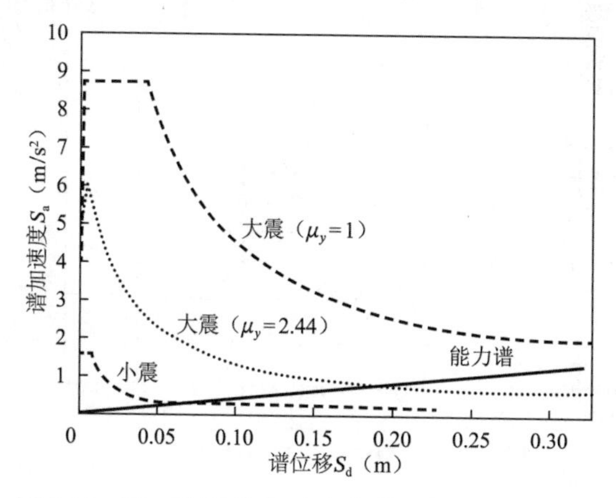

图 7.15　按一阶振型（Y向）加载时结构能力谱曲线

从图 7.13～图 7.15 中可以发现，当倒三角形荷载沿X向、Y向加载时，能力谱曲线可以跨过小震和大震的需求谱，表明结构可以满足大震下的抗震要求。其中，图 7.13 中破坏构件出现在连接体钢柱上。图 7.14 和图 7.15 中两种情况下构件破坏顺序均为两端核心筒处的连梁率先破坏，而后主体结构连接连接体结构的一侧柱梁破坏。由于主体结构两端Y向抗侧刚度较小，加载后结构Y向变形比X向的大，从能力谱曲线可以看出，图 7.14 和图 7.15 中曲线的斜率较图 7.13 的小。

（5）结构塑性铰分布及破坏方式

图 7.13～图 7.15 中结构能力谱曲线末端所对应的结构塑性铰分布如图 7.16～图 7.18 所示。

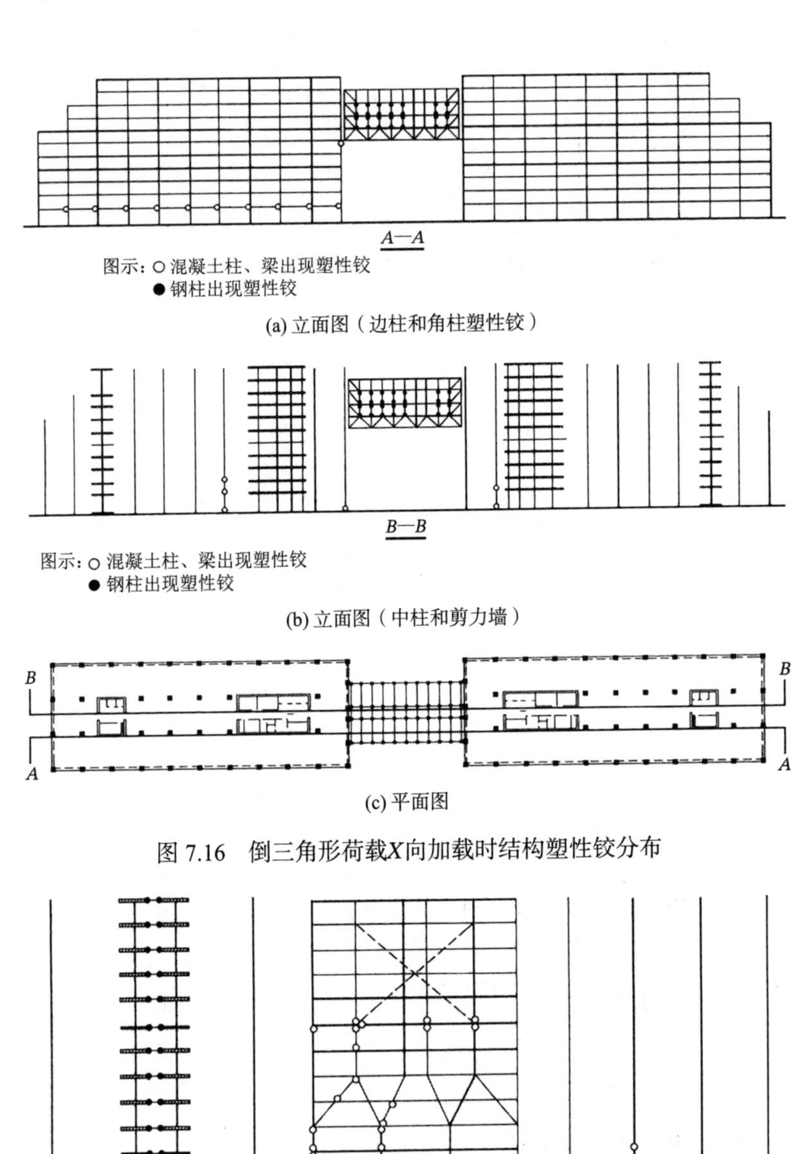

(a) 立面图（边柱和角柱塑性铰）

(b) 立面图（中柱和剪力墙）

(c) 平面图

图 7.16　倒三角形荷载X向加载时结构塑性铰分布

(a) 立面图

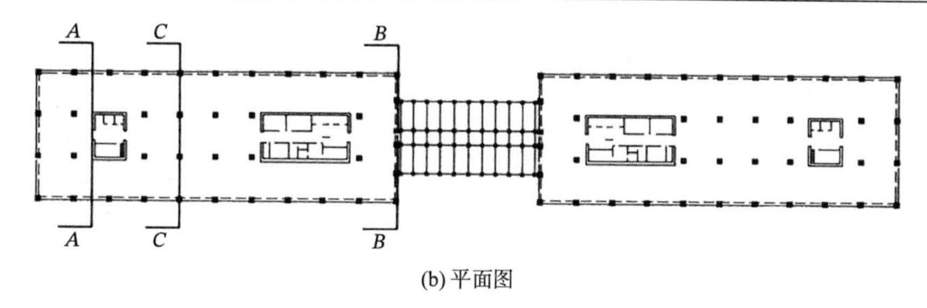

(b) 平面图

图 7.17　倒三角形荷载Y向加载时结构塑性铰分布

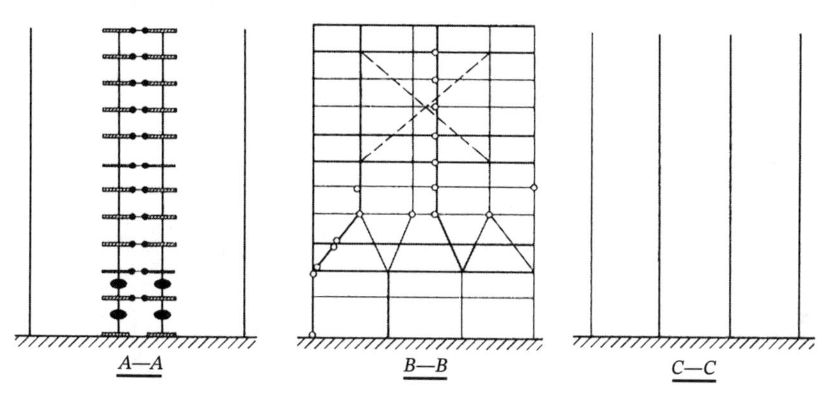

(a) 立面图

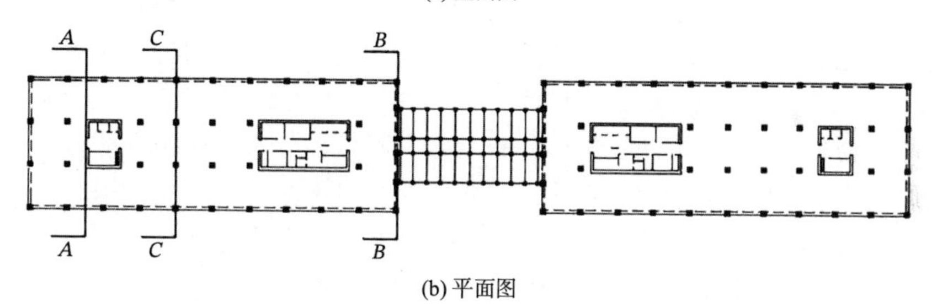

(b) 平面图

图 7.18　按一阶振型Y向加载时结构塑性铰分布

从图 7.16～图 7.18 可以发现，Pushover 分析中的结构塑性铰分布规律如下：

沿X向倒三角形加载时，主体结构支撑连接体结构的一侧率先出现少量塑性铰，随后连接体结构钢柱出现塑性铰。连接体出现塑性铰的原因主要和加载方式有关，从结构弹性和弹塑性时程分析中可知，连接体的地震作用较主体结构小，倒三角加载则未考虑此特点。

沿Y向加载时（包括按倒三角加载和按一阶振型加载），主体结构两端剪力墙的连梁端部首先产生弯曲破坏，并逐渐扩展到结构各层，最后剪力墙出现剪切破坏。主体结构支撑连接体结构一侧出现较多塑性铰，主要集中在牛腿下部。

【算例 7.4】钢筋混凝土框架结构基于 Pushover 分析方法的抗震性能评估。

某建筑 10 层，东西两端 9 层，钢筋混凝土框架结构，首层高 5.75m，第 2 层高 6.4m，第 3 层高 4.2m，第 4～10 层高 4.1m。1957 年设计，1966 年竣工，未作抗震设防，梁端、柱端没有箍筋加密区，为非延性钢筋混凝土框架结构。结构平面如图 7.19 所示。柱截面尺寸：第 1～5 层为 600mm × 600mm，第 6 层及以上为 500mm × 500mm。柱截面Y方向配筋多，如第 1 层、2 层柱，Y方向单面配筋 $3\phi32+2\phi28$，X方向为 $1\phi32+3\phi28$。X方向梁跨度为 4000mm，截面尺寸为 200mm × 400mm，跨中正筋 $2\phi16$，梁端负筋 $2\phi18$；Y方向梁跨度为 7500mm，截面尺寸为 300mm × 800mm，跨中正筋 $3\phi20$，梁端负筋 $2\phi28+4\phi25$。X方向框架比Y方向框架弱。

验算结果X方向梁端负筋、箍筋及第 1 层、10 层跨中正筋不足，Y方向梁箍筋不足，X方向和Y方向柱的纵筋、箍筋不足。弹性分析表明，一阶振型在振动反应中起主导作用。

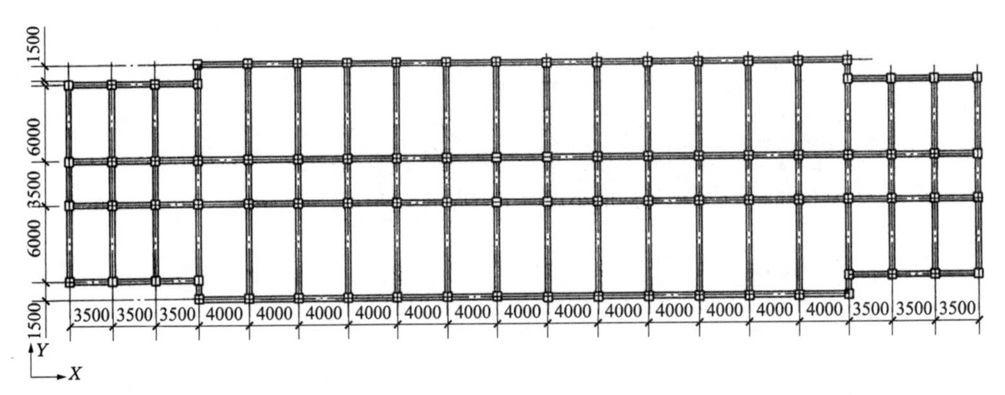

图 7.19　结构平面示意图

（1）Pushover 分析

用平面结构模型、程序 Drain2D 对此建筑作静力弹塑性分析。将截面尺寸、配筋等相同的框架合并，X方向合并成 2 榀框架，Y方向合并成 6 榀框架，两个方向合并后的框架之间分别用两端铰接的刚性连杆连接成平面框架。采用均匀分布、倒三角形分布和按一阶振型水平力分布三种水平荷载分布方式作静力弹塑性分析。图 7.20 为X方向基底剪力V与顶点位移υ_n关系曲线。水平力按倒三角形分布与按一阶振型分布所得曲线接近，按均匀分布得到的承载力略大，但三种分布方式所得屈服位移相差不多。本算例采用水平荷载按一阶振型分布的 Pushover 分析得到的V-υ_n关系曲线。将V-υ_n曲线简化为两折线，第二折线的刚度即屈服后刚度与初始刚度之比α取 0.05、0.1、0.15 和 0.2 四种情况。

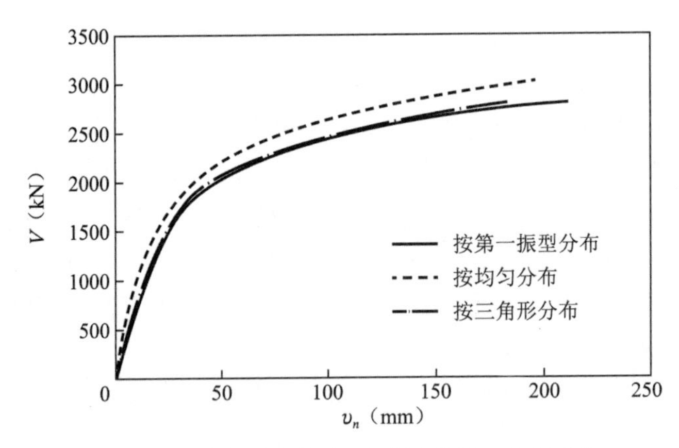

图 7.20　X方向基底剪力V与顶点位移υ_n关系曲线

（2）等效单自由度结构

将建筑的平面框架模型（多自由度结构）转换为等效单自由度结构，对平面框架和等效单自由度结构进行弹性时程分析，输入的地震地面运动为 1940 年的 El Centro 地震记录，1952 年的 Taft 地震记录和 1968 年的日本八户地震记录，峰值加速度（PGA）为 0.1g。按第一振型分布计算结果给出单自由度结构质点最大位移与平面框架模型顶点最大位移、单自由度结构基底剪力最大值与平面框架模型基底剪力最大值接近，所建立的单自由度结构可以等效平面框架多自由度结构。

（3）地震作用对等效单自由度结构的要求

按 8 度设防，Ⅲ类场地，近震，小震（$\alpha_{max}=0.16$）和大震（$\alpha_{max}=0.90$）两种地震作用确定的对建筑的要求见表 7.14，其中取屈服后刚度为初始刚度的 5%。

地震对结构等效单自由度结构的要求　　　　**表 7.14**

地震作用	S_{ae}（m/s²）	R	R'	μ'	μ	S_a（m/s²）	F（10³kN）	S_d（mm）
小震X方向	0.350	2.291	2.189	1.954	1.932	0.160	1.331	33.52
小震Y方向	0.420	1.083	1.080	1.053	1.053	0.389	2.971	31.68
大震X方向	1.968	12.887	8.142	10.873	9.195	0.215	1.792	159.48
大震Y方向	2.363	6.090	5.139	5.043	4.701	0.460	3.511	41.45

（4）地震作用对结构的要求

分析得到小震和大震对建筑结构顶点位移的要求结果列于表 7.15。图 7.21 中的曲线之一为用改进能力谱法，α取 0.05，小震及大震对X方向层间位移角的要求。小震下以第 2 层最大，X方向、Y方向分别为 1/530 和 1/590；大震下以第 3 层最大，分别为 1/91 和 1/98。

地震作用下结构顶点位移　　　　**表 7.15**

小震 X（mm）	小震 Y（mm）	大震 X（mm）	大震 Y（mm）
43.9	43.2	209.1	192.9

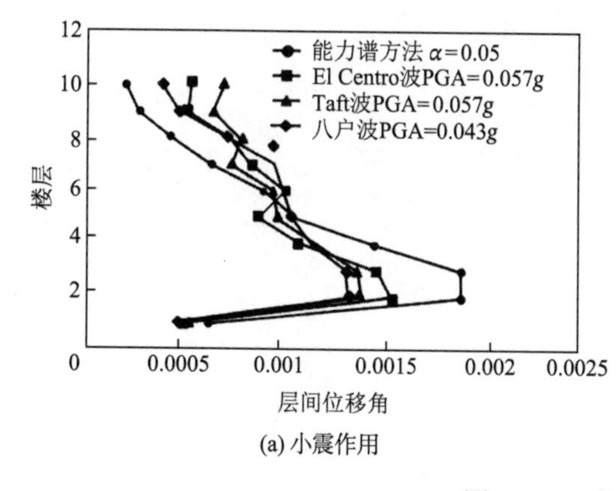

(a) 小震作用

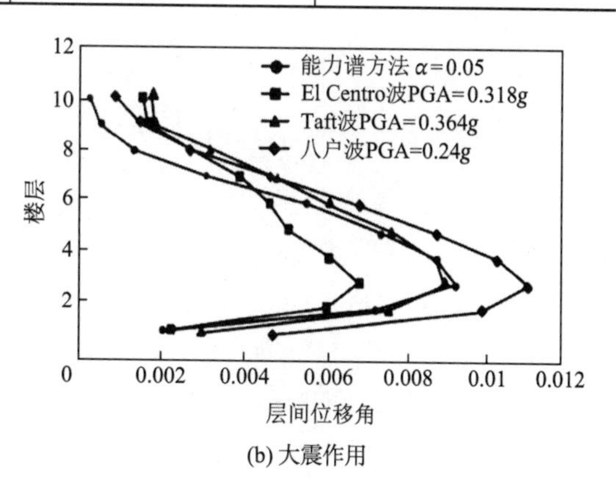

(b) 大震作用

图 7.21　X方向层间位移角

（5）塑性铰分布

采用 Pushover 分析，小震时结构两个方向的部分梁柱已经屈服；大震时除顶部两层部分梁未屈服外，其余层的梁端、部分柱脚和部分柱端形成塑性铰。

图 7.22 为 Pushover 分析得到的小震时 *Y* 方向框架塑性铰分布情况，图中仅绘出了结构的右半部分。

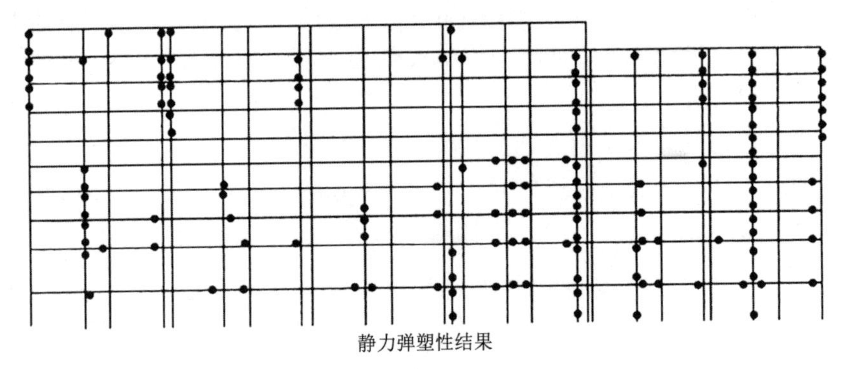

图 7.22　小震时*Y*方向框架塑性铰分布

（6）抗震性能评定

可以用顶点位移角、层间位移角、位移延性比、塑性铰分布、杆件塑性变形、损伤指标等作为参数，评定现役钢筋混凝土框架结构的抗震性能。

建筑两个方向小震时的顶点位移角、最大层间位移角及大震时的最大层间位移角都小于《抗震规范》限值，但小震时两个方向的位移延性系数都大于 1.0，不满足抗震要求；大震要求两个方向的位移延性系数分别为 9.195 和 4.701（表 7.14），由于一般未作抗震设计的钢筋混凝土框架结构具有的位移延性系数不大于 2，可以认为建筑框架结构的抗震能力低于抗震要求。

分析结果表明，等效单自由度结构的能力曲线，当取结构屈服后刚度为初始刚度的 5% 时，能力谱方法得到的建筑大震时的顶点位移值与弹塑性时程分析结果的平均值吻合较好。能力谱方法得到的最大层间位移角所在楼层与弹塑性时程分析一致，但层间位移角值略大，较高楼层的层间位移角略小。

第8章　隔震与消能减震设计

8.1 概述

8.1.1 建筑结构抗震设计思想的演化与发展

由地震震源产生的地震作用，通过一定途径传递到建筑物所在场地，引起结构的地震反应。一般来说，建筑物的地震位移反应沿高度从下向上逐级加大，而地震作用效应则自上而下逐级增大。当建筑结构某些部分的地震作用超过该部分所能承受的力时，结构就将产生破坏。

传统建筑的抗震设防目标常被形象化地表述为“坏而不倒”，在现行《抗震规范》中又将这一设防目标具体化为“小震不坏”“中震可修”“大震不倒”三水准设防模式。为了达到这一目标，要求结构构件具有相当的承载力和塑性变形能力。这种设计思想实际是采用“疲劳战术”，即依靠建筑物本身的结构构件的承载力和塑性变形能力，来抵抗地震作用和吸收地震能量，其抵御地震作用立足于“抗”。传统建筑物基础固结于地面，犹如一个地面地震反应的“放大器”，地震时建筑物受到的地震作用由底向上逐渐放大，从而引起结构构件的破坏，建筑内的人员也会感到强烈的震动。为了保证建筑物的安全，必然加大结构构件的设计承载力，从而导致耗用材料多，然而地震作用是一种惯性力，建筑物的构件截面大，所用材料多，质量大，受到的地震作用也会增大，故此很难在经济和安全之间找到一个平衡点。

在抗震设计的早期，人们曾企图将结构物设计为“刚性结构体系”。这种体系的结构地震反应接近地面地震运动，一般不发生结构强度破坏。但这样做的结果必然导致材料的浪费，大量的一般结构将成为碉堡。作为刚性结构体系的对立体系，人们还设想了“柔性结构体系”，即通过大大减小结构的刚性来避免结构与地面运动发生共振，从而减小地震作用。但是，这种结构体系在地震动作用下结构位移过大，在较小的地震时即可能影响结构的正常使用，同时，将各类工程结构都设计为柔性结构体系，实践上也存在困难。长期的抗震工程实践证明：将一般结构物设计为“延性结构”是适宜的。通过适当控制结构物的刚度与强度，使结构构件在强烈地震时进入非弹性状态后仍具有较大的延性，从而可以通过塑性变形消耗地震能量，使结构物至少保证“坏而不倒”，这就是对“延性结构体系”的基本要求。在现代抗震设计中，实现延性结构体系设计是土木工程师所追求的抗震基本目标。

然而，延性结构体系的结构，仍然是处于被动地抵御地震作用的地位。对于多数建筑物，当遭遇相当于当地基本烈度的地震袭击时，结构即可能进入非弹性破坏状态，从而导致建筑物装修与内部设备的破坏，引发一些次生灾害，造成人员伤亡及巨大的经济损失。对于某些生命线工程（如电力、通信部门的核心建筑），结构及内部设备的破坏可以导致生命线网络的瘫痪，所造成的损失更是难以估量。所以，随着现代化社会的发展，各种昂贵设备在建筑物内部配置的增加，延性结构体系的应用也有了一定的局限性。面对新的社会要求，各国地震工程学家一直在寻求新的结构抗震设计途径。以隔震、减震、制振技术为特色的结构控制设计理论与实践，为结构抗震设计提供了重大的突破和崭新的舞台。

8.1.2 建筑结构隔震技术简介

迄今为止，有文献说明的最早提出基础隔震概念的学者是日本的河合浩藏，他在 1881 年提出的做法是先在地基上横竖交错放几层圆木，圆木上做混凝土基础，再在上面盖房，以削弱地震能量向建筑物的传递。

1906 年，德国的 Jacob Bechtold 提出要采用基础隔震技术以保证建筑物安全的建议。1909 年，英国的 J.A.卡兰特伦次提出了另外一种隔震方案，即在基础与上部建筑间铺一层滑石或云母，当地震时建筑物滑动，以隔离地震。这几种隔震方案均是在地震工程学尚未出现或萌芽时期提出的，虽不完全合理、可靠，但概念上具备了隔震系统的基本要素。

1921 年，日本东京建成的帝国饭店可能是最早的隔震建筑，该建筑地基为 2～4m 厚的硬土层，下面为 18～21m 的软泥土层。设计师怀特用密集的短桩穿过表层硬土，插到软泥土层底部，巧妙地利用软泥土层作为“隔震垫”。这种设计思想当时引起了极大的争论和关注。但在 1923 年的关东大地震中该建筑保存完好，而其他建筑则普遍严重破坏。

虽然当时隔震理论的概念已经比较清晰，但限于当时的理论和技术水平，基础隔震技术应用的可能性及优越性还未能被人们充分认识和了解。随着近几十年来地震工程和工程抗震学的发展，大量强震记录的积累，大型实验设备的研制成功，特别是实用隔震元件的开发取得了重大进展，基础隔震技术已渐渐从理论探索、试验研究阶段，到了示范应用和推广使用的阶段。

现代基础隔震技术是以叠层钢板橡胶支座和聚四氟乙烯摩擦板的应用为标志的。二十世纪六十年代中后期，新西兰、日本、美国等多地震的国家对隔震技术投入大量人力、物力，开展了深入、系统的研究，取得了很大的成果。二十世纪七十年代，新西兰学者 R.I.Skiner 等率先开发出了可靠、经济、实用的铅芯橡胶隔震垫，大大推动了隔震技术的实用化进程。

我国学者李立早在二十世纪六十年代开始关注基础隔震理论的探索，从二十世纪七十年代末到八十年代初进行了砂砾摩擦滑移隔震的工程试点。进入二十世纪八十年代中后期，隔震技术逐渐受到重视。我国近年来对房屋基础隔震减震技术的研究、开发和工程试点方面的重点也从摩擦滑移隔震机构转到叠层橡胶垫机构。随着研究的深入，质优价廉的叠层橡胶垫产品的推出，叠层橡胶垫隔震系统已成为隔震技术应用的主流。

目前，国内外已有一些隔震建筑经受了地震的考验。其中最突出的是在 1994 年美国洛杉矶北岭地震和 1995 年日本神户大地震中，隔震建筑显示了令人惊叹的隔震效果，经受了强震的检验。美国南加州大学医院是一栋体形复杂房屋，采用铅芯橡胶垫隔震技术，1991 年建成。在 1994 年 1 月 6.8 级北岭地震中经受了强烈地震的考验，震后照常履行医疗救护任务。地震时地面加速度为 0.49g，而屋顶加速度仅为 0.27g，衰减系数为 1.8。而另一家按常规高标准设计的医院，地面加速度为 0.82g，顶层加速度高达 2.31g，放大倍数为 2.8。1995 年 1 月日本 7.2 级阪神地震中，震区内有两座隔震建筑未遭受破坏。其中一座是邮政省计算中心，主要采用铅芯橡胶垫和钢阻尼器。初步结果表明，最大地面加速度为 0.40g，而第 6 层的最大加速度为 0.13g，衰减系数为 3.10。此外，这次地震中采用铅芯橡胶垫隔震的 6 座桥梁均表现极佳。

经过这两次强地震的考验，隔震技术的可靠性和优越性进一步为人们认识和承认。

8.1.3　建筑结构消能减震技术简介

消能减震技术是指在结构物某些部位（如支撑、剪力墙、节点、联结缝或连接件、楼层空间、相邻建筑间、主附结构间等）设置消能（阻尼）装置（或元件），通过消能（阻尼）装置产生摩擦、弯曲（或剪切，扭转）弹塑（或黏弹）性滞回变形耗能来耗散或吸收地震输入结构中的能量，以减小主体结构地震反应，从而避免结构产生破坏或倒塌，达到减震抗震的目的。装有消能（阻尼）装置的结构称为消能减震结构。

消能减震技术因其减震效果明显，构造简单，造价低廉，适用范围广，维护方便等特点越来越受到国内外学者的重视。近年来，国内外的学者对已有耗能器的可靠性和耐久性、新型耗能器的开发、耗能器的恢复力模型、耗能减震结构的分析与设计方法、耗能器的试点应用等方面做了大量的试验研究。耗能减震技术既适用于新建工程，也适用于已有建筑物的抗震加固、改造；既适用于普通建筑结构，也适用于抗震生命线工程。

在美国，西雅图哥伦比亚大厦（77 层）、匹兹堡钢铁大厦（64 层）等许多工程都采用了该项技术。位于加利福尼亚州的一栋 4 层饭店为柔弱底层结构，采用流体阻尼器进行抗震加固后，使其在保持原有风格的基础上，达到了抗震规范要求。1994 年美国新SanBer-mardino 医疗中心也应用了黏滞阻尼器，共安装了 233 个阻尼器。

日本是结构控制技术应用发展较快的国家，实际工程已超过百项，其中均采用了不同的耗能装置或控制技术。日本 Omiya 市 31 层的 Sonic 办公大楼共安装了 240 个摩擦阻尼器；东京的日本航空公司大楼使用了高阻尼性能油阻尼器（HiDAM）；东京代官山的一座高层采用了黏滞阻尼墙装置进行抗震设计。在加拿大，Pall 型摩擦阻尼器已被用于近 20 栋新建建筑和抗震加固工程中。新西兰、墨西哥、法国和意大利等国家也已将该技术用于工程实践中。

我国的学者和工程设计人员也正致力于该技术的研究与工程实用。现在摩擦耗能器已被用于多座单层、多层工业厂房和办公楼中，沈阳市政府的办公楼已采用摩擦耗能器进行了抗震加固，北京饭店和北京火车站也使用黏性阻尼器进行了加固，以减小结构的振动反应。

随着各国在消能减震体系方面研究的深入，许多国家相继制定了相应的消能减震结构设计、施工规范或规程。《抗震规范》增加了隔震和消能减震方面的相关内容，以加速该项技术在我国的实施进程。

8.2　隔震设计

8.2.1　建筑结构隔震的概念与原理

在建筑物基础与上部结构间设置隔震装置（或系统）形成隔震层，把上部结构与基础隔离开来，利用隔震装置来隔离或耗散地震能量，以避免或减少地震能量向上部结构传输，从而减小建筑物的地震反应，实现地震时隔震层以上主体结构只发生微小的相对运动和变形，使建筑物在地震作用下不损坏或倒塌，这种抗震方法称为房屋基础隔震。图 8.1 为隔震结构的模型图。隔震系统一般由隔震器、阻尼器等构成，它具有竖向刚

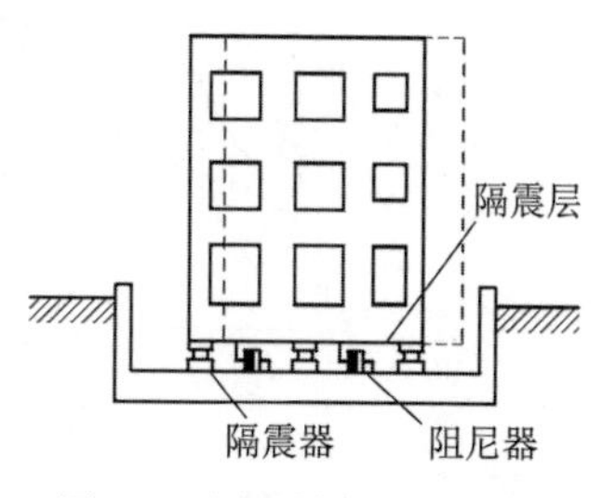

图 8.1　隔震结构的模型图

度大、水平刚度小、能提供较大阻尼的特点。

在地震作用下隔震结构与传统抗震结构的反应对比如图 8.2 所示。由于隔震装置的水平刚度远远小于上部结构的层间水平刚度，所以，上部结构在地震中的水平变形，从传统抗震结构的“放大晃动型”变为隔震结构的“整体平动型”；从激烈的、由下到上不断放大的晃动变为只做长周期的、缓慢的整体水平平动；从有较大的层间变形变为只有微小的层间变形，从而保证上部结构在强震中仍处于弹性状态。

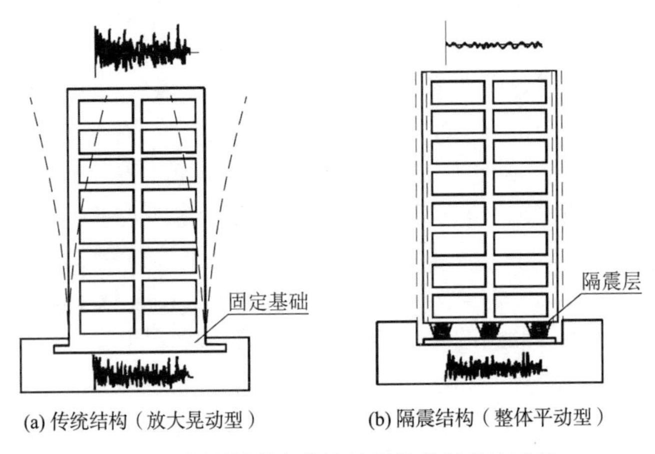

(a) 传统结构（放大晃动型）　(b) 隔震结构（整体平动型）

图 8.2　隔震结构与传统抗震结构的反应对比

基础隔震的原理可用建筑物的地震反应谱来说明，图 8.3（a）、（b）分别为普通建筑物的加速度反应谱（acceleration response spectrum）和位移反应谱（displacement response spectrum）。可以看出，建筑物的地震反应取决于自振周期和阻尼特性两个因素。一般中低层钢筋混凝土或砌体结构建筑物刚度大、周期短，基本自振周期（T_0）正好与地震动卓越周期相近，所以，建筑物的加速度反应比地面运动的加速度放大若干倍，而位移反应则较小，如图 8.3 中A点所示。采用隔震措施后，建筑物的基本自振周期（T_1）大大延长，避开了地面运动的卓越周期，使建筑物的加速度反应大大降低，若阻尼保持不变，则位移反应增加，如图 8.3 中B点所示。由于这种结构的反应以第一振型为主，整个上部结构像一个刚体一样运动，上部结构各层自身的相对位移很小，保持整体平动型的运动方式。若增大结构的阻尼，则加速度反应继续减小，位移反应得到明显抑制，如图 8.3 中C点所示。

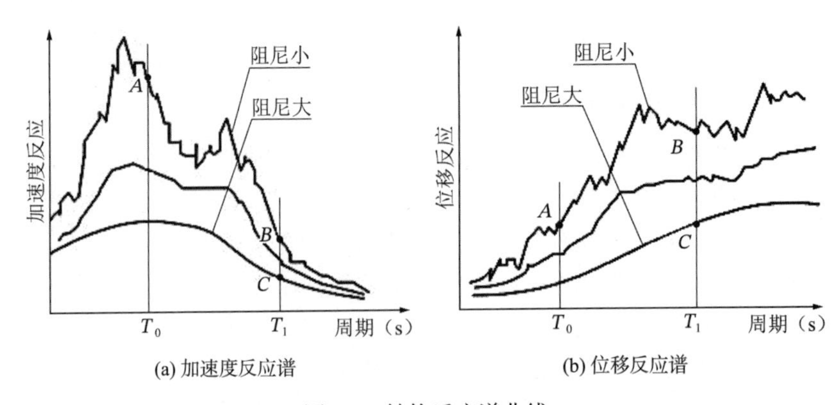

(a) 加速度反应谱　(b) 位移反应谱

图 8.3　结构反应谱曲线

综上所述，基础隔震的原理就是通过设置隔震装置系统形成隔震层，延长结构的自振周期，适当增大结构的阻尼，使结构的加速度反应大大减小，同时使结构的位移集中于隔震层，上部结构像刚体一样，自身相对位移很小，结构基本上处于弹性工作状态，从而使建筑物不产生破坏或倒塌。

8.2.2　隔震建筑结构的特点

抗震设计的原则是在多遇地震作用下，建筑物基本不产生损坏；在罕遇地震作用下，建筑物允许产生破坏但不倒塌。按传统抗震设计的建筑物，不能避免在地震时产生强烈晃动，当遭遇强烈地震时，虽然可以保证人身安全，但不能保证建筑物及其内部昂贵的设备与设施的安全，而且建筑物由于严重破坏常常不可修复而无法继续使用［图 8.4（a）］，如果用隔震结构就可以避免这类情况发生［图 8.4（b）］，隔震结构通过隔震层的集中大变形和所提供的阻尼将地震能量隔离或耗散，使地震能量不能向上部结构全部传输。因而，上部结构的地震反应大大减小，振动减轻，结构不产生破坏或轻微破坏，人员安全和财产安全均可以得到保证。

与传统抗震结构相比，隔震结构具有以下优点：

（1）提高了地震时结构的安全性。

（2）上部结构设计更加灵活，抗震措施简单明了。

（3）防止内部物品的振动、移动、翻倒，减少了次生灾害。

（4）防止非结构构件的损坏。

（5）抑制了振动时的不舒适感，提高了安全感和居住性。

（6）可以保持室内机械、仪表、器具等的使用功能。

（7）震后无需修复，具有明显的社会和经济效益。

（8）经合理设计，可以降低工程造价。

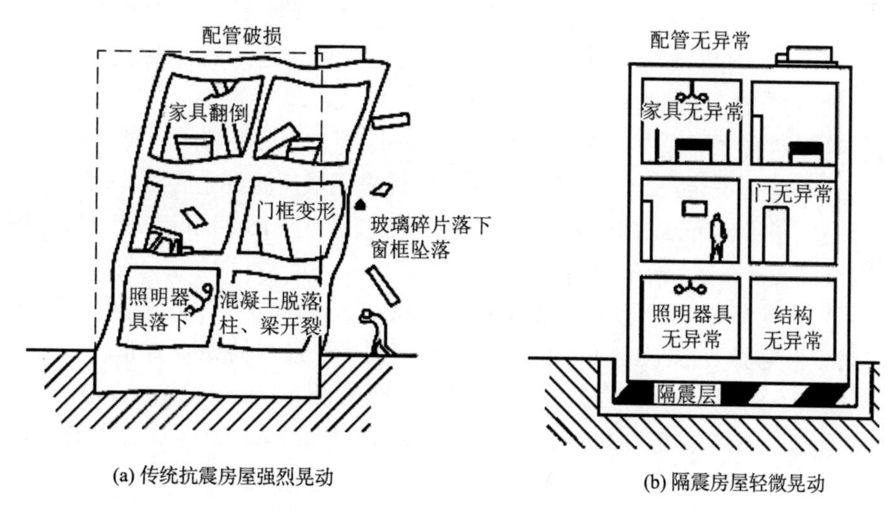

(a) 传统抗震房屋强烈晃动

(b) 隔震房屋轻微晃动

图 8.4　传统抗震房屋与隔震房屋在地震中的情况对比

8.2.3　隔震建筑结构的适用范围

隔震体系通过延长结构的自振周期来减小结构的水平地震作用，其隔震效果与结构的高度和体型、结构的刚度与变形情况、场地条件等因素有关。在选择隔震方案时，应考虑以下因素：

（1）隔震技术对体型基本规则的低层和多层建筑比较有效，对高层建筑的效果不大。经验表明，不隔震时结构基本自振周期小于 1.0s 的建筑采用隔震方案效果最佳。

（2）根据橡胶隔震支座抗拉性能差的特点，需限制非地震作用的水平荷载，结构的变形特点需符合剪切变形为主的要求，即高度不超过 40m 可采用底部剪力法计算的结构，以利于结构的整体稳定性。对高宽比大的结构，需进行整体倾覆验算，防止支座压屈或出现拉应力。

（3）选用隔震方案时，建筑场地宜为Ⅰ、Ⅱ、Ⅲ类，并应选用稳定性好的基础类型。通过许多国外对隔震工程的考察发现：硬土场地较适合于隔震房屋，软弱土场地滤掉了地震波的中高频分量，延长结构的自振周期，将增大而不是减小其地震反应。

（4）为保证隔震结构具有可靠的抗倾覆能力，风荷载和其他非地震作用的水平荷载标准值产生的总水平力不宜超过结构总重力的 10%。

就使用功能而言，隔震结构可用于医院、银行、保险、通信、警察、消防、电力等重要建筑，机关、指挥中心以及放置贵重设备、物品的房屋，图书馆和纪念性建筑，一般工业与民用建筑等。

8.2.4 隔震系统的组成与类型

隔震系统一般由隔震器、阻尼器、地基微震动与风反应控制装置等部分组成。在实际应用中，通常可使几种功能由同一元件完成，以方便使用。

隔震器的主要作用是：一方面在竖向支撑整个建筑物的重量；另一方面在水平向具有弹性，能提供一定的水平刚度，延长建筑物的基本自振周期，以避开地震动的卓越周期，降低建筑物的地震反应。同时，隔震器还能提供较大的变形能力和自复位能力。阻尼器的主要作用是：吸收或耗散地震能量，抑制结构产生大的位移反应，同时在地震终了时帮助隔震器迅速复位。地基微震动与风反应控制装置的主要作用是：增加隔震系统的初始刚度，使建筑物在风荷载或轻微地震作用下保持稳定。

常用的隔震器有叠层橡胶支座（rubber bearing）、螺旋弹簧支座（helical bearing）、摩擦滑移支座（rubbing sliding bearing）等。目前国内外应用最广泛的是叠层橡胶支座，它又可分为普通橡胶支座（normal rubber bearing）、铅芯橡胶支座（lead laminated rubber bearing）、高阻尼橡胶支座（high-damping rubber bearing）等。

常用的阻尼器有弹塑性阻尼器（elasto-plastic damper）、黏弹性阻尼器（viscoelastic damper）、黏滞阻尼器（viscous damper）、摩擦阻尼器（friction damper）等。

常用的隔震系统主要有叠层橡胶支座隔震系统（rubber-bearing base isolated system）、摩擦滑移加阻尼器隔震系统（sliding-damper base isolation system）、摩擦滑移摆隔震系统（friction pendulum isolation system）等。

8.2.5 建筑结构隔震装置

目前，隔震系统形式多样，各有其优缺点，并且都在不断地发展。其中叠层橡胶支座隔震系统技术相对成熟、应用最为广泛。尤其是铅芯橡胶支座和高阻尼橡胶支座系统，由于不用另附阻尼器，施工简便易行，在国际上十分流行。我国《抗震规范》和《叠层橡胶支座隔震技术规程》CECS 126：2001 仅针对橡胶隔震支座给出有关的设计要求，下面简要介绍各类隔震装置。

1. 叠层橡胶支座

叠层橡胶支座是由薄橡胶板和薄钢板分层交替叠合，经高温高压硫化粘结而成，如图 8.5 所示。由于在橡胶层中加入若干块薄钢板，并且橡胶层与钢板紧密粘结，当橡胶支座承受竖向荷载时，橡胶层的横向变形会受到上下钢板的约束，使橡胶支座具有很大的竖向承载力和刚度。当橡胶支座承受水平荷载时，受到钢板的限制，橡胶层的相对位移大大减小，使橡胶支座可达到很大的整体侧移而不致失稳，并且保持较小的水平刚度（竖向刚度的 1/1000～1/500）。因此，叠层橡胶支座是一种竖向刚度大、竖向承载力高、水平刚度较小、水平变形能力大的隔震装置。橡胶支座形状可分为圆形、方形或矩形，一般多为圆形，因为圆形与方向无关。支座中心一般设有圆孔，以使硫化过程中橡胶支座所受到的热量均匀，从而保证产品质量。

根据叠层橡胶支座中使用的橡胶材料和是否加有铅芯，叠层橡胶支座可分为普通叠层橡胶支座、高阻尼叠层橡胶支座、铅芯叠层橡胶支座。

（1）普通叠层橡胶支座

普通叠层橡胶支座是采用拉伸较强、徐变较小、温度变化对性能影响不大的天然橡胶制作而成，这种支座具有高弹性、低阻尼的特点，图 8.6 为其滞回曲线。为取得所需的隔震层的滞回性能（hysteresis behavior），普通叠层橡胶支座必须和阻尼器配合使用。

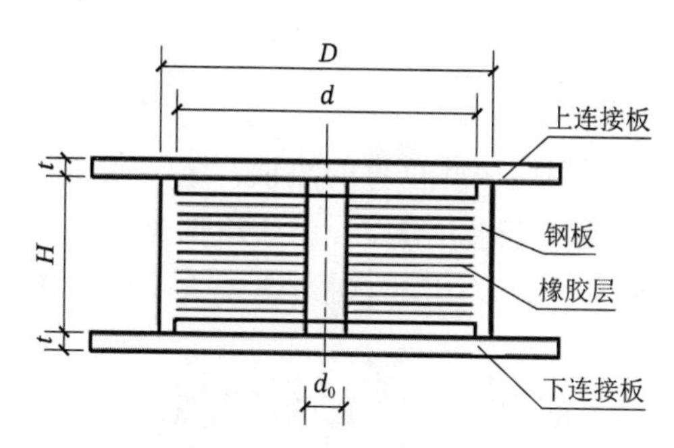

图 8.5　叠层橡胶支座的构造

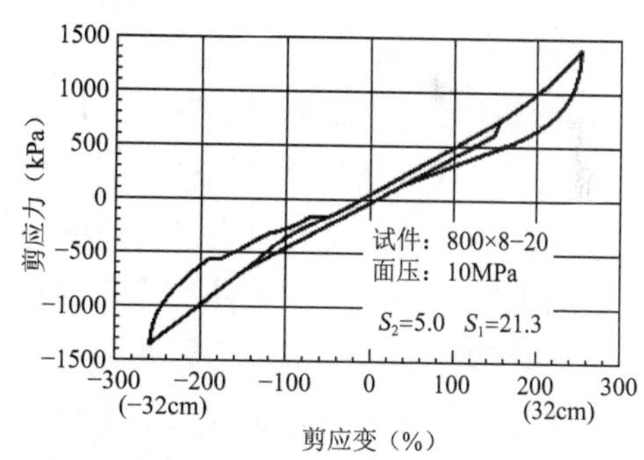

图 8.6　普通叠层橡胶支座的滞回曲线

（2）高阻尼叠层橡胶支座

高阻尼叠层橡胶支座是采用特殊配制的具有高阻尼的橡胶材料制作而成，其形状与普通叠层橡胶支座相同。图 8.7 为该类支座的滞回曲线。

（3）铅芯叠层橡胶支座

铅芯叠层橡胶支座是在叠层橡胶支座中部圆形孔中压入铅而成。由于铅具有较低的屈服点和较高的塑性变形能力，可使铅芯叠层橡胶支座的阻尼比达到 20%～30%。图 8.8 为铅芯叠层橡胶支座的滞回曲线。铅芯具有提高支座的吸能能力，确保支座有适度的阻尼，同时又具有增加支座的初始刚度，控制风反应和抵抗微震的作用。铅芯橡胶支座既具有隔震作用，又具有阻尼作用，因此可单独使用，无需另设阻尼器，使隔震系统的组成变得比较简单，可以节省空间，在施工上也较为有利，因此应用非常广泛。

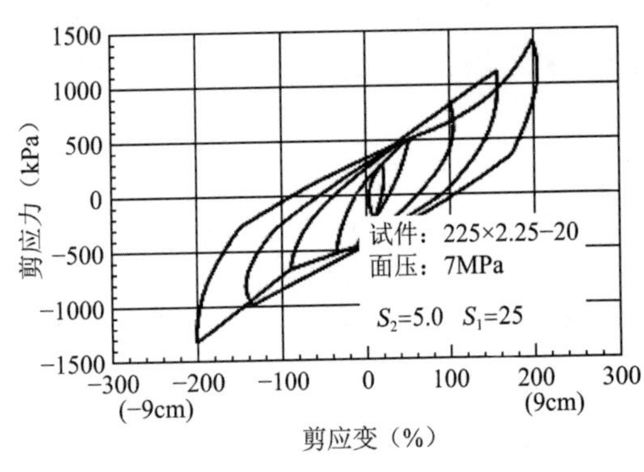

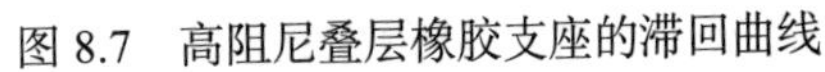
图 8.7　高阻尼叠层橡胶支座的滞回曲线

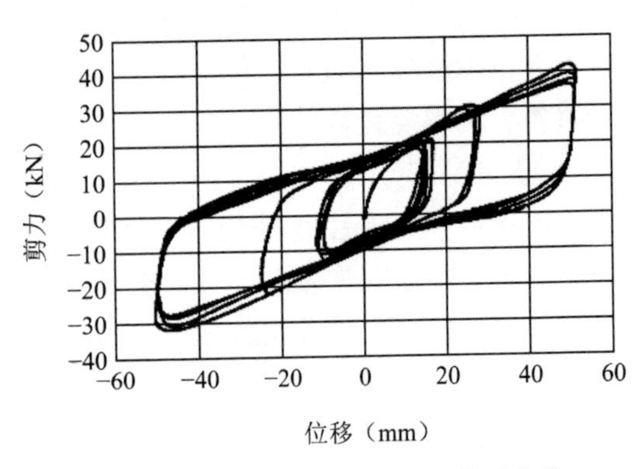

图 8.8　铅芯叠层橡胶支座的滞回曲线

2. 聚四氟乙烯支座

聚四氟乙烯支座是一种滑动摩擦隔震体系，其工作原理是：用聚四氟乙烯作为结构和支承面之间摩擦滑动层的涂层，并提供预定的摩擦系数，在轻微地震时，结构在静摩擦力作用下仍能固结在支承上，而当强震发生时，静摩擦力被克服，结构和支承面之间发生摩擦滑移，从而有效地控制地面传到上部结构的地震作用，减少结构的地震响应。试验研究表明，滑动速度以及竖向压力的大小对聚四氟乙烯支座的摩擦系数影响较大。而当滑动速度增加到一定值时，滑动摩擦系数不受滑动速度的影响。

纯滑动摩擦隔震体系的最大优点是它对输入地震波的频率不敏感，隔震范围较广泛，但这种装置不易控制上部结构与隔震装置间的相对位移。

3. 滚子隔震装置

滚子隔震主要有滚轴隔震和滚珠（球）隔震两种。

滚轴隔震是在基础与上部结构之间设置上、下两层彼此垂直的滚轴，滚轴在椭圆形的沟槽内滚动，因而该装置具有自己复位的能力。滚珠（球）隔震：由于滚珠（球）可在平面上任意方向滚动，故不像滚柱支座需要双排滚子，只要用滚珠轴承盘或大型滚球作为支座即可，它比滚柱隔震显得更为简便。

图 8.9 为一个滚珠隔震装置，在一个直径为 50cm 的高光洁度的圆钢盘内，安放 400 个直径为 0.97cm 的钢珠。钢珠用钢箍圈住以避免散落，上面再覆盖钢盘。该装置已用于墨西哥城内一座五层钢筋混凝土框架结构的学校建筑中，安放在房屋底层柱脚和地下室柱顶之间。为保证不在风荷载下产生过大的水平位移，在地下室采用了交叉钢拉杆风稳定装置。

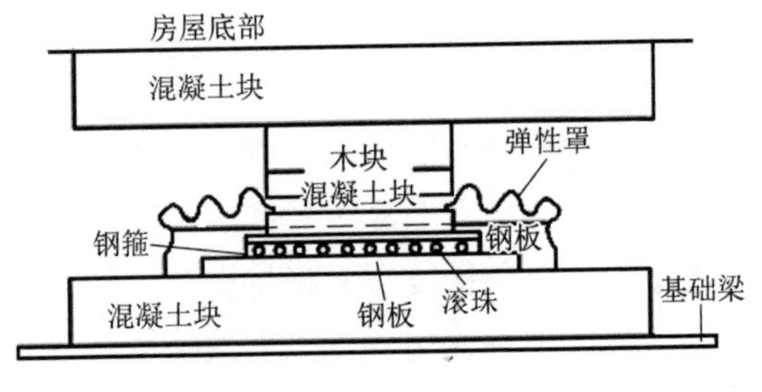

图 8.9　滚珠隔震装置

4. 回弹滑动隔震装置

为了解决滑动隔震系统上部结构与滑动装置之间位移过大的问题，二十世纪八十年代末国外提出了回弹滑动隔震系统。该系统由一组重叠放置又相互滑动的带孔四氟薄板和一个中央橡胶核、若干个微型橡胶核组成，如图 8.10 所示。四氟薄板间的摩擦力对结构起着风控制和抗地基微振动的作用。当结构受较低水平力激励时，摩擦力能阻止结构与支承间的相对运动。当地基震动超过一定程度后，即水平荷载超过静摩擦力时，结构与支座接触面开始滑动，橡胶核发生变形，提供向平衡位置的恢复力，而地震能量的相当一部分被四氟薄板间的摩擦所消耗。

回弹滑动隔震装置是靠橡胶核提供向平衡位置的恢复力，以控制过大的相对位移，而通过摩擦来消耗地震能量，因此具有两者的优点。通过调整四氟乙烯板之间的摩擦系数和中央橡胶核的直径能达到较好的隔震性能。

5. 摩擦摆隔震装置

摩擦摆隔震装置是依靠重力复位的滑动摩擦隔震机构，如图 8.11 所示。当摩擦摆隔震体系支承的上部结构在地震作用下发生微小摆动时，摩擦阻尼消耗地震能量，从而达到减震的效果。控制摩擦锤开始摆动的初始力的大小取决于摩擦面的材料。当地震作用低于初始力时，摩擦摆隔震体系同普通非隔震体系相同，结构按非隔震周期振动。一旦地震作用大于初始力，结构的动力反应受摩擦摆隔震体系控制，结构以摩擦摆隔震体系的周期振动。

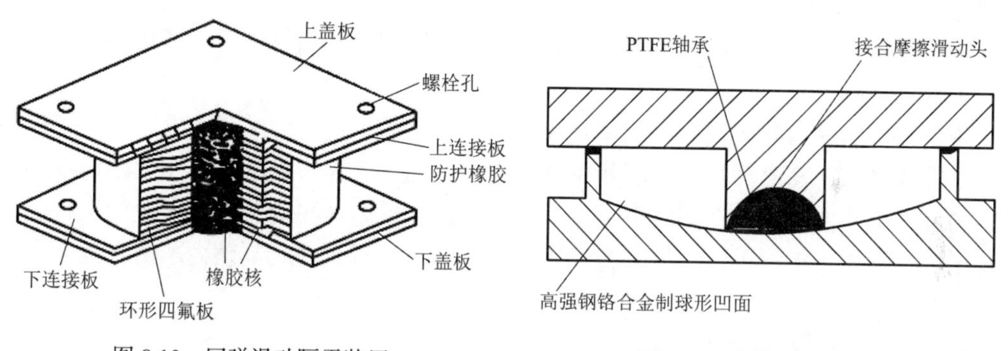

图 8.10　回弹滑动隔震装置

图 8.11　摩擦摆隔震体系

8.2.6　隔震建筑结构设计

1. 隔震方案选择

隔震结构主要用于高烈度地区或使用功能有特别要求的建筑，符合以下各项要求的建筑可采用隔震方案：

（1）不隔震时，结构基本自振周期小于 1.0s 的多层砌体房屋、钢筋混凝土框架房屋等。

（2）体型基本规则，且抗震计算可采用底部剪力法的房屋。

（3）建筑场地宜为Ⅰ、Ⅱ、Ⅲ类，并应选用稳定性较好的基础类型。

（4）风荷载和其他非地震作用的水平荷载不宜超过结构的总重力的 10%。

隔震建筑方案的采用，应根据建筑抗震设防类别、设防烈度、场地条件、建筑结构方案和建筑使用要求，进行技术、经济可行性综合比较分析后确定。对于不满足以上要求时，应进行详细的结构分析并采取可靠的措施。体型复杂或有特殊要求的结构采用隔震方案时，宜通过模型试验后确定。

2. 隔震层设置原则

隔震层设置在结构第一层以下的部位称为基础隔震，当隔震层位于第一层及以上时称为层间隔震，其结构体系的特点与普通基础隔震结构有较大差异，隔震层以下的结构设计计算也更复杂，本书不做介绍。

基础隔震中橡胶隔震支座宜设置在受力较大的位置，间距不宜过大，其规格、数量和分布应根据竖向承载力、侧向刚度和阻尼的要求通过计算确定。隔震层在罕遇地震下应保持稳定，不宜出现不可恢复的变形。隔震支座应进行竖向承载力的验算和罕遇地震下水平位移的验算。

隔震层的布置应符合下列要求：

（1）隔震层可由隔震支座、阻尼装置和抗风装置组成。阻尼装置和抗风装置可与隔震支座合为一体，亦可单独设置，必要时可设置限位装置。

（2）隔震层刚度中心宜与上部结构的质量中心重合。

（3）隔震支座的平面布置宜与上部结构和下部结构的竖向受力构件的平面位置相对应。

（4）同一房屋选用多种规格的隔震支座时，应注意充分发挥每个橡胶支座的承载力和水平变形能力。

（5）同一支承处选用多个隔震支座时，隔震支座之间的净距应大于安装操作所需要的空间要求。

（6）设置在隔震层的抗风装置宜对称、分散地布置在建筑物的周边或周边附近。

3. 动力分析模型

隔震结构的动力分析模型可根据具体情况采用单质点模型、多质点模型或空间模型。对基础隔震体系，其上部结构的层间侧移刚度通常远大于隔震层的水平刚度，地震中结构体系的水平位移主要集中在隔震层，上部结构只做水平整体平动，因此可近似地将上部结构看作一个刚体，将隔震结构简化为单质点模型进行分析，此时其动力平衡方程为：

$$M\ddot{x} + C_{\mathrm{eq}}\dot{x} + K_{\mathrm{h}}x = -M\ddot{x}_{\mathrm{g}} \tag{8.1}$$

式中：M——上部结构的总质量；

C_{eq}——隔震层的等效阻尼系数；

K_{h}——隔震层的水平动刚度；

x，$\dot{x}$，$\ddot{x}$——上部刚体相对于地面的位移、速度和加速度；

$\ddot{x}_{\mathrm{g}}$——地面运动的加速度。

如果需要分析上部结构的细部地震反应，可以采用多质点模型或空间分析模型，它们可视为在常规结构分析模型底部加入隔震层简化模型的结果。图 8.12 为隔震结构的多质点模型计算简图，将隔震层等效为具有水平刚度K_{h}、等效黏滞阻尼比ζ_{eq}的弹簧。K_{h}与ζ_{eq}分别由下面公式计算：

$$K_{\mathrm{h}} = \sum K_i \tag{8.2}$$

$$\zeta_{\mathrm{eq}} = \frac{\sum K_i \zeta_i}{K_{\mathrm{h}}} \tag{8.3}$$

式中：K_i——第i个隔震支座的水平动刚度；

ζ_i——第i个隔震支座的等效黏滞阻尼比。

当隔震层有单独设置的阻尼器时，式(8.2)、式(8.3)中应包括阻尼器的等效刚度和相应的阻尼比。

当上部结构的质心与隔震层的刚度中心不重合时，应计入扭转变形的影响。另外，隔震层顶部的梁板结构，对钢筋混凝土结构应作为其上部结构的一部分进行计算和设计。

4. 隔震层上部结构的抗震计算

隔震层上部结构的抗震计算可采用时程分析法或底部剪力法。采用时程分析法计算时，计算简图可采用剪切型结构模型。采用时程分析法计算时，计算简图可采用剪切型结构模型。输入地震波的反应谱特性和数量，应符合规范的有关要求。计算结果宜取其平均值。

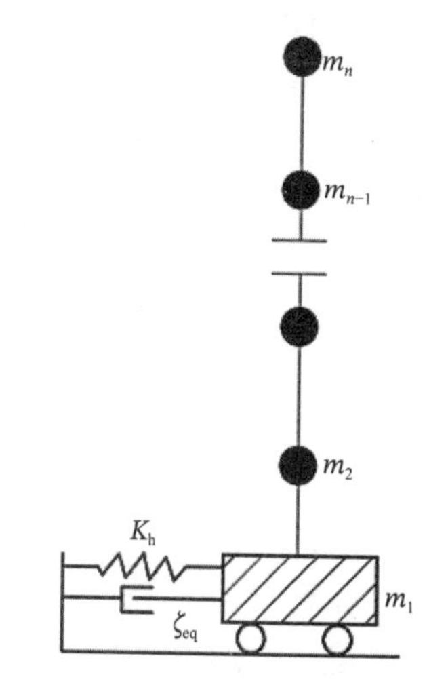

图 8.12　隔震结构的多质点模型计算简图

采用底部剪力法时，隔震层以上结构的水平地震作用，沿高度可采用矩形分布，但应对反应谱曲线的水平地震影响系数最大值进行折减，即乘以“水平向减震系数”。由于隔震支座并不隔离竖向地震作用，因此竖向地震影响系数最大值不应折减。确定水平地震作用的水平向减震系数应按下列规定确定：

（1）一般情况下，水平向减震系数应通过结构隔震与非隔震两种情况下各层最大层间剪力的比值按表 8.1 确定。隔震与非隔震两种情况下的层间剪力计算，宜采用多遇地震作用下的时程分析。水平向减震系数的取值不宜低于 0.25，且隔震后结构的总水平地震作用不得低于非隔震结构在 6 度设防时的总水平地震作用。

层间剪力最大比值与水平向减震系数的对应关系　　**表 8.1**

层间剪力最大比值	0.53	0.35	0.26	0.18
水平向减震系数	0.75	0.5	0.38	0.25

（2）对于砌体及与其基本自振周期相当的结构，水平向减震系数可采用下述方法简化计算：

①砌体结构的水平向减震系数可根据隔震后整个体系的基本自振周期按下式确定：

$$\psi = \sqrt{2}\eta_2\left(\frac{T_{gm}}{T_1}\right)^{\gamma} \tag{8.4}$$

②与砌体结构自振周期相当的结构，其水平向减震系数可根据隔震后整个体系的基本自振周期按下式确定：

$$\psi = \sqrt{2}\eta_2\left(\frac{T_g}{T_1}\right)^{\gamma}\left(\frac{T_0}{T_g}\right)^{0.9} \tag{8.5}$$

式中：ψ——水平向减震系数；

η_2——地震影响系数的阻尼调整系数；

γ——地震影响系数的曲线下降段衰减指数；

T_{gm}——砌体结构采用隔震方案时的设计特征周期，根据本地区所属的设计地震分组确定，但小于 0.4s 时应按 0.4s 采用；

T_g——特征周期；

T_0——非隔震结构的计算周期，当小于特征周期时应采用特征周期的数值；

T_1——隔震后体系的基本自振周期：对砌体结构，不应大于 2.0s 和 5 倍特征周期值的较大值；对与砌体结构自振周期相当的结构，不应大于 5 倍特征周期值。

砌体结构及与其基本自振周期相当的结构，隔震后体系的基本自振周期可按下式计算：

$$T_1 = 2\pi\sqrt{\frac{G}{K_h g}} \tag{8.6}$$

式中：G——隔震层以上结构的重力荷载代表值；

K_h——隔震层的水平动刚度，按式(8.2)确定；

g——重力加速度。

5. 隔震层的设计与计算

1）隔震层的竖向受压承载力验算

橡胶隔震支座的压应力既是确保橡胶隔震支座在无地震时正常使用的重要指标，也是直接影响橡胶隔震支座在地震作用时其他各种力学性能的重要指标。它是设计或选用隔震支座的关键因素。在永久荷载和可变荷载作用下组合的竖向平均压应力设计值不应超过表 8.2 的规定，在罕遇地震作用下，不宜出现拉应力。

橡胶隔震支座平均应力限值 **表 8.2**

建筑类别	甲类	乙类	丙类
平均应力限值（MPa）	10	12	15

注：1. 对需验算倾覆的结构，平均压应力应包括水平地震作用效应。
2. 对需进行竖向地震作用计算的结构，平均压应力设计值应包括竖向地震作用效应。
3. 当橡胶支座的第二形状系数（有效直径与各橡胶层总厚度之比）小于 5.0 时，应降低平均压应力限值；直径小于 300mm 的支座，丙类建筑平均压应力限值为 12MPa。

规定隔震支座中不宜出现拉应力，主要是考虑以下因素：

（1）橡胶受拉后内部出现损伤，降低了支座的弹性性能。

（2）隔震支座出现拉应力，意味着上部结构存在倾覆危险。

（3）橡胶隔震支座在拉伸应力下滞回特性实物试验尚不充分。

2）抗风装置

抗风装置应按下式要求进行验算：

$$\gamma_w V_{wk} < V_{rw} \tag{8.7}$$

式中：V_{rw}——抗风装置的水平承载力设计值；当抗风装置是隔震支座的组成部分时，取隔震支座的水平屈服荷载设计值；当抗风装置单独设置时，取抗风装置的水平承载力，可按材料屈服强度设计值确定；

γ_w——风荷载分项系数，采用 1.5；

V_{wk}——风荷载作用下隔震层的水平剪力标准值。

3）隔震支座在罕遇地震作用下的水平位移验算

隔震支座在罕遇地震作用下的水平位移应满足下式要求：

$$u_i \leqslant [u_i] \tag{8.8}$$

$$u_i = \beta_i u_c \tag{8.9}$$

式中：u_i——罕遇地震作用下，第i个隔震支座考虑扭转的水平位移；

$[u_i]$——第i个隔震支座的水平位移限值；对橡胶隔震支座，不宜超过该支座橡胶直径的 0.55 倍和支座橡胶总厚度 3.0 倍二者中的较小值；

u_c——罕遇地震作用下隔震层质心处或不考虑扭转的水平位移；

β_i——隔震层扭转影响系数。

6. 建筑基础及隔震层以下结构的设计

隔震层以下结构（包括地下室）的地震作用和抗震验算，应采用罕遇地震作用下隔震支座底部的竖向力、水平力和力矩进行计算。基础抗震验算和地基处理仍应按原设防烈度进行，甲、乙类建筑的抗液化措施可按提高一个液化等级确定，直到消除全部液化沉陷。

7. 隔震结构的构造措施

1）隔震层的构造要求

隔震层应由隔震支座、阻尼器和为地基微震动与风荷载提供初刚度的部件组成，必要时，宜设置防风锁定装置。隔震支座和阻尼器的连接构造，应符合下列要求：

（1）多层砌体房屋的隔震层位于地下室顶部时，隔震支座不宜直接放置在砌体墙上，并应验算砌体的局部承压。

（2）隔震支座和阻尼器应安装在便于维护人员接近的部位。

（3）隔震支座与上部结构，基础结构之间的连接件，应能传递支座的最大水平剪力。

（4）外露的预埋件应有可靠的防锈措施。预埋件的锚固钢筋应与钢板牢固连接；锚固钢筋的锚固长度应大于 20 倍锚固钢筋直径，且不应小于 250mm。

隔震建筑应采取不阻碍隔震层在罕遇地震作用下发生大变形的措施。上部结构的周边应设置防震缝，缝宽不宜小于各隔震支座在罕遇地震作用下的最大水平位移值的 1.2 倍。上部结构（包括与其相连的任何构件）与地面（包括地下室和与其相连的构件）之间，宜设置明确的水平隔离缝；当设置水平隔离缝确有困难时，应设置可靠的水平滑移垫层。在走廊、楼梯、电梯等部位，应无任何障碍物。

穿过隔震层的设备管、配线应采用柔性连接等适应隔震层的罕遇地震水平位移的措施；采用钢筋或刚架接地的避雷设备，应设置跨越隔震层的接地配线。

2）隔震层顶部梁板体系的构造要求

为了保证隔震层能够整体协调工作，隔震层顶部应设置平面内刚度足够大的梁板体系。隔震层顶部梁板的刚度和承载力，宜大于一般楼面梁板的刚度和承载力。应采用现浇或装配整体式混凝土板。现浇板厚度不宜小于 140mm；配筋现浇面层厚度不应小于 50mm。隔震支座上方的纵横梁应采用现浇钢筋混凝土结构。

隔震支座附近的梁柱受力状态复杂，地震时还会受冲切，因此，应考虑冲切和局部承压，加密箍筋并根据需要配置网状钢筋。

3）上部结构的主要构造要求

丙类建筑中隔震层以上结构的抗震措施，当水平向减震系数为 0.75 时不应降低非隔震时的有关要求；水平向减震系数不大于 0.50 时，可适当降低非隔震时的要求，但与抵抗竖向地震作用有关的抗震构造措施不应降低。

8.3 建筑结构消能减震设计

8.3.1 建筑结构消能减震原理

结构消能减震技术是在结构的抗侧力构件中设置消能部件，当结构承受地震作用时，消能部件产生弹塑性滞回变形，吸收并消耗地震输入结构中的能量，以减少主体结构的地震响应，从而避免结构的破坏或倒塌，达到减震控震的目的。装有消能装置的结构称为消能减震结构。

消能减震的原理可以从能量的角度来描述，如图 8.13 所示，结构在地震中任意时刻的能量方程为：

传统抗震结构

$$E_{in} = E_v + E_k + E_c + E_s \tag{8.10}$$

消能减震结构

$$E_{in} = E_v + E_k + E_c + E_s + E_d \tag{8.11}$$

式中：E_{in}——地震过程中输入结构体系的能量；

E_v——结构体系的动能；

E_k——结构体系的弹性应变能（势能）；

E_c——结构体系本身的阻尼耗能；

E_s——结构构件的弹塑性变形（或损坏）消耗的能量；

E_d——消能（阻尼）装置或耗能元件耗散或吸收的能量。

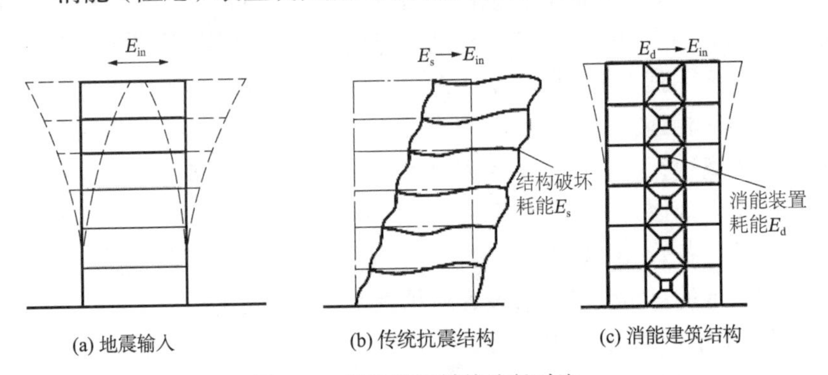

图 8.13 结构能量转换途径对比

在上述能量方程中，E_v和E_k仅仅是能量转换，不产生耗能。E_c只占总能量的很小部分（约 5%），可以忽略不计。在传统的抗震结构中，主要依靠E_s消耗输入结构的地震能量。但在利用其自身弹塑性变形消耗地震能量的同时，构件本身将遭到损伤甚至破坏。而在消能减震结构体系中，消能（阻尼）装置或元件在主体结构进入塑性状态前首先进入耗能工作状态，充分发挥耗能作用，消耗掉输入结构体系的大量地震能量，使结构本身需消耗的能量很少，这意味着结构反应将大大减小，从而有效地保护了主体结构，使其不再受到损伤或破坏。试验表明，消能装置可消耗地震总输入能量的 90%以上。

由于消能减震结构具有减震机理明确、减震效果显著、安全可靠、经济合理、适用范围广等特点，目前已被成功用于工程结构的减震控制中。

8.3.2　消能减震结构的特点和适用范围

消能减震结构体系与传统抗震结构体系相对比，具有下述特点：

（1）安全性。传统抗震结构体系实质上是将结构本身及主要承重构件（柱、梁、节点等）作为“消能”构件。按照传统抗震设计方法，允许结构本身及构件在地震中出现不同程度的损坏。由于地震烈度的随机变化性和结构实际抗震能力设计计算的误差，结构在地震中的损坏程度难以控制；特别是出现超烈度强地震时，结构难以确保安全。

消能减震结构体系由于特别设置了非承重的消能构件（消能支撑、消能剪力墙等）或消能装置，它们具有较大的消能能力，在强地震中能率先消耗结构的地震能量，迅速衰减结构的地震反应，并保护主体结构免遭损坏，确保结构在强地震中的安全。

另外，消能构件（或装置）属“非结构构件”，即非承重构件，其功能仅是在结构变形过程中发挥消能作用，而不承担结构的承载作用。即它对结构的承载能力和安全性不构成影响和威胁，所以消能减震结构体系是一种安全可靠的结构减震体系。

（2）经济性。传统抗震结构采用“硬抗”地震的途径，通过加强结构、加大构件断面、加多配筋等途径提高抗震性能，因而抗震结构的造价大大提高。消能减震结构是通过“柔性消能”的途径以减少结构地震反应，因而可以减少剪力墙的设置，减小构件断面，减少配筋，其抗震安全度反而提高。根据国内外工程应用总结资料，采用消能减震结构体系比采用传统抗震结构体系，可节约造价 5%～10%。若用于旧有建筑结构的耐震性能改造加固，消能减震加固方法比传统抗震加固方法，节约造价 10%～30%。

（3）技术合理性。传统抗震结构体系是通过加强结构提高侧向刚度以满足抗震要求的。但结构越加强，刚度越大，地震作用也越大。消能减震结构则是通过设置消能构件或装置，使结构在出现变形时能大量且迅速消耗地震能量，保护主体结构在强地震中的安全。结构越高、越柔、跨度越大，消能减震效果越显著。因而，消能减震技术必将成为高强轻质材料的高柔结构（超高层建筑、大跨度结构及桥梁等）设计时选用的合理方法。

由于消能减震结构体系有上述优越性，所以多被应用于下述结构：

（1）高层建筑，超高层建筑；

（2）高柔结构，高耸塔架；

（3）大跨度桥梁；

（4）柔性管道、管线（生命线工程）；

（5）旧有高柔建筑或结构物的抗震（或抗风）性能的改善提高。

8.3.3　消能减震装置

消能减震装置的种类很多，根据耗能机制的不同可分为摩擦耗能器、金属弹塑性耗能器、黏弹性阻尼器和黏滞阻尼器等；根据耗能器耗能的依赖性可分为速度相关型（如黏弹性阻尼器和黏滞阻尼器）和位移相关型（如摩擦耗能器和金属弹塑性耗能器）等。本书从耗能机制的角度分别介绍各类阻尼器的原理和性能。

1. 摩擦耗能器

摩擦耗能器是根据摩擦做功耗散能量的原理设计的。目前已有多种不同构造的摩擦耗能器，图 8.14 为广泛应用的 Pall 摩擦耗能器的构造示意图。Pall 摩擦耗能器由摩擦滑动节点和四根链杆组成。摩擦滑动节点由两块带有长孔的钢板通过高强度螺栓连接而成，钢板之间可夹设摩擦材料或是对接触面做摩擦处理来调节摩擦系数，通过松紧节点螺栓来调节钢板间的摩擦力，四周的链杆起连接和协调变形的作用。

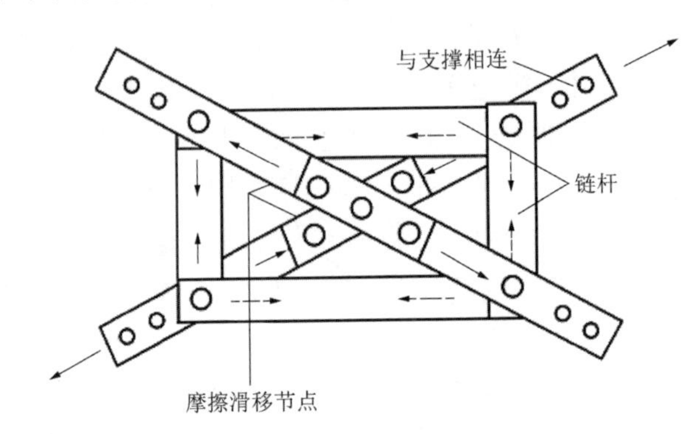

图 8.14　Pall 摩擦耗能器的构造示意图

在风荷载和小震作用下，摩擦耗能支撑不产生滑动，主体结构处于弹性状态，摩擦耗能支撑相当于普通支撑仅为结构提供足够的抗侧刚度，满足其正常使用要求；在中震或大震作用下（根据设计确定），摩擦耗能支撑在主体结构构件屈服之前，按预定滑动荷载产生滑移，提供了依靠摩擦耗散能量的机制，同时由于摩擦耗能器滑移时只承担固定的荷载，即摩擦耗能器发生滑动后摩擦力保持不变，其余荷载仍由结构来承担，这时在结构的其他楼层间将发生力的重分配促使其他摩擦耗能器产生滑移共同耗能，地震能量大部分由摩擦耗能支撑消耗，主体结构只承担一小部分的能量，从而避免或延缓主体结构产生明显的非弹性变形，保护主体结构在强震中免遭破坏。

摩擦耗能支撑在滑移过程中不仅消耗了大量地震能量，还改变了原结构的自振频率和基本振型，减小了结构的振幅，避免了结构的共振或准共振效应，进一步避免结构产生严重破坏。

从耗能机制上看，摩擦耗能器属位移相关型耗能装置，耗能器必须产生一定的滑动位移才能有效耗能。因此，对于摩擦耗能结构，在地震作用下合理的位移控制是十分关键的，这样既能保证摩擦耗能器产生滑动摩擦，以消耗地震能量，减小结构的反应，又不使主体结构因过大的变形而产生损伤或破坏，保护主体结构的安全。目前，摩擦耗能减震结构体系已被广泛、成功地应用于“柔性”工程结构物的减震，一般来说，结构越高、刚度越柔、跨度越大，耗能减震效果越显著。因此，摩擦耗能器较多地应用于以下结构体系：

（1）中高层建筑；

（2）单层或多层工业厂房；

（3）钢结构，高耸塔架；

（4）超高层巨型建筑结构；

（5）大跨度结构；

（6）既有高柔建筑或结构物的加固改造。

2. 金属弹塑性耗能器

金属弹塑性耗能器是利用金属的弹塑性变形来消耗地震输入的能量。金属弹塑性耗能器的材料主要包括钢材、铅和形状记忆合金等。目前钢弹塑性耗能器和铅挤压耗能器应用较为广泛。

软钢具有较好的屈服后性能，利用其进入弹塑性范围后的良好滞回特性，目前已研究开发了多种耗能装置，如加劲阻尼（ADAS）装置、锥形钢耗能器、圆环（或方框）钢耗能器、双环耗能器、加劲圆环耗能器、低屈服点钢耗能器等。这类耗能器具有滞回性能稳定、耗能能力大、长期可靠且不受环境与温度影响的特点。

加劲阻尼装置是由数块相互平行的X形或三角形钢板通过定位件组装而成的耗能减震装置，如图 8.15 所示。它一般安装在人字形支撑顶部和框架梁之间，在地震作用下，框架层间相对变形引起装置顶部相对于底部的水平运动，使钢板产生弯曲屈服，利用弹塑性滞回变形耗散地震能量。

铅是一种结晶金属，具有密度大、熔点低、塑性好、强度低等特点，发生塑性变形时晶格被拉长或错动，一部分能量将转换为热量，另一部分能量为促使再结晶而被消耗，使铅的结构和性能恢复至变形前的状态。铅的动态恢复与再结晶过程在常温下进行，耗时短且无疲劳现象，因此具有稳定的耗能能力。图 8.16 为利用铅挤压产生塑性变形耗散能量的原理制成的阻尼器。此外，还有利用铅产生剪切或弯剪塑性滞回变形耗能原理制成的铅剪切耗能器、U 形铅耗能器等。

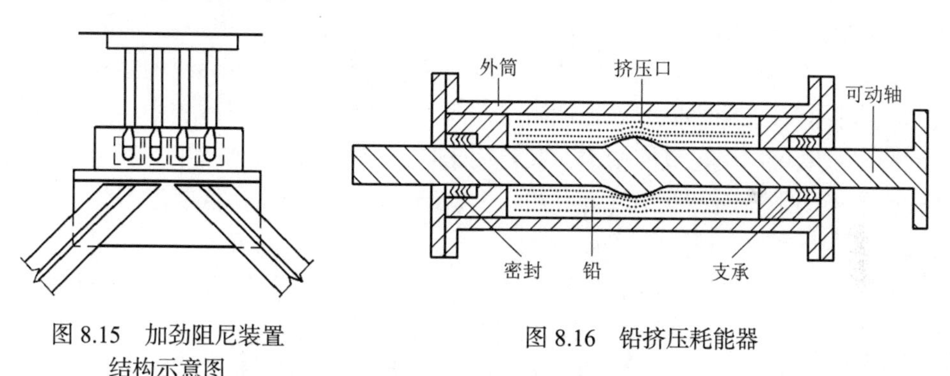

图 8.15　加劲阻尼装置结构示意图

图 8.16　铅挤压耗能器

一般而言，金属耗能器可用于各种类别及外形的建筑结构。金属耗能器既可用于现有建筑的抗震加固和震损结构的抗震加固与修复，又可用于新建建筑。当用于现有建筑抗震加固和震损结构抗震加固修复时，可获得比传统抗震加固法更好的经济性和有效性。当用于新建筑时，若保持相同的可靠度，采用金属耗能器，可大大减小主体结构构件的截面尺寸，获得更好的经济效益。当新建建筑依照现行设计标准增加耗能器，将大大提高结构的抗震可靠度。相对于其他类型的耗能器，金属耗能器有较大的耗能能力，它更适合用于巨型结构的消能减震。

3. 黏弹性阻尼器

黏弹性阻尼器主要依靠黏弹性材料的滞回耗能特性，给结构提供附加刚度和阻尼，减小结构的动力反应，以达到减震（振）的目的。典型黏弹性阻尼器如图 8.17 所示，它由两块 T 形约束钢板夹一块矩形钢板组成，T 形约束钢板与中间钢板之间夹有一层黏弹性材料，在反复轴向力作用下，T 形约束钢板与中间钢板产生相对运动，使黏弹性材料产生往复剪切滞回变形，以吸收和耗散能量。

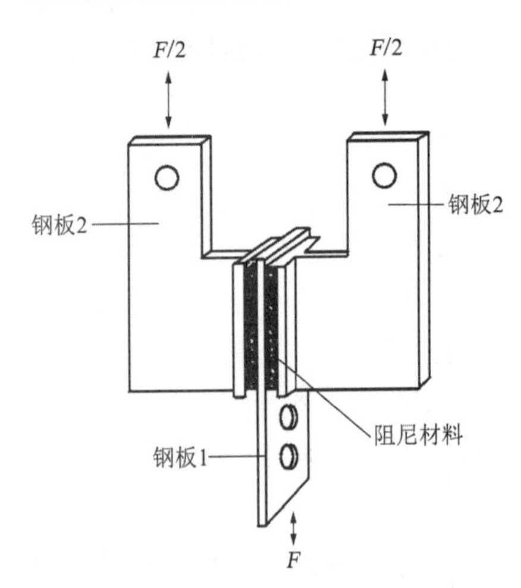

图 8.17　典型黏弹性阻尼器示意图

黏弹性阻尼器通常安装在主体结构两点间相对位移较大处，由于在地震或强风作用下两点间产生往复的相对位移，因此，耗能（阻尼）器也做往复运动，从而带动黏弹性阻尼材料变形而耗散结构中的能量；黏弹性阻尼器还可以安装在互联结构和多结构体系中，利用结构之间或主体结构与附属结构之间的相对位移，使耗能器产生耗能。

黏弹性阻尼器性能可靠、构造简单、制作方便，能给结构提供刚度和较大的阻尼；力与位移滞回曲线近似于椭圆形，耗能能力强，能够有效减小建筑物的风振及地震反应，具有广泛的工程适用性。

与位移相关型阻尼器相比，黏弹性阻尼器在所有振动条件下都能进行耗能，即使在较小的振动条件下，也能够进行耗能。它不像金属耗能装置和摩擦耗能装置那样需要有较大的相对位移才能发生屈服变形或克服摩擦力以发挥耗能作用。所以黏弹性阻尼器既能同时用于结构的地震和风振控制，又避免了其他阻尼器存在的耗能器初始刚度如何与结构侧移刚度相匹配的问题。

黏弹性阻尼器可应用于层数较多、高度较大、水平刚度较小、水平位移较明显的多层、高层、超高层建筑和桥梁、管线、塔架、高耸结构、大跨度结构等。结构越高、越柔，跨度越大，减震耗能效果越明显。黏弹性阻尼器既可用于结构的抗风减震中，又可用于结构的抗震减震中；既可用于建筑结构中，又可用于塔桅结构、桥梁结构中，还适用于抗震生命线工程；既可用于新建工程中，又可用于震损结构的加固及震后修复工程中。

4. 黏滞阻尼器

黏滞阻尼器，一般由缸体、活塞和黏性液体所组成，如图 8.18 所示。缸体筒内装有黏性液体，液体常为硅油或其他黏性流体，活塞上开有小孔。当活塞在缸体内做往复运动时，液体从活塞上的小孔通过，对活塞和缸体的相对运动产生阻尼，从而消耗振动能量。黏性液体阻尼器为速度相关型耗能器，其滞回曲线近似为椭圆。

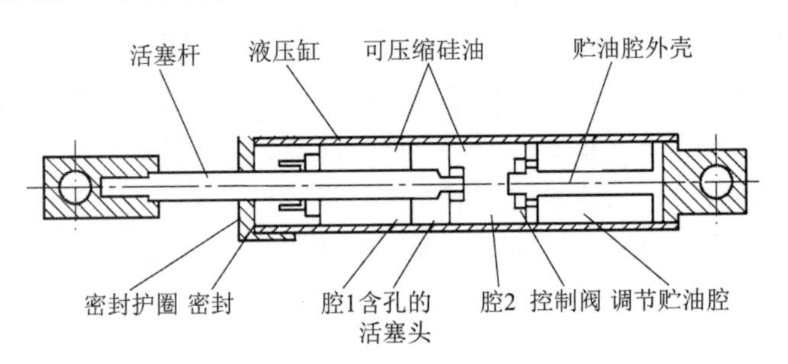

图 8.18　黏滞阻尼器示意图

黏滞阻尼器的性能和质量取决于制造工艺、精度和油料的质量。目前常用的油料是硅油，适当控制油料的黏度可以设计制造出不同性能的阻尼器，国外已有各种定型产品。黏滞阻尼器对中小地震也具有隔震效果，从小振幅到大振幅都能产生阻尼力。此外，它不具有方向性，结构比较简单。

8.3.4　消能减震构件

结构耗能减震是把结构的某些非承重构件设计成耗能构件，或在结构的某些部位（节点或联结）安装耗能装置。在风荷载或轻微地震时，这些耗能装置仍处于弹性状态，结构具有足够的侧向刚度以满足正常使用要求。在强地震发生时，随着结构受力和变形的增大，这些耗能装置将率先进入非弹性变形状态，即耗能状态，产生较大的阻尼，大量消耗输入结构的地震能量，减小结构的地震反应，保护主体结构在强地震中免遭破坏。

这里的耗能构件是指通过各种构造处理，或将剪切耗能构件变成滞回环面积较大的弯曲耗能构件，或设定的构件某部位在地震作用下首先进入塑性以加大耗能，使主体结构分担的地震能量减小，从而减小结构地震反应等。目前研究应用的消能减震构件如下。

1. 耗能支撑

（1）将消能器用于支撑中可形成各种耗能支撑，如交叉支撑、斜撑支撑、K 形支撑等（图 8.19）。

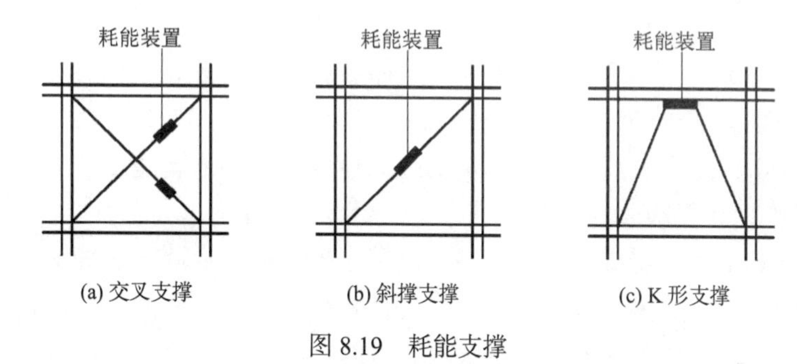

图 8.19　耗能支撑

（2）在交叉支撑处，利用金属屈服阻尼器的原理，将软钢做成钢框或钢环，形成耗能方框支撑或耗能圆框支撑（图 8.20）。

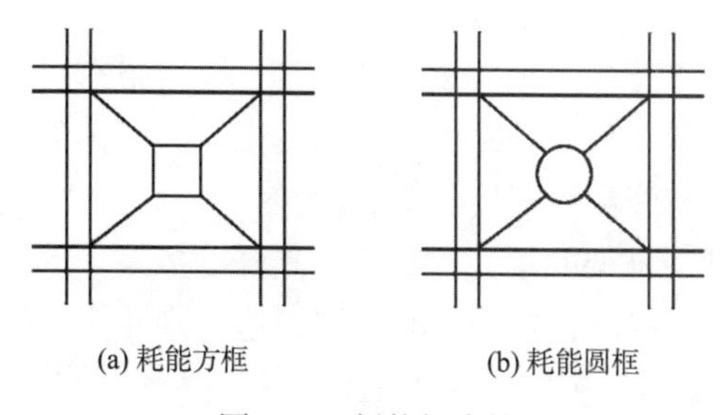

图 8.20　耗能框支撑

（3）将高强度螺栓-钢板摩擦阻尼器用于支撑构件，形成摩擦耗能支撑（图 8.21）。

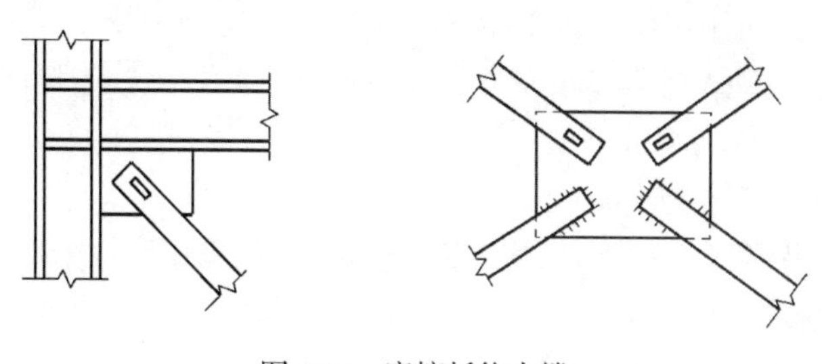

图 8.21　摩擦耗能支撑

（4）利用支撑与梁段的塑性变形消耗地震能量的耗能偏心支撑（图 8.22）。

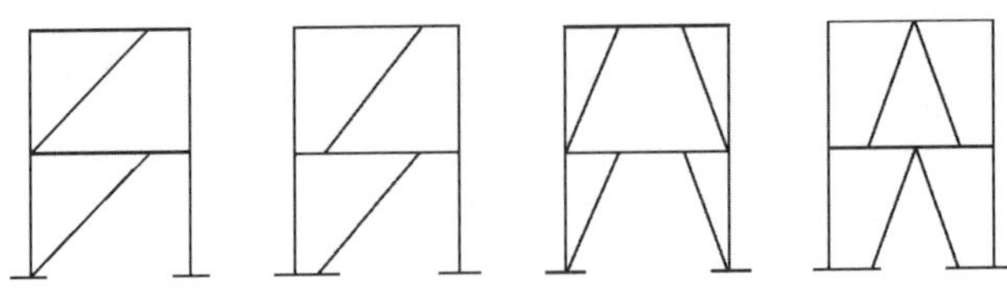

图 8.22 耗能偏心支撑

（5）在耗能偏心支撑基础上发展起来的耗能隅撑（图 8.23）。

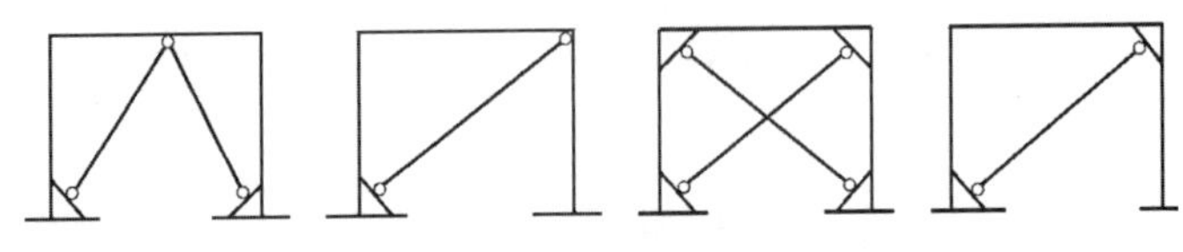

图 8.23 耗能隅撑

2. 耗能抗震墙

前文所述各种阻尼器或其原理，有些可用于抗震墙上。此外，还有利用混凝土预制墙体与其周边框架安装部分的构造处理及墙体与周边框架间隙的处理方法等，以控制作用于抗震墙的剪力大小，增大抗震墙的变形能力，以便耗散更多地震能量。

1）利用黏弹性材料吸收能量

一个典型的例子就是将抗震墙做成注入高分子树脂的钢板墙，这种钢板墙可由三层钢板或五层钢板构成，每层钢板厚 10mm。以三层钢板墙为例，中间一层钢板上端固定于框架梁底面，下端自由，而外侧两块钢板上端自由、下端固定于下一层框架梁顶面上。利用夹于钢板间的高黏滞阻尼材料，抑制钢板间的相互错动，从而达到耗散地震能量，减小结构侧移的目的。

2）利用材料的塑性性质

（1）通过钢板将混凝土预制墙板与框架相连时，强震下有可能发生两种破坏。一种是连接钢板的弹性或塑性压屈，另一种是混凝土的主拉应力引起的开裂或压溃。设计时，要避免第二种情况的发生，充分利用钢板的挠曲特性。

（2）利用抗震墙与周边框架间填充材料（如高强度砂浆）的缓冲效果或通过墙两侧及墙上端的分布筋与周边框架相连，在强震时使墙周边出现非弹性错动来耗散地震能量。也可采用预制钢筋混凝土平缝墙，即将预制墙上、下端用高强度螺栓通过连接板与钢梁相连，在该墙的半高处设置一道水平缝，缝宽约 20mm。强震时，通过上、下墙体在水平缝处的相对错动，使连接上、下墙板的分布钢筋产生弯曲而耗能。

（3）改变墙体的变形性能。如采用在钢筋混凝土抗震墙中设置若干竖向窄缝，或合理采用开口墙，将一块单纯发生剪切变形的墙体变成若干并列壁柱的弯曲变形的墙体，以改善墙体破坏时的韧性，提高墙体的变形能力。

3. 容损构件和容损结构

在强震作用下，为使承重的主体结构保持弹性，一般采用弹性变形量较大的结构材料；而作为抗震构件，则采用富有塑性变形能力的结构材料，以便吸收地震能量。也就是说强震时，只允许以后可替换的某些抗震构件破坏，而不允许主体承重结构破坏。按这种指导思想设计的结构，称为容损结构。采用这种结构，在强震后不但主体结构可以再利用，而且人们的生命安全也能得到保证。这里所述的容损结构是通过采用两种不同性能的材料加以实现的。

8.3.5　消能减震结构设计

1. 消能部件的设置

消能减震结构应根据罕遇地震作用下的预期结构位移控制要求,设置适当的消能部件,消能部件可由消能器及斜支撑、填充墙、梁或节点等组成。图 8.24 为消能器的几种设置形式。消能减震结构中的消能部件应沿结构的两个主轴力方向分别设置，消能部件宜设置在层间变形较大的位置，其数量和分布应通过综合分析合理确定。

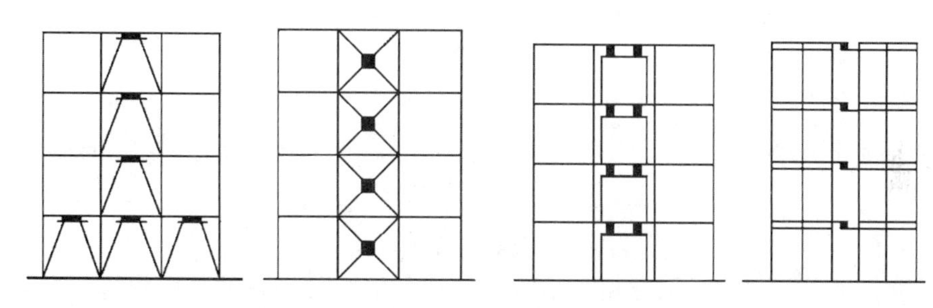

图 8.24　消能器在结构中的设置

2. 消能部件的性能要求

（1）消能器应具有足够的吸收和耗散地震能量的能力和恰当的阻尼；消能部件附加给结构的有效阻尼比宜大于 10%，超过 20%时宜按 20%计算。

（2）消能部件应具有足够的初始刚度，并满足下列要求：

速度线性相关型消能器与斜撑，填充墙或梁组成消能部件时，该部件在消能器消能方向的刚度应符合下式要求：

$$K_b \geqslant (6\pi/T_1)C_D \tag{8.12}$$

式中：K_b——支承构件在消能器方向的刚度；

C_D——消能器的线性阻尼系数；

T_1——消能减震结构的基本自振周期。

位移相关型消能器与斜撑，填充墙或梁组成消能部件时，该部件恢复力滞回模型的参数宜符合下列要求：

$$\Delta u_{py}/\Delta u_{sy} \leqslant 2/3 \tag{8.13}$$

$$(K_p/K_s)(\Delta u_{py}/\Delta u_{sy}) \geqslant 0.8 \tag{8.14}$$

式中：K_p——消能部件在水平方向的初始刚度；

Δu_{py}——消能部件的屈服位移；

K_s——设置消能部件的结构层间刚度；

Δu_{sy}——设置消能部件的结构层间屈服位移。

（3）消能器应具有优良的耐久性能，能长期保持其初始性能。

（4）消能器构造应简单，施工方便，易维护性好。

（5）消能器与斜支撑、填充墙、梁或节点的连接，应符合钢构件连接或钢与钢筋混凝土构件连接的构造要求，并能承担消能器施加给连接节点的最大作用力。

3. 建筑抗震计算分析要点

（1）消能部件的设置应符合罕遇地震作用下对结构预期位移的控制要求，并根据需要沿结构的两个主轴方向分别设置。

（2）由于加上消能部件后不改变主体承载结构的基本形式，除消能部件外的结构设计仍应符合《抗震规范》相应类型结构的要求。因此，计算消能减震结构的关键是确定结构的总刚度和总阻尼。

（3）消能减震结构的计算分析宜采用静力非线性分析方法或非线性时程分析方法。对非线性时程分析法，宜采用消能部件的恢复力模型计算；对静力非线性分析法，可采用消能部件附加给结构的有效阻尼比和有效刚度计算。

（4）当主体结构基本处于弹性工作阶段时，可采用线性分析方法作简化估算，并根据结构的变形特征和高度等，分别采用底部剪力法、振型分解反应谱法和时程分析法进行计算。

（5）消能减震结构的总刚度为结构刚度和消能部件有效刚度的总和。

（6）消能减震结构的总阻尼比为结构阻尼比和消能部件附加给结构的有效阻尼比的总和。

（7）消能减震结构的层间弹塑性位移角限值，框架结构宜采用 1/80。

4. 建筑构造措施

消能部件一般由消能器和斜撑、墙体、梁或节点等支撑构件组成。因此消能部件的连接和构造，包括以下三种情况：第一，消能器支撑构件的连接和构造；第二，消能器和支撑构件及主体结构连接；第三，支撑构件与主体结构的连接和构造。

消能器与支撑构件和主体结构的连接及支撑构件与主体结构的连接一般通过预埋件或连接件来实现。连接的形式和构造因消能器的类型构造及支撑件和主体结构的材料不同而不同。消能器与支撑构件和主体结构一般采用螺栓连接或刚性连接，或采用销栓形式连接。当主体结构为钢筋混凝土结构时，支撑构件与预埋件采用焊缝连接，或者采用螺栓连接；当主体结构为钢结构时，支撑构件与主体结构可直接连接或通过连接板连接，既可采用焊缝连接，也可采用螺栓连接。

消能器与支撑构件和主体结构的连接及支撑构件与主体结构的连接，应符合钢构件连接或钢与钢筋混凝土构件连接的构造要求，对消能器与支撑构件及主体结构的连接应能承担消能器施加给连接节点的最大作用力。对与消能部件相连接的结构构件，应计入消能部件传递的附加内力，并将其传递到基础。

预埋件焊缝、螺栓的计算和构造均需符合相应规范的规定。此外，消能器和连接构件还需根据有关规范进行防火设计。

复习思考题

1. 隔震结构和传统抗震结构有何区别和联系？

2. 隔震和消能减震有何异同？
3. 隔震装置有哪些类型？
4. 隔震结构的布置应满足哪些要求？
5. 隔震结构的主要构造措施有哪些？
6. 消能减震结构的地震能量是如何消耗的？
7. 消能减震装置有哪些类型？其性能特点是什么？
8. 消能减震构件有哪些类型？其特点是什么？
9. 消能减震结构的主要构造措施有哪些？